U0345271

生态移民实践经验与理论解析

——基于长江上游天然林资源保护工程主要实施区的调研

廖海亚 著

图书在版编目(CIP)数据

生态移民实践经验与理论解析:基于长江上游天然林资源保护工程主要实施区的调研/廖海亚著.—成都:西南财经大学出版社,2023.9
ISBN 978-7-5504-5935-9

Ⅰ.①生… Ⅱ.①廖… Ⅲ.①长江—上游—天然林—森林资源—资源保护—研究 Ⅳ.①S76

中国国家版本馆 CIP 数据核字(2023)第 173126 号

生态移民实践经验与理论解析——基于长江上游天然林资源保护工程主要实施区的调研
SHENGTAI YIMIN SHIJIAN JINGYAN YU LILUN JIEXI—JIYU CHANGJIANG SHANGYOU TIANRANLIN ZIYUAN BAOHU GONGCHENG ZHUYAO SHISHIQU DE DIAOYAN
廖海亚 著

责任编辑:李晓嵩
责任校对:杨婧颖
封面设计:何东琳设计工作室
责任印制:朱曼丽

出版发行	西南财经大学出版社(四川省成都市光华村街 55 号)
网　　址	http://cbs.swufe.edu.cn
电子邮件	bookcj@swufe.edu.cn
邮政编码	610074
电　　话	028-87353785
照　　排	四川胜翔数码印务设计有限公司
印　　刷	四川煤田地质制图印务有限责任公司
成品尺寸	170mm×240mm
印　　张	19.5
字　　数	400 千字
版　　次	2023 年 9 月第 1 版
印　　次	2023 年 9 月第 1 次印刷
书　　号	ISBN 978-7-5504-5935-9
定　　价	98.00 元

序言

长江上游天然林资源保护工程主要实施区集生态屏障核心区、重点生态功能区、相对贫困连片区和水电资源富集区于一体，是我国空间贫困的典型区域，生态移民是解决空间贫困问题的主要方式。该区域内生态移民数量庞大，移民问题较多，水电移民和自发移民问题尤其突出。对该区域生态移民状况和移民实践进行调查研究，不但可以从理论上丰富生态移民理论及反贫困理论，而且可以从实践上指导该区域今后的生态移民工程，对该区域的可持续发展具有重要的启示和指导意义。然而，国内外相关研究中并无涵盖长江上游天然林资源保护工程主要实施区生态移民的系统研究。

本书以科学发展观、空间贫困理论、生态移民理论、人口迁移理论等为指导，立足于长江上游天然林资源保护工程主要实施区生态移民的现状和区域资源禀赋特性，结合国家的相关政策、战略，聚集梳理清楚现状、真实反映效果、准确厘清问题、深入分析原因、科学合理建议五大任务，遵循理论梳理→现状调查→技术分析→归类总结→理论解析→结论与对策建议的逻辑，通过文献梳理、问卷调查、深度访谈等形式，收集相关资料、确定研究内容、构建研究框架、展开相关研究。

本书共十章，除了绪论、理论基础及研究综述以外，涉及六方面内容：一是生态移民现状调查，包括区域内易地扶贫搬迁、水电移民搬迁以及其他移民搬迁的总体情况，生态移民生产生活基本情况；二是做法与经验梳理，包括各地在易地扶贫搬迁和水电移民搬迁实践中采取的各具特色的做法与经验；三是生态移民实践效应分析，包括民众对生态移民工程的感知以及生态移民实践在精准扶贫、生态保护与人口发展等方面取得的成效；四是面临的困难与原因分析，包括对区域生态移民实践中碰到的困难与问题进行梳理，并对原因进行相应的分析；五是区域生态移民理论解析，包括从整体上对区域生态移民实践的理论分析，对做法与经验、困难与问题进行具体的理论解读；六是结论与对策建议，包括研究的总结、对生态移民实践中面临的困难和问题提出具体的解决方案，并从宏观角度对解决其他相关问题提出建议。

本书通过对区域相关资料的梳理、四川省凉山彝族自治州和西藏自治区昌都市问卷调查的分析、部分重点地区和相关人士的深度访谈，得出如下结论：

第一，相关政策并非针对本区域，不可能全面顾及区域的特殊性，区域面临的部分问题由于没有明确的政策依据，难以依据既有政策文件寻求解决。区域的生态移民数量多、分布广、诉求多、问题复杂。易地扶贫搬迁移民面临一系列伴生问题；水电移民相关补偿政策和库区百姓的诉求之间存在一定的矛盾；地灾移民（或称“避险移民”“避害移民”等）的产生具有不确定性，相关工作具有长期性；自发移民带来的问题和管理体制等有关，“人户分离”是自发移民中诸多问题的根源。

第二，区域内的生态移民对国家的生态移民政策和实践总体上比较满意，但是政策性移民和自发移民体现出来的特征具有明显的差异。在整体上，自发移民的搬迁满意度高于政策性移民。生态移民实践带来的效应具有综合性，特别是对精准扶贫、人口发展和生态保护产生了明显的积极效应。自发移民的双重效应比较明显，其消极效应应引起人们足够的重视。同时，水电移民中的相关问题处理不好带来的消极效应也不容忽视。

第三，坚持党的领导和抓好制度建设是生态移民工程取得重大成就的根源。在生态移民工作中，安置点建设是基础、基层治理是保障、宣传动员是手段，“稳得住”和“能致富”是核心目标。要实现这个目标，最重要的做法是通过发展特色产业和加大就业扶持力度，确保移民增收致富。

第四，区域内生态移民的很多问题和区域特殊的自然地理条件、特殊的民族宗教文化、相对落后的经济社会发展有密切关系，这些和区域特殊性密切关联的很多问题在其他地方是不存在的。解决生态移民的相关问题必须分析各种移民类型的不同特点、不同问题、不同原因，相关措施才具有针对性和实效性。

针对调研中发现的问题，本书提出制定特殊办法解决基层干部的特殊困难、针对搬迁安置中的地方特殊性制定特殊政策、针对搬迁工程中的主要问题制定针对性措施、针对生态移民社会融入问题健全制度体系、针对自发移民无序问题创新管理引导机制、在生态移民搬迁工作中坚持做好“四个结合”六大建议。

本书的研究价值在于对长江上游天然林资源保护工程主要实施区生态移民实践进行了系统梳理和总结，既呈现出了区域内生态移民的现状，对区域生态移民实践的效应展开了分析，又梳理并分析了生态移民实践中面临的困难和问题，并做了原因分析与理论剖析，有针对性地提出了建议。特别是在分析问题原因和提出建议时，本书充分考虑了区域的特殊性。本书在一定程度上弥补了国内外对该区域相关研究的不足，同时为中国特色的反贫困研究提供了区域样本和重要素材。

但是，本书还存在较多的不足，主要是囿于调研地域和技术手段的局限性、资料收集的完整性和时序性，无法全方位覆盖区域的所有地方，相关的建议也不一定适合每一个地方；对区域内不同地方生态移民实践体现出来的差异的研究还不够深入。这些将是笔者今后努力的方向。

廖海亚

2023 年 1 月

目录 MULU

第一章 绪论

一、研究缘起

推动长江经济带发展，是以习近平同志为核心的党中央做出的重大决策，是关系国家发展全局的重大战略。习近平总书记强调，“推动长江经济带发展必须从中华民族长远利益考虑，走生态优先、绿色发展之路”“要把修复长江生态环境摆在压倒性位置，共抓大保护、不搞大开发”[①]。长江上游天然林资源保护工程（简称“长江上游天保工程”）主要实施区是长江经济带的生态屏障核心区，大部分地区为国家重点生态功能区、各类自然文化资源保护区，属于国家主体功能区中的限制或禁止开发区，生态保护任务重大。同时，该区域大部分位于国家14个集中连片特困地区之内，贫困人口较多，贫困面广且程度较深，是国家精准扶贫的重点和难点地区。尽管通过精准扶贫，该区域全面摆脱了绝对贫困，但是由于发展基础相对滞后等历史原因和自然原因，在今后相当长的一段时期里，该区域仍将是全国相对贫困的重要区域。该区域的贫困主要体现为因自然环境造成的空间贫困，生态移民是解决空间贫困问题的主要方式。

1998年，国家开始实行天然林资源保护工程。1999年，国家启动了退耕还林还草工程。长江上游天保工程主要实施区域的生态移民逐步增多，尤其是近年来，在生态保护、脱贫攻坚和水电开发的多重任务下，生态移民数量大增。《全国“十三五”易地扶贫搬迁规划》提出，通过实施易地扶贫搬迁，着力解决居住在“一方水土养不起一方人”地区的贫困人口脱贫问题，需要对981万建档立卡贫困人口实行易地扶贫搬迁，其中很大一部分就属于生态移民。随着精准扶贫任务的完满完成，解决相对贫困问题被提上议事日程，这将是一项更长期的任务。精准扶贫中的易地扶贫搬迁解决的是建档立卡贫困人口的问题，并未解决这些生态脆弱或者生存环境较差地区其他非建档立卡人口的发展问题，更没有从根本上解决这些地区的生态问题。在产业发展的基础条件没有得到根本改善及不确定的地灾、恶劣天气等自然和气候条件下，这些地区未搬迁人口仍然面临着生存和发展的巨大压力，面临相对贫困的威胁。同时，该区域大规模、持续不断的水电开发，不仅改变了区域的生态环境，还产生了大量的水电移民。这些水电移民的搬迁在很大程度上也和

① 参见2016年1月5日习近平总书记在重庆主持召开推动长江经济带发展座谈会上的讲话。

生态环境有关，构成了该区域生态移民的重要组成部分，而且这种状况还将在今后较长一段时间里持续。

生态移民实践是长江上游天保工程主要实施区精准扶贫和“常态扶贫”任务的重要组成部分，对该区域的脱贫攻坚、生态环境保护、民族团结和区域稳定有着重要影响。基于该区域特殊自然地理条件、水电开发的现状和相对贫困的状况，在未来相当长的一段时期里，该区域还将有大量生态移民产生。对该区域生态移民状况、移民实践中的问题等进行系统梳理，并进而对生态移民的减贫效应、生态保护效应和人口发展效应等进行评判，对面临的问题进行原因分析与理论剖析，提出有针对性的解决措施，不但可以从理论上丰富生态移民理论及反贫困理论，而且可以从实践上指导该区域今后的生态移民工程，对该区域的可持续发展具有重要的启示和借鉴意义。

二、核心范畴界定

（一）长江上游天保工程主要实施区

就流域划分而言，长江上游是指从源头至宜昌这一江段，干流依次流经青海、西藏、四川、云南、重庆、湖北6个省（自治区、直辖市）。但是，就区域特征而言，长江上游区域内部存在较大差异，青藏高原东南横断山脉及其以东地区的川、滇、藏、青交界区域和四川盆地、渝东地区、鄂西地区在自然地理、传统文化、风俗习惯、人口构成与分布、经济发展模式与规模等多方面都具有明显的差异。青藏高原东南横断山脉及其以东地区是我国第一大彝族人口、第一大羌族人口、第一大纳西族人口和第二大藏族人口聚居区，是我国第二大天然林区，是长江上游天保工程的主要实施区，是重要的水源涵养区，是国家主体功能区中最主要的限制和禁止开发区。该区域生态环境十分脆弱，地质和气候灾害较多，生产生活条件相对较差，生存环境相对恶劣，生态移民占比相对突出。与其他地区相比较，该区域因其特殊性而相对自成一体。

本书的研究重点是实行生态保护以来，这一特殊区域在国家生态保护、精准扶贫等战略背景下的生态移民状况。因此，本书的“长江上游天保工程主要实施区”，并非整个长江上游地区，而是天然林资源保护任务繁重、处于长江上游生态屏障前沿的川滇藏交界地区。具体而言，本书的“长江上游天保工程主要实施区”是指长江上游的金沙江及主要支流雅砻江、大渡河、岷江等流域的民族地区，包括四川省的阿坝藏族羌族自治州（以下简称“阿坝州”，面积 84 242 平方千米）、甘孜藏族自治州（以下简称“甘孜州”，面积 153 134 平方千米）、凉山彝族自治州（以下简称“凉山州”，面积 60 361. 8 平方千米）、乐山市峨边彝族自治县（以下简称“峨边县”，面积 2 382 平方千米）、乐山市马边彝族自治县（以下简称“马边县”，面积 2 304 平方千米），云南省的丽江市（面积 20 600 平方千米）、迪庆藏族自治州（以下简称“迪庆州”，面积 23 185. 87 平方千米），西藏自治区昌都市的贡觉县（面积 6 256 平方千米）、江达县（面积 13 200 平方千米）、芒康县（面积 11 431 平方千米），总面积 377 096. 67 平方千米。基于对比研究和调研的整体性，本书将昌都市全部（面积 110 154 平方千米）覆盖，因此研究涉及面积达 456 363. 67 平方千米，位于北纬 25°23′（丽江市）~34°20′（甘孜州），东经 93°6′（昌都市）~104°7′（阿坝州）[①]。

长江上游天保工程主要实施区具体范围如表 1-1 所示。

表 1-1　长江上游天保工程主要实施区具体范围

阿坝州	马尔康市、九寨沟县、小金县、阿坝县、若尔盖县、红原县、壤塘县、汶川县、理县、茂县、松潘县、金川县、黑水县
甘孜州	康定市、泸定县、丹巴县、九龙县、雅江县、道孚县、炉霍县、甘孜县、新龙县、德格县、白玉县、石渠县、色达县、理塘县、巴塘县、乡城县、稻城县、得荣县
凉山州	西昌市、盐源县、德昌县、会理市、会东县、宁南县、普格县、布拖县、金阳县、昭觉县、喜德县、冕宁县、越西县、甘洛县、美姑县、雷波县、木里藏族自治县
乐山市	马边县、峨边县
昌都市	卡若区、江达县、贡觉县、芒康县、类乌齐县、丁青县、察雅县、八宿县、左贡县、洛隆县、边坝县
丽江市	古城区、永胜县、华坪县、玉龙纳西族自治县、宁蒗彝族自治县
迪庆州	香格里拉市、维西傈僳族自治县、德钦县

① 本部分相关数据源自各地官网，笔者汇总整理而得。

（二）生态移民

有关生态移民的研究可谓汗牛充栋，然而何谓生态移民，学术界至今仍无统一界定，目前主要有广义和狭义两种争论。广义的生态移民泛指与生态因素有关的所有移民，狭义的生态移民主要是指为了保护生态而进行的移民。目前，国内最主要的两类移民是易地搬迁移民和水利水电工程移民，其次才是地灾移民、其他大型项目移民等。从具体的移民原因来看，这些移民大多数是因为原有的生态环境脆弱或者被破坏，无法承载人口继续生存，“一方水土养不起一方人”，不得不搬迁。无论是政府主导的搬迁还是老百姓自发性的搬迁，其核心都是通过改变环境，寻求发展，摆脱贫困，即以空间换发展。基于国内尤其是长江上游天保工程主要实施区地域范围内生态环境问题与贫困人口问题交织，生态移民实践中大多数生态移民工程与扶贫工程或其他大型工程结合在一起，在实践中各地并没有严格将生态移民问题单独作为一类问题并给予特殊的政策加以解决的现实，本书研究的生态移民取广义的概念，即由于生态环境和其他因素共同作用而引起的移民都称为生态移民。其包括易地搬迁移民、水电移民、地灾移民、其他大型项目移民等移民中的绝大部分移民。

需要说明的是，虽然有部分移民从严格意义上讲不适合归类为生态移民范畴，但是由于混杂在一起，难以区分和单独划开，因此本书的研究在实际调研中主要从总体上判断，没有对个体的移民身份是否符合生态移民的概念进行严格判定，而是将所有被调研的移民皆纳入整体的生态移民范畴。基于调查和研究的方便，本书的研究从组织方式角度，将生态移民分为自发性移民与政府主导移民，即自发移民和政策性移民。由于绝大多数的生态移民对象为易地扶贫搬迁移民和水电移民，因此本书的研究主要分析这两类移民。

（三）移民搬迁相关概念与内涵说明

1. 易地扶贫搬迁的内涵

易地扶贫搬迁是按照“政府主导、群众自愿”的原则，将国家确定的生态环境等不适合居住的地方的贫困人口，搬迁到其他地方并提供帮扶的脱贫方式，搬迁地域和搬迁对象有明确限定。易地扶贫搬迁的概念与环境移民和生态移民等概念密切相关。从对迁出对象所在区域的限定来看，绝大部分易地扶贫搬迁移民属于环境移民范畴；同时，绝大部分易地扶贫搬迁移民也属于生态移民范畴，只不过生态移民的出发点更倾向于生态保护，易地扶贫搬迁移民的出发点更倾向于脱贫，但是搬迁的原因都和生态环境紧密相关。易地扶贫搬迁移民有两种：一是建档立卡搬迁人口。其遵循群众自愿原则，由政府主导搬迁，但是必须自愿提出搬迁申请并按程序审核确定。二是同步搬迁人口。这部分人口的搬迁不纳入地方政府工作考核范围，无需国家审核，相关搬迁资金由地方政府参照建档立卡搬迁人口的搬迁补助标准，根据地方财力进行确定。

2. 相关安置的内涵

农业农村安置，顾名思义就是安置在农村，继续从事农业生产，在安置过程中，搬迁群众逐步转变为新型农民。城镇非农安置是指搬迁群众嵌入城镇，作为城市居民，家庭成员主要在第二产业和第三产业就业，家庭收入来源主要为工资性收入。在安置过程中，搬迁群众逐步改变原有生产生活方式，从农民转变为市民。安置住房建设方式主要有四种：一是由政府统一规划设计的统规统建；二是由政府统一规划设计、村民委员会或村建房理事会统一组织实施的统规联建；三是由政府统一规划、政府免费提供设计或由搬迁户自主设计，并由搬迁户采取自主建设、委托建设或村民互助建设等方式实施的统规自建；四是搬迁户依照村庄规划自主设计、自主（委托、互助）建设安置住房的分散自建。

3. 水电移民及其说明

水电移民，顾名思义就是指因为受水电工程建设影响而不得不搬迁的人口。水电移民主要包括两类：一是居住在建设征地范围内的调查人口；二是居住在建设征地范围外，但是已界定为生产安置或搬迁安置的人口。生产安置和易地扶贫搬迁安置的内容大致相同，主要包括农业安置、复合安置、养老保障安置、自行安置四种方式。其中，养老保障安置是以规划水平年来确定年龄，针对的是规划水平年年龄达到国家规定（男 60 周岁及以上，女 55 周岁及以上）的农村移民。

三、长江上游天保工程主要实施区自然地理条件与人口经济状况

（一）自然地理条件

1. 生态屏障核心地带

长江上游天保工程主要实施区不仅是长江主要支流岷江、大渡河、雅砻

江等的集中流经地，而且是金沙江（长江上游）、澜沧江、怒江三江并流自然奇观标志性腹心地带，还是黄河上游的部分流经地，堪称“七江并流”区域。该区域内各类大小河流更是多达上百条。可以说，该区域是中国大江大河最集中的发源地和最主要的水源涵养地，堪称“中华水塔”。同时，这里的横断山区是中国第二大天然林区——西南林区最核心的区域，是中国天然林保护的重点区域。这里的川西高寒草原是中国六大草原之一。这里不仅是长江流域，而且是黄河流域重要的生态安全屏障。长江上游天保工程主要实施区森林、草原覆盖率如表 1-2 所示。

表 1-2　长江上游天保工程主要实施区森林、草原覆盖率　　单位:%

草原较多地域			森林较多地域	
地域	森林	草原	地域	森林
阿坝州	26.58	45.78	丽江市	72.14
甘孜州	35.02	54.13	迪庆州	77.63
凉山州	47.12	32.91	马边县	78.87
昌都市	34.78	51.88	峨边县	79.53

数据来源：森林占比数据由各地林业和草原局提供（马边县为林业局）。草原数据中四川省“三州”的数据为天然草原可利用面积，数据源于四川省林业和草原局；昌都市的数据为天然草原面积，数据源于昌都市林业和草原局。表中草原占比根据相关数据计算而得。数据截至 2020 年年底。

2. 生态环境脆弱地带

长江上游天保工程主要实施区处于青藏高原东南缘、横断山脉、川西高原与台地向四川盆地的过渡地带，受南亚板块与东亚板块挤压，河流深切，形成以高山峡谷和高原为主的典型地质地貌。该区域内高原、山地与河谷之间高差明显，气候多样，地灾隐患较多，土壤发育不完全，土层薄而贫瘠，受风蚀、水蚀、冻蚀以及重力侵蚀影响，水土流失严重，植被退化明显，生态环境脆弱，尤其是高寒草原和高山地带生存环境恶劣，许多地方堪称“生命禁区”。刘军会等（2015）在全国划定了 18 个重点生态脆弱区，其中就包括西南横断山生态脆弱区。他们认为，该区域新构造运动活跃，岩层破碎，谷坡陡峭，降雨集中，滑坡、泥石流分布广泛，水土流失严重①。从区域范围

① 刘军会，邹长新，高吉喜，等. 中国生态环境脆弱区范围界定［J］. 生物多样性，2015，57（6）：725-732.

来看，该区域绝大部分地区也处于《全国生态脆弱区保护规划纲要》所列的八大生态脆弱区中的西南山地农牧交错生态脆弱区和青藏高原复合侵蚀生态脆弱区范围之内。该区域内大部分地区属于国家禁止开发和限制开发区。该区域内的国家重点生态功能区，国家级自然保护区，世界文化与自然遗产、国家级风景名胜区、国家地质公园，国家森林公园的情况分别见表 1-3、表 1-4、表 1-5、表 1-6（相关内容根据《全国主体功能区规划》附件和中华人民共和国自然资源部公布的资料整理而得）。2021 年 10 月，在原大熊猫栖息地的基础上，国家整合了 69 个各类自然保护地，正式设立了大熊猫国家公园，总面积为 27 134 平方千米。其中，四川片区总面积为 20 177 平方千米，占总面积的 74. 36%；阿坝片区总面积占整个大熊猫国家公园总面积的 21. 98%，占四川片区的 29. 56%，主要分布在汶川、茂县、松潘、九寨沟等地。

表 1-3　长江上游天保工程主要实施区范围内的国家重点生态功能区

名称	范围
若尔盖草原湿地生态功能区	阿坝州：阿坝县、若尔盖县、红原县
川滇森林及生物多样性生态功能区	阿坝州：小金县、汶川县、茂县、理县、马尔康市、壤塘县、金川县、黑水县、松潘县、九寨沟县。甘孜州：康定市、泸定县、丹巴县、雅江县、道孚县、稻城县、得荣县、九龙县、炉霍县、甘孜县、新龙县、德格县、白玉县、石渠县、色达县、理塘县、巴塘县、乡城县。凉山州：盐源县、木里藏族自治县。迪庆州：香格里拉市（不包括建塘镇）、维西傈僳族自治县、德钦县

表 1-4　长江上游天保工程主要实施区范围内的国家级自然保护区

名称	位置	保护对象
四川马边大风顶国家级自然保护区	马边彝族自治县	大熊猫等珍稀野生动物及森林生态系统
四川卧龙国家级自然保护区	汶川县	大熊猫等珍稀野生动物及森林生态系统
四川九寨沟国家级自然保护区	九寨沟县	大熊猫等珍稀野生动物及森林生态系统
四川小金四姑娘山国家级自然保护区	小金县	野生动物及高山生态系统
四川若尔盖湿地国家级自然保护区	若尔盖县	高寒沼泽湿地生态系统及黑颈鹤等野生动物

表1-4(续)

名称	位置	保护对象
四川贡嘎山国家级自然保护区	康定市、泸定县、九龙县	高山森林生态系统及大熊猫、金丝猴等珍稀野生动物
四川察青松多白唇鹿国家级自然保护区	白玉县	白唇鹿、金钱豹等野生动物及其生存环境
四川海子山国家级自然保护区	理塘县、稻城县	高寒湿地生态系统及白唇鹿、马麝、金雕、藏马鸡等珍稀动物
四川亚丁国家级自然保护区	稻城县	高山生态系统及森林、草甸、野生动物等
四川美姑大风顶国家级自然保护区	美姑县	大熊猫等珍稀野生动物及森林生态系统
四川长沙贡玛国家级自然保护区	石渠县	高寒湿地生态系统和藏野驴、雪豹等珍稀野生动物
云南白马雪山国家级自然保护区	德钦县、维西傈僳族自治县	高山针叶林生态系统、滇金丝猴及其生存环境
西藏类乌齐马鹿国家级自然保护区	类乌齐县	马鹿、白唇鹿等野生动物及其生存环境
西藏芒康滇金丝猴国家级自然保护区	芒康县	滇金丝猴及其生存环境

表1-5　长江上游天保工程主要实施区范围内的世界文化与自然遗产、国家级风景名胜区、国家地质公园

世界文化与自然遗产	国家级风景名胜区	国家地质公园	
四川九寨沟风景名胜区	九寨沟—黄龙寺风景名胜区	四川大渡河峡谷国家地质公园	四川四姑娘山国家地质公园
四川黄龙风景名胜区	四姑娘山风景名胜区	四川海螺沟国家地质公园	四川盐边格萨拉地质公园
云南三江并流	邛海—螺髻山风景名胜区	四川黄龙国家地质公园	四川达古冰山地质公园
四川大熊猫栖息地	三江并流风景名胜区	四川九寨沟国家地质公园	—

表 1-6 长江上游天保工程主要实施区范围内的国家森林公园

名称	位置	名称	位置
四川二滩国家森林公园	盐边县、米易县	四川雅克夏国家森林公园	黑水县
四川海螺沟国家森林公园	泸定县	四川荷花海国家森林公园	康定市
四川九寨国家森林公园	九寨沟县	四川金川国家森林公园	金川县
四川黑竹沟国家森林公园	峨边县	四川沙鲁里山国家森林公园	白玉县
四川夹金山国家森林公园	小金县	云南飞来寺国家森林公园	德钦县
四川鲜水河大峡谷国家森林公园	新龙县	西藏然乌湖国家森林公园	八宿县
四川措普国家森林公园	巴塘县		

3. 生态资源富集地带

长江上游天保工程主要实施区处于中国地理最显著的过渡地带，明显的海拔高差形成了丰富的垂直气象景观，使得这里成了我国生物多样性最丰富和生物集中度极高的地区。由于立体气候和立体地貌特征明显，山地、盆地、河谷、高原、台地、平坝皆有，该区域特色农牧业资源得天独厚，有丽江雪桃、华坪杧果、香格里拉松茸、洛隆糌粑、类乌齐牦牛肉、凉山苦荞、雷波脐橙、会理石榴、摩梭红米、汶川甜樱桃、金川雪梨、小金苹果、得荣树椒、丹巴香猪腿、炉霍青稞、峨边竹笋、马边绿茶等众多地理标志产品，其他各种菌类、药材类、特色水果类、特色肉类、动物皮毛以及蜂蜜、花椒等土特产资源更是十分丰富。同时，复杂而独特的地质地貌造就的多样化地质景观，也使得该区域成了我国生态景观最靓丽、最多彩的地区。茫茫大草原、皑皑大雪山、道道大峡谷、条条大江河，星罗棋布的海子散布其间，多姿多彩的森林景观分布各地，构成了一幅幅无与伦比的绮丽画卷，是全国生态旅游资源禀赋极佳的地区。另外，该区域的太阳能资源和矿产资源也异常丰富，锂辉矿、金矿、大理石、铁矿等具有比较优势，水能资源更是首屈一指，是中国水能资源最集中、最丰富的地区，占全国水能资源的 2/3 以上；是中国水能开发最密集的地区，全国大部分大中型水电工程都集中于此。

（二）人口经济状况

1. 集中连片特困地带

历史上，长江上游天保工程主要实施区远离经济政治中心，属于相对偏远地带，社会形态和经济发展都相对落后，大多数地方都是从封建农奴制社会“一步跨千年”进入社会主义社会，发展基础薄弱。加之相对恶劣的自然地理环境、相对落后的交通条件等因素，该区域的发展难度远高于全国绝大部分地区。尽管该区域内有丰富的生态资源和矿产资源，但是受诸多因素限制，与全国其他区域比较，该区域的发展明显不足，绝大多数地方属于全国贫困地区，是脱贫攻坚的重点和难点地区。在全国14个集中连片特困地区中，乌蒙山区、滇西边境山区、四省涉藏地区①涵盖了本区域的绝大部分县（市、区）。其中，乌蒙山区包含本区域乐山市的马边县，凉山州的普格县、布拖县、金阳县、昭觉县、喜德县、越西县、美姑县、雷波县；滇西边境山区包含了本区域丽江市的玉龙县、永胜县、宁蒗县；四省涉藏地区包含了本区域迪庆州、昌都市、甘孜州和阿坝州的全部县（市、区）以及凉山州的木里县。另外，乐山市的峨边县，凉山州的盐源县、甘洛县，丽江市的古城区和华坪县，虽然不在14个集中连片特困地区范围内，但是也都是贫困县（区）。因此，长江上游天保工程主要实施区除凉山州的西昌市、德昌县、冕宁县、会理市、会东县、宁南县等安宁河谷六县（市）外，其他全部属于贫困县（市）。可见，该区域贫困面的广度和深度，基本上属于全域深度贫困。尽管通过精准扶贫，目前该区域各县（市、区）全部实现了脱贫摘帽，但是该区域无疑仍然是全国相对贫困的重点和难点区域，仍然是今后扶贫工作的重要阵地。长江上游天保工程主要实施区2021年城乡居民可支配收入和与本省（自治区）相应收入比值如表1-7所示。

表1-7 长江上游天保工程主要实施区2021年城乡居民可支配收入和与本省（自治区）相应收入比值

地区	城镇居民/元	比值/%	农村居民/元	比值/%
阿坝州	40 132	96.83	17 161	97.64
甘孜州	39 487	95.28	15 379	87.50
凉山州	37 452	90.37	16 808	95.64
昌都市	40 586	87.28	15 159	89.51
丽江市	40 391	98.74	13 795	97.17
迪庆州	42 402	103.66	11 339	79.87

① 此处“四省涉藏地区”的概念在《中国农村扶贫开发纲要（2011—2020年）》中为“四省藏区”，因相关政策要求，统一称为“四省涉藏地区”，特此说明。

表1-7(续)

地区	城镇居民/元	比值/%	农村居民/元	比值/%
峨边县	37 920	91.50	15 021	85.47
马边县	38 815	93.66	15 349	87.33

数据来源：各地2021年国民经济和社会发展统计公报。其中，比值是指和各地所在省（自治区）的相应平均收入水平的比值，笔者根据计算而得。

根据四川省、云南省和西藏自治区2021年国民经济和社会发展统计公报，2021年三地城镇居民可支配收入水平分别为41 444元、40 905元和46 503元，农村居民可支配收入水平分别为17 575元、14 197元和16 935元。从表1-7可以看出，2021年各地的城乡居民可支配收入，除了迪庆州的城镇居民可支配收入略高于云南省的平均水平外，其余地区的城乡居民可支配收入全部都低于其所在省（自治区）的平均水平，农村居民可支配收入水平更是明显偏低。

2. 民族交往交流交融走廊

特殊的地理位置使得长江上游天保工程主要实施区成了藏、羌、彝民族文化走廊的主要分布区域，一条条河谷形成了一道道通路，多民族在这里迁移、分化、演变，汉、藏、羌、彝、纳西等20多个兄弟民族在这里繁衍生息，孕育了色彩斑斓的民俗风情和民族文化。各民族语言、服饰、习俗、建筑、文物古迹等各具特色，茶马古道文化、格萨尔文化、女儿国文化、土司文化、东巴文化、藏传佛教文化等交相辉映。经过长期的民族交往交流交融，这里成了中华民族多元一体发展的代表性地区之一，在国家政治地理版图中具体特殊的重要性。

基于自然地理原因，长江上游天保工程主要实施区人口总量偏低，截至2020年11月1日零时，共有常住人口9 500 537人，其中凉山州占了51.14%。广袤的面积，过低的人口总量，导致人口密度低，平均每平方千米仅有20.82人。如果除去凉山州、丽江市、峨边县、马边县四个相对人口密度较高的地区，该区域内其余地区的平均人口密度每平方千米仅有8.30人。截至2020年11月1日零时，全国（统计数据未包括我国香港、澳门、台湾地区），四川省、云南省和西藏自治区的人口密度分别是每平方千米147.06人、172.17人、119.79人和2.97人。可以看出，该区域人口密度远远低于全国平均人口密度，仅为全国平均人口密度的14.16%。其中，四川区域的人口密度为每平方千米 23. 47 人，只相当于四川省平均人口密度的 13. 63%；云南区域的人口密度为每平方千米 37. 49 人，只相当于云南省平均人口密度的 31. 29%[①]。仅有昌都市的人口密度高于西藏自治区的平均人口密度，但是西藏自治区平均人口密度全国最低，昌都市的人口密度尽管在西藏自治区偏高，但是整体仍然十分低，在长江上游天保工程主要实施区内也最低。

就主要少数民族构成而言，阿坝州有藏族 53. 50 万人、羌族 16. 71 万人、回族 2. 81 万人，占总人口的比例分别为 59. 5%、18. 6%、3. 1%。甘孜州藏族人口达到总人口的 81. 9%。凉山州少数民族人口为 306. 85 万人，占总人口的 57. 56%。其中，彝族人口为 288. 75 万人，占总人口的 54. 16%。迪庆州少数民族人口为 33. 11 万人，占总人口的 89. 26%。其中，藏族人口为 13. 42 万人，占总人口的 36. 18%；傈僳族人口为 11. 24 万人，占总人口的 30. 3%；纳西族人口为 4. 68 万人，占总人口的 12. 61%。丽江市世居少数民族 11 个，少数民族人口为 70. 77 万人，占总人口的 56. 44%。昌都市藏族人口占总人口的 93. 23%。马边县彝族人口占比为 50. 7%，峨边县彝族人口占比为 38. 47%[②]。可以看出，长江上游天保工程主要实施区少数民族人口占了绝大部分比例。其中，少数民族主要为藏族、彝族、羌族、傈僳族、纳西族、回族等。

长江上游天保工程主要实施区人口数量和人口密度如表 1-8 所示。

表 1-8　长江上游天保工程主要实施区人口数量和人口密度

地区	常住人口/人	每平方千米人口密度/人	地区	常住人口/人	每平方千米人口密度/人
阿坝州	822 587	9. 76	丽江市	1 253 878	60. 87
甘孜州	1 107 431	7. 23	迪庆州	387 511	16. 71
凉山州	4 858 359	80. 49	峨边县	121 554	51. 03
昌都市	760 966	6. 91	马边县	188 251	81. 71

数据来源：常住人口数据为第七次全国人口普查数据，时间点为 2020 年 11 月 1 日零时；人口密度根据各地面积计算而得。

① 相关数据源于第七次全国人口普查（简称“七普”）数据。“七普”全国人口为 141 178 万人，四川常住人口为 8 367. 49 万人，云南常住人口为 4 720. 93 万人，西藏常住人口为 364. 81 万人。笔者根据相应面积计算获得人口密度（人口密度为常住人口密度）。

② 数据说明：阿坝州数据源于《阿坝年鉴 2020》，为 2019 年数据；甘孜州、凉山州、迪庆州、丽江市、昌都市、马边县数据源于当地政府网站的当地概况，皆为 2020 年年底数据；峨边县数据为第六次人口普查数据。

四、研究内容、思路、方法与特别说明

（一）研究内容

1. 研究对象

本书的研究对象为长江上游天保工程主要实施区的生态移民，涉及六个方面的内容：一是生态移民现状调查，包括区域内易地扶贫搬迁、水电移民搬迁及其他移民搬迁的总体情况，生态移民生产生活基本情况；二是做法与经验梳理，包括各地在易地扶贫搬迁和水电移民搬迁实践中采取的各具特色的做法与经验；三是对生态移民实践产生的效应进行分析，包括民众对生态移民工程的感知以及生态移民实践在精准脱贫、生态保护与人口发展等方面取得的成效；四是问题与原因分析，包括对区域生态移民实践中遇到的问题进行梳理，并对原因进行相应分析；五是区域生态移民理论解析，包括从整体上对区域生态移民实践进行理论分析，对做法与经验、问题与不足进行具体的理论解读；六是对策建议，包括对生态移民实践中存在的问题提出具体的解决方案，并从宏观角度对其他相关问题的解决提出建议。

2. 本书结构和主要内容

本书共分为十章，结构和主要内容如下：

第一章：绪论。本章阐述研究缘起，说明研究的价值所在；对研究涉及的核心范畴进行界定，包括研究涉及的长江上游天保工程主要实施区的具体范围、生态移民的内涵、移民搬迁的相关概念与内涵说明；对长江上游天保工程主要实施区自然地理条件与人口经济状况进行全面梳理并总结出其特征；对研究内容、思路、方法等进行介绍；对研究中涉及的调研、资料和数据、问题与建议、注释与参考文献等进行特别说明。

第二章：理论基础及研究综述。本章主要对研究涉及的空间贫困理论、生态移民理论、人口迁移理论等的研究情况进行文献梳理，并对相关研究进行评论，构建本书的理论支撑。

第三章：区域生态移民基本情况。本章主要对区域易地扶贫搬迁基本情况、水电移民基本情况进行梳理，阐述搬迁的基本政策和搬迁现状；对区域重要水电站涉及的水电移民情况进行介绍；对凉山州的自发移民和地灾移民进行重点介绍，阐述基本情况。

第四章：主要做法与经验。本章基于对凉山州 12 个县（市）、昌都市以

及昌都市芒康县的调研情况，对其在易地扶贫搬迁安置中的主要做法与经验进行总结提炼；对凉山州、甘孜州等几个重点地区的水电移民搬迁安置的做法与经验进行总结提炼。

第五章：问卷调查情况及分析。本章选取凉山州和昌都市开展问卷调查，根据研究需要和两地的实际情况，两地的调研问卷侧重点各不相同；通过调研问卷分析，研究生态移民对移民搬迁工程的认知、生态移民工程带来的变化、生态移民体现出来的特点等。

第六章：访谈情况及分析。本章主要为田野调查（但不局限于田野调查）梳理与分析，选取了部分地区进行了深度田野调查。其中，凉山州是调查的重点。本章通过阐述个别交流、座谈会、电话交流等方式取得的材料，全面介绍各地生态移民搬迁的基本情况，重点梳理生态移民搬迁工作中面临的困难和问题，分析相应原因。

第七章：生态移民实践的效应及评价。本章对凉山州易地扶贫搬迁的效应进行了重点分析，基于问卷与访谈结果对生态移民实践的效应进行了针对性分析，基于调研情况对生态移民给精准扶贫、生态保护和人口发展带来的影响进行了专题分析，选取三个典型案例对其生态移民效应进行了说明。

第八章：面临的主要困难及原因。本章基于区域移民问题的特殊性分析了区域的特殊困难，包括自然地理条件带来的困难、基层干部特殊状况带来的困难；对政策性移民中存在的问题或困难进行了系统梳理，包括宗教设施迁建、搬迁地点选择、水电移民利益争议、工程推进缓慢、易地扶贫搬迁带来的伴生问题等；对自发移民搬迁中存在的困难与问题进行了梳理，包括生存和发展方面的问题、社会问题、管理问题等。

第九章：区域生态移民实践理论分析。本章针对研究涉及的全局性问题进行理论分析。在整体方面，本章主要运用生态移民理论、空间贫困理论和人口迁移理论，分析区域生态移民实践的决策、相关行为和效应背后的理论逻辑。在具体方面，本章归纳提炼出区域生态移民实践中具有普遍意义和典型性的做法与经验、问题与不足，展开理论解读。

第十章：研究结论与政策建议。本章从理论与政策指导、生态移民总体情况、调研结果实证分析、生态移民实践效应、经验与问题总结五个方面得出主要研究结论；考虑区域的特殊性，针对区域生态移民搬迁工作中基层干部、地方政府、移民、制度体系等方面存在的困难、问题、不足提出了针对性的建议。

（二）研究思路与方法

1. 基本思路

本书以习近平新时代中国特色社会主义制度思想为根本遵循，以科学发展观、空间贫困理论、生态移民理论、人口迁移理论等为指导，立足于长江上游天保工程主要实施区生态移民的现状和区域资源禀赋特性，结合国家的相关政策、战略，聚焦梳理清楚现状、真实反映效果、准确厘清问题、深入分析原因、科学合理建议五大任务，遵循理论与政策梳理→现状调查→技术分析与提炼→理论剖析→结论与对策建议的逻辑，通过文献梳理、田野调查、深度访谈等形式，收集相关资料、确定研究内容，构建研究框架，展开具体研究，达到理论和实践相结合，最终形成具有战略高度、能解决现实问题、兼具实效性和可操作性的研究成果。本书总体结构与思路如图 1-1 所示。

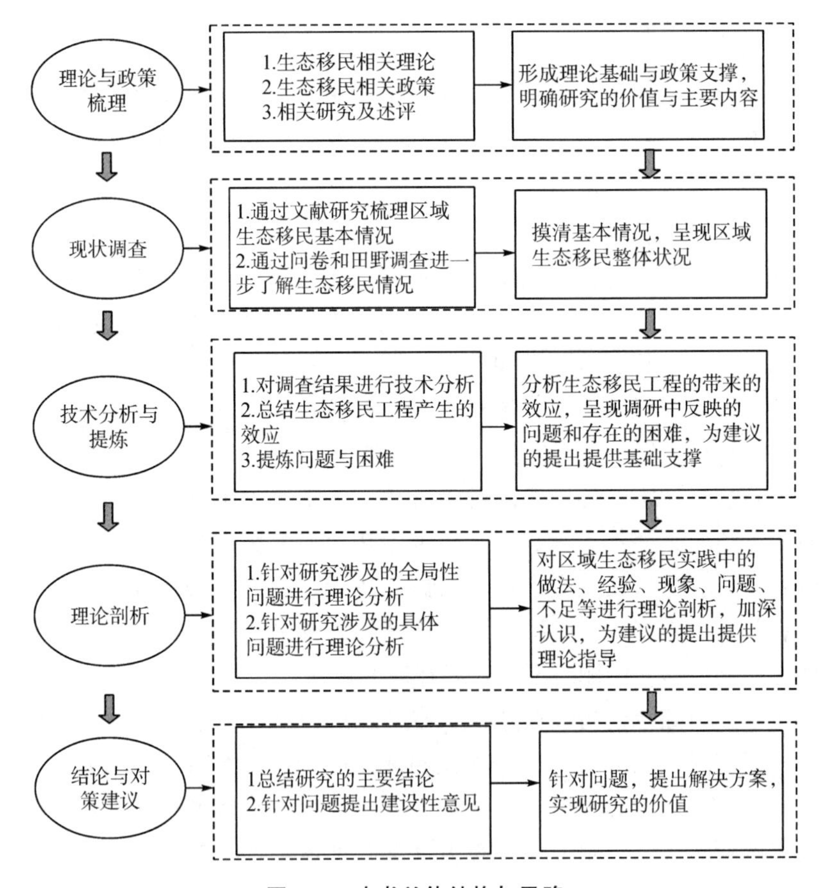

图 1-1　本书总体结构与思路

2. 具体研究方法

本书的研究属于跨学科研究，研究涉及多种方法，此处仅对几种主要的研究方法进行阐释。

（1）文献研究与田野调查相结合。本书收集并梳理国内外关于空间贫困和生态移民等的研究文献，将其中的规律性信息以内容分析技术进行量化归类，以资借鉴。同时，本书选择长江上游天保工程主要实施区的相关政府部门、数个代表性地点进行重点调研和剖析，采用参观、座谈、入户访谈、问卷调查等形式，从不同层面全面了解长江上游天保工程主要实施区生态移民的相关情况。

（2）面上考察与个案分析相结合。本书从整体上对区域情况进行分析，把握整体性特征，把握共性问题。同时，本书根据不同区域的特点，选取自发移民和政策性移民相对集中的点展开重点调研与分析。

（3）规范分析与实证分析相结合。本书结合规范分析和实证分析两种主要研究方法，对长江上游天保工程主要实施区生态移民涉及的主要问题展开研究；既对现状进行梳理，又对现状进行分析和判断，既对问题进行提炼，又通过规范分析评价这些年来生态移民实践的效应。

（4）比较分析与统计分析相结合。本书结合调研情况与相关文献资料，对自发移民与政策性移民、易地扶贫搬迁移民与水电移民等的相关情况和问题进行对比与总结。同时，本书结合对问卷的统计分析，找出共性与个性，使研究更深入、问题更准确、建议更有针对性。

（三）特别说明

1. 关于调研的特别说明

本书的研究调研时间跨度三年多，由于范围大、涉及面广，笔者采取了集中和分组调研、现场和电话调研等多种模式。笔者根据区域生态移民的特殊性和区域内不同地方生态移民主体的差异性，在调研地点的选择上采取了各地有所区别但确保重点的策略。易地扶贫搬迁重点选择了凉山州，水电移民重点选择了甘孜州、凉山州和迪庆州。在此基础上，笔者根据各地的特点，选择了部分县（市）进行特别调研。

需要提及的是，本书的研究区域内的水电工程，大多数跨市（州），迪庆州的部分水电工程不仅在迪庆州，还涉及了丽江市、昌都市、甘孜州等，四川省境内的水电工程也类似，很多也跨了几个市（州）。尽管笔者采取了以某一市（州）为主的方式，但是这些水电移民工程的移民基本情况大致上反映了区域整体的水电移民状况。

2. 关于资料和数据的特别说明

由于调研的时间跨度，部分资料和数据只能依据调研当时搜集到的材料为准，因此本书中的资料和数据的时间段无法统一，相同内容的数据和资料以最新的为准（在具体部分会做注释说明）。如果数据涉及某一章节多个地方，笔者在该章节开始或第一次出现数据的时候进行数据出处总体交代，后面不再单独交代。

需要提及的是，由于本书的研究涉及的部分内容具有敏感性，部分地方基于保密等原因，不愿意提供资料，甚至不接受某些访谈，因此各地的资料情况具有一定的差异。由于新冠病毒感染疫情等原因，后续调研受到一定的影响，部分地方调研略显不足。另外，部分调研单位的名称有一定变化，书中名称一律采用调研时的名称。

3. 关于问题和建议的特别说明

本书提出的问题主要是根据对调研中收集到的资料进行分析、对访谈中访谈对象的讲述和座谈会中相关部门的反映意见进行汇总后提炼而得。由于不同访谈对象的认识差异等原因，其反映的部分问题可能和真实情况有细微出入，虽然笔者在写作时已经进行一定程度的甄别，基本反映了区域的实际情况，但是仍不敢保证所有材料的绝对客观性和准确性。

需要提及的是，由于反映问题的时间不同，部分问题可能在反映的当时存在，之后当地可能采取了相应的解决措施，部分问题已经得到了较好的解决。但是，区域内的问题大部分具有共性，由于区域范围较广，可能某个或某类问题在甲地已经有应对措施或不再重要，在乙地依然存在或比较突出。本书的研究对问题的梳理针对的是整个区域，因此尽管部分建议可能对某些地方不适用，但是对整个区域而言，仍然值得重视。

4. 关于注释和参考文献的特别说明

为了方便查看和核对，本书采用连续注释和脚注的方式。脚注没有区分引用和说明，即引用（包括直接引用和间接引用）采用脚注方式，对特定词语或内容的说明也采用脚注方式。参考文献置于书后，凡是注释中已经做了脚注的文献，除非参考了该文献中的其他思想，否则参考文献中不再罗列。

参考文献主要罗列笔者在写作过程中阅读并参考过的文献，主要是对其思想、部分观点的间接参考（如果引用了相关观点则采用脚注注明），不局限于某一页或某一段，而是综合参考。

需要说明的是，由于注释需要核对，因此本书对引用的注释，如果引自著作，标明了页码；如果非引用，只是对该著作内容的整体说明，则不标明页码。

第二章
理论基础及研究综述

一、空间贫困理论及研究综述

（一）空间经济学与新地理经济学

空间贫困理论源于新经济地理学（New Economic Geography）。新经济地理学由空间经济学（Spatial Economics）发展而来。在主流经济学领域对经济学与地理学之间的关系还不承认的时候，哈里斯（Harris，1954）① 和缪尔达尔（Myrdal，1957）② 等少数非主流经济学家却认为经济欠发达地区经济发展和地理位置相关。沃尔特·艾萨德（Walter Isard，1956）③ 研究了区位问题的替代性，这便是早期的空间经济学。1999 年，藤田昌久（Masahisa Fujita）、克鲁格曼（Paul R Krugman）和维纳布尔斯（Anthony J Venables）出版了《空间经济学：城市、区域与国际贸易》一书④，标志着空间经济学的真正形成。从内涵来看，空间经济学关注稀缺资源如何在空间进行配置以及相关经济活动的区位关系。

新经济地理学脱胎于新贸易理论，主要原因是传统的比较优势贸易理论无法解释二战后的贸易现实，以克鲁格曼为代表的学者试图用新的理论解释这种新贸易现象，于是产生了新贸易理论。其主要标志是克鲁格曼在 1979 年和 1980 年分别发表于《国际经济学杂志》和《美国经济评论》上的《收益递增、垄断竞争与国际贸易》⑤《规模经济、产品差异和贸易模式》⑥ 两篇文章。新贸易理论将区位因素和生产要素联系了起来，这正是新经济地理学的基本思想。1991 年，克鲁格曼发表于《政治经济学杂志》上面的文章《经济

---

① CHAUNCY D HARRISM. The market as a factor in the localization of production [J]. Annuals of the American Geographies, 1954 (44): 35-48.

② MYRDAL G. Economic theory and under-developed regions [M]. London: Gerald Duckworth & Co Ltd, 1957.

③ WALTER ISARD. Location and space-economy [M]. New York: John Wiley & Sons, Inc.; Cambridge: The Technology Press, 1956.

④ MASAHISA FUJITA, PAUL KRUGMAN, ANTHONY J VENABLES. The spatial economy: cities, regions and international trade [M]. Cambridge: MIT Press, 1999.

⑤ KRUGMAN P. Scale economies, product differentiation and the patterns of trade [J]. American Economic Review, 1980 (70): 950-959.

⑥ KRUGMAN P. Increasing returns monopolistic competition and international trade [J]. Journal of International Economics, 1979 (9): 469-479.

地理与收益递增》①，建立了 CP 模型（Core-Periphery Model），为从微观上用区位关系分析经济活动奠定了基础，被认为是新经济地理学的奠基之作。由于克鲁格曼等人在主流经济学领域的名气，新经济地理学在世界范围内引起的关注也是空前的。

（二）空间贫困理论

借用新经济地理学的思维，一些学者在研究贫困问题的时候引入了空间概念，形成了所谓的“贫困地理学”（The Geography of Poverty）或“空间贫困”（Spatial Poverty）理论，其核心是研究贫困和地理位置的关系，并提出了“空间贫困陷阱”（SPT）的概念。戴蒙（Daimon，2001）② 通过对印度尼西亚的研究进一步验证了空间贫困陷阱，并将其定义为由于区位或迁移成本原因导致的贫困持久存在状态。伯德和谢泼德（Bird & Shepherd，2003）③ 用“地理资本”（Geographic Capital）一词来做界定，认为贫困发生率高源于“地理资本”存量低。

国外空间贫困研究集中在三个方面：一是论证贫困与空间地理位置之间的紧密关系。雅兰和瑞福林（Jalan & Ravallion，1997）④ 提出了“地理资本”的概念，并通过微观模型对空间贫困陷阱进行了验证。吉那·波特（Gina Porter，2007）⑤、波克和杰恩（Burke & Jayne，2008）⑥ 进一步验证了空间贫困的现实，归纳出空间贫困的基本特征以及衡量空间贫困的指标。让·伊夫·杜克洛斯等（Jean-Yves Duclos，et al.，2006）⑦ 通过对多国的实证研究

---

① KRUGMAN P. Increasing returns and economic geography [J]. Journal of Political Economy，1991 (99)：483-499.

② TAKESHI DAIMON. The spatial dimension of welfare and poverty：lessons from a regional targeting programme in indonesia [J]. Asian Economic Journal，2001，15 (4)：345-367.

③ KATE BIRD，ANDREW SHEPHERD. Livelihoods and chronic poverty in semiarid Zimbabwe [J]. World Development，2003，31 (3)：591-610.

④ JYOTSNA JALAN，MARTIN RAVALLION. Spatial poverty traps [Z]. The World Bank Policy Research Working Paper，1997.

⑤ 参见吉那·波特 2007 年 3 月 29 日在南非举行的国际研讨会“理解和解决空间贫困陷阱”上的发言。

⑥ W J BURKE，T S JAYNE. Spatial disadvantages or spatial poverty traps：household evidence from rural Kenya [Z]. International Development Working Paper，2008.

⑦ JEAN - YVES DUCLOS，et al. Robust multidimensional spatial poverty comparisons in Ghana，Madagascar，and Uganda [J]. World Bank Economic Review，2006 (1)：91-113.

认为，在贫困发生过程中，空间因素难以改变，因而成了致贫的决定性因素。爱德华·B. 巴比尔（Edward B Barbier，2010）[①] 认为，自然地理环境的劣势是空间贫困陷阱的重要成因。二是描绘贫困地图（poverty maps）。这方面的成果大多数出自世界银行（WB）、联合国粮农署（FAO）、联合国环境规划署（UNEP）等一些重要国际组织的研究者，他们一共绘制了几十个国家的贫困地图。三是空间贫困政策研究。一方面，这些研究评估减贫与反贫困政策实施效果和问题；另一方面，这些研究根据空间贫困动力机制，提出相应政策建议。克兰德尔·明第（Mindy Crandall，2004）等[②]就指出减贫具有地理上的溢出效应，不同区域应根据区域特征制定区域目标政策，从而提高反贫困效率。雅兰和瑞福林（Jalan 和 Ravallion，2002）[③] 认为，移民是走出空间贫困陷阱的积极选择。

国外学者对空间贫困的持续关注自然也引起了国内学者对空间贫困的研究兴趣，尽管国内学者的研究相对而言起步较晚，但是基于中国扶贫事业的长久性、现实性和重要性，扶贫相关研究一直是国内学界研究的热点之一。自然，很多学者也对空间贫困研究产生了兴趣，相关研究集中在以下两个方面：

一是对空间贫困理论及其启示意义的阐述。陈斐（2008）[④] 从理论和实证上探讨了区域空间经济关联的模式。刘小鹏等（2014）[⑤] 在介绍了空间贫困研究后，对加强我国贫困地理研究提出了建议，认为应重点从地理资本、陷阱机理和地图研制方面进行研究。殷广卫和李佶（2010）[⑥] 对新经济地理学

---

① EDWARD B BARBIER. Scarcity and frontiers：how economies have developed through natural resource exploitation [M]. Cambridge：Cambridge University Press，2010.

② MINDY S CRANDALL，BRUCE A WEBER. Local social and economic conditions，spatial concentrations of poverty，and poverty dynamics [J]. American Journal of Agricultural Economics，2004，86 (5)：1276-1281.

③ JYOTSNA JALAN，MARTIN RAVALLION. Geographic poverty traps? a micro model of consumption growth in rural China [J]. Journal of Applied Econometrics，2002，17 (4)：329-346.

④ 陈斐. 区域空间经济关联模式分析：理论与实证研究 [M]. 北京：中国社会科学出版社，2008.

⑤ 刘小鹏，苏晓芳，王亚娟，等. 空间贫困研究及其对我国贫困地理研究的启示 [J]. 干旱区地理，2014 (1)：144-152.

⑥ 殷广卫，李佶. 空间经济学概念及其前沿：新经济地理学发展脉络综述 [J]. 西南民族大学学报，2010 (1)：75-82.

的发展脉络进行了梳理，同时对其思想和发展方向做了评述。陈全功、程蹊（2010）[①] 阐述了空间贫困的政策含义，并提出了我国开展空间贫困研究的必要性及其相关的政策措施。罗庆、李小建（2014）[②] 对国外农村贫困研究做了文献梳理，并根据国外研究情况提出了若干供国内研究的主题。程名望等（2020）[③] 以江西为例对空间贫困的特征、陷阱形成以及致贫因素等进行了分析。

二是用空间贫困理论分析我国的具体问题。曲玮等（2010）[④] 对我国的贫困分布进行了空间分析，提出了我国贫困人口分布呈现“一带两片”的空间态势。陈全功、程蹊（2011）[⑤] 以空间贫困的理论视野分析了民族地区空间贫困的主要特征并提出了相关的政策建议。王明黔和王娜（2011）[⑥] 基于空间贫困理论认知，对西部民族贫困地区异地搬迁问题进行了比较系统的分析。汪晓文等（2012）[⑦]、裴银宝等（2015）[⑧] 基于空间贫困视角，以甘肃、宁夏为样本，对扶贫模式和扶贫工作提出了新的见解。张丽君等（2015）[⑨] 结合广西的案例，探讨了民族地区贫困发生的空间因素，并勾画了空间陷阱以及贫困图谱。郑长德（2017）[⑩] 以我国的几个集中连片特困地区为对象，用空间贫困理论的贫困陷阱理论，对其致贫因素进行了分析，并据此提出了

① 陈全功，程蹊. 空间贫困及其政策含义［J］. 贵州社会科学，2010（8）：87-92.

② 罗庆，李小建. 国外农村贫困地理研究进展［J］. 经济地理，2014（6）：1-8.

③ 程名望，李礼连，张家平. 空间贫困分异特征、陷阱形成与致贫因素分析［J］. 中国人口·资源与环境，2020（2）：1-10.

④ 曲玮，涂勤，牛叔文. 贫困与地理环境关系的相关研究述评［J］. 甘肃社会科学，2010（1）：103-106.

⑤ 陈全功，程蹊. 空间贫困理论视野下的民族地区扶贫问题［J］. 中南民族大学学报，2011（1）：58-63.

⑥ 王明黔，王娜. 西部民族贫困地区反贫困路径选择辨析：基于空间贫困理论视角［J］. 贵州民族研究，2011（4）：141-145.

⑦ 汪晓文，何明辉，李玉洁. 基于空间贫困视角的扶贫模式再选择：以甘肃为例［J］. 甘肃社会科学，2012（6）：95-98，100.

⑧ 裴银宝，刘小鹏，李永红，等. 六盘山特困片区村域空间贫困调查与分析：以宁夏西吉县为例［J］. 农业现代化研究，2015（5）：748-754.

⑨ 张丽君，董益铭，韩石. 西部民族地区空间贫困陷阱分析［J］. 民族研究，2015（1）：25-35.

⑩ 郑长德. 贫困陷阱、发展援助与集中连片特困地区的减贫与发展［J］. 西南民族大学学报，2017（1）：120-127.

发展援助的政策建议。刘俊波（2018）[①] 以空间贫困理论为指导，以四川省壤塘县为例，分析了自然和社会空间在高原牧区致贫中的作用，并提出了对策建议。罗翔等（2020）[②] 研究了中国农村空间贫困陷阱及识别问题，分析了空间外部性与农村贫困之间的关系。

二、生态移民理论及研究综述

（一）生态移民缘起及其内涵

1899 年，美国植物学家考尔斯（Cowles）在《植物学公报》（*Botanical Gazette*）发表了其 1896 年获得博士学位的论文《密歇根湖沙丘的植被演替》修改后的论文《密歇根湖沙丘植被的生态关系》。考尔斯将“生物群落迁移”（biological community migration）的概念运用到生态学中，奠定了群落演替（community succession）的理论基础。美国生态学家克莱门特（Clements）于 1916 年 1 月在其著作《植物演替：对植被发展的分析》中对群落演替理论进行了拓展。克莱门特和考尔斯注意到作为区域生态系统中的“人”，指出主动或被动进行人口迁移的原因是在原居住地居住对生态环境带来破坏。尽管他们没有明确提出“生态移民”（ecological migration）的概念，但是他们提出的实施移民是因为环境保护的需要的观点是标准的因为生态而进行的移民，可以看成“生态移民”的最早起源。随后，学界对这种出于生态目的而进行迁移的关注增多。但是，“早期的研究主要聚焦在物种如动物、植物的迁移领域”[③]。20 世纪 70 年代后期以来，全球气候和环境的急剧变化引发了大量的人口迁移，引起了国外学术界对此的深入关注，生态移民的研究才真正展开。

提及生态移民，不得不提及与之相关的另一个概念——环境移民（environmental migration）。提到环境移民，又不得不提及环境难民（environment refugees）或生态难民（ecological refugees），两者内涵没有严格区别，只是叫

---

① 刘俊波. 应对空间贫困：青藏高原牧区的脱贫策略研究：基于四川省壤塘县的田野调查［J］. 西南边疆民族研究，2018（2）：90-98.

② 罗翔，李崇明，万庆，等. 贫困的“物以类聚”：中国的农村空间贫困陷阱及其识别［J］. 自然资源学报，2020，35（10）：2460-2472.

③ 王志章，孙晗霖，张国栋. 生态移民的理论与实践创新：宁夏的经验［J］. 山东大学学报（哲学社会科学版），2020（4）：50-63.

法偏好的问题。1976 年，布朗（Lester Brown）等人首次使用了“环境难民”一词①。之后，其他学者对环境难民进行了比较系统的研究，但是不同学者给出的定义有所区别，主要分歧在于导致环境难民的因素。埃萨姆·辛纳维（Essam El-Hinnawi，1985）② 认为，环境难民是环境被破坏从而威胁到生存或者使得生活质量受到严重影响，导致被迫临时或永久离开家园的人们。作为联合国环境规划署（UNEP）的研究员，他的这个定义具有代表性。其他学者与之分歧在于环境难民的影响因素中是否还应该纳入其他因素和纳入哪些其他因素。但是，1951 年联合国出台的《关于难民地位的公约》中对“难民”有界定。《关于难民地位的公约》中的“难民”更多地含有“政治”意义，而且规定有特殊的待遇，环境难民显然在资格和待遇上与之具有较大差异。为了避免对两个内涵有别的“难民”的提法产生混淆，瑞典教授阿克肖·斯维因（Ashok Swain）在 1996 年使用了“环境移民”一词③，并得到了政府部门和学界的认同。尽管在名称上达成了共识，但是关于环境难民概念的分歧仍然存在，环境移民的概念也就难以确定。2007 年，国际移民组织（IOM）对环境移民进行了定义，核心内涵是由于环境的突然或逐渐变化，对生产或生存条件带来了不利影响，最后迫不得已选择暂时或永久离开的人或人群。显然，国际移民组织对环境移民的界定与埃萨姆·辛纳维对环境难民的界定基本相同，即强调的是环境的原因而非其他原因。联合国大学环境与人类安全研究所（UNU-EHS）把环境移民分成三种类型：环境紧急性移民、环境被迫移民和环境诱发移民。国外的研究大多沿用了这一分类。

对“生态”一词和“环境”一词理解的差异导致了对生态移民和环境移民概念理解的差异。显然，“生态”和“环境”是不同的概念，生态主要指自然环境，而环境不仅包括自然环境，还包括社会环境。但是，无论是环境难民还是环境移民的定义，其环境显然指的是自然环境，如果包含了社会环境，则明显和《关于难民地位的公约》中的难民交叉。因此，环境移民和生

---

① LESTER BROWN，MCGRATH PATRICIA，BRUCE STOKES. Twenty-two dimensions of the population problem [J]. Studies in Family Planning，1976 (7)：207.

② ESSAM EL-HINNAWI. Environment refugees [R]. Nairobi：United Nations Environment Programme，1985.

③ ASHOK SWAIN. Environmental migration and conflict dynamics focus on developing regions [J]. Third World Quarterly，1996，7 (5)：959-973.

态移民的内涵并无明显差别，目前，国外学术界对于这两个概念仍然没有统一和清晰的界定[①]。国内有学者也认为，生态移民亦与环境移民概念互用[②]。但是，对比考尔斯对生态移民的关注重点来看，我们还是可以发现细微的差别：考尔斯等认为，移民的原因是保护环境，而国际移民组织对环境移民的界定强调的是环境导致移民。很明显，前者是目的，后者是原因。目前，对生态移民界定的争议也在于是否仅仅局限于目的论，而且目的是否仅仅局限于保护环境。由此也诞生了对生态移民概念的广义和狭义两种界定。广义的界定主张生态环境和其他因素共同作用，狭义的界定限定于仅为生态环境。

需要提及的是，国外学术界在谈及生态移民的时候，与中国的生态移民内涵有细微的差别。国际上谈生态移民时，其对象通常是居住在边缘地区的土著居民，他们的生产生活方式比较传统且自成体系，移民搬迁必然导致文化变迁。因此，有学者认为，生态移民的过程不仅仅是简单意义上的放弃原有的赖以生存的土地，与之伴随的还有其生存方式和社会文化的改变[③]。西方学术界将“环境征用性移民”归入了“环境移民”范畴。不少学者认为，中国的生态移民是与环境变迁有关的政府主导型的移民搬迁过程，强调政府主导、生态搬迁和被动的非自愿性移民。基于这种认识差异，西方学术界谈及“生态移民”一词的时候用的是“ecological migration”，而谈及中国的生态移民的时候，多把中国的生态移民翻译成“ecological resettlement”[④]。

国内的生态移民最初可以追溯到20世纪80年代针对“特困地区”的移民，比如针对宁夏固原地区和吴忠市几个国家扶贫重点县（区）实施的移民。但是，尽管特困地区的生态环境导致了人口贫困，然而从移民目的来看并不是以保护环境为目的，而是以“扶贫”为目的。按狭义的生态移民内涵标准，这种以“扶贫”为目的移民并非真正意义上的生态移民。真正意义上的生态移民是20世纪90年代后期以来，一些地方生态环境恶化，为此而开展的移民。但是，环境恶化而移民并不一定只是为了保护环境，其也有多重目的，

---

① 杜发春．国外生态移民研究述评［J］．民族研究，2014（2）：109-120．

② 王志章，孙晗霖，张国栋．生态移民的理论与实践创新：宁夏的经验［J］．山东大学学报（哲学社会科学版），2020（4）：50-63．

③ MICHAEL CERNEA. For a new economics of resettlement：a sociological critique of the compensation principle［J］. International Social Sciences Journal，2003，55：37-45.

④ 杜发春．国外生态移民研究述评［J］．民族研究，2014（2）：109-120．

不排除扶贫目的。事实上，中国的生态移民从来都不是单纯地为了生态目的而进行的移民。“生态移民”这一概念在国内最早出现在任耀武等人1993年的《试论三峡库区生态移民》一文中。他们认为，三峡库区的水电移民是生态移民，或称“持续发展性移民”“可承受开发性移民”[①]。法律文件中首次出现“生态移民”这一概念的是2002年12月的《退耕还林条例》[②]。

国内学术界对生态移民的界定也不统一，有从原因层面进行的界定（李宁、龚世俊，2003[③]；葛根高娃、乌云巴图，2003[④]），认为生态移民是生态环境恶化导致的被迫移民；有从目的层面进行的界定（刘学敏，2002）[⑤]，认为生态移民是为了保护和改善生态环境而进行的移民；有从原因和目的双层面进行的界定（李笑春等，2004[⑥]；包智明，2006[⑦]），认为与生态环境直接相关的移民都称为生态移民；还有从比较角度进行的界定（郑艳，2013）[⑧]，即在区分了不同移民的概念后，认为生态移民就是以生态保护为首要目的人口迁移行为（此界定与目的层面的界定基本相同）。虽然不同学者的界定有所区别，但是围绕的核心基本相同，即“生态保护”。可以看出，国内学者关于生态移民概念的争议本质上与国外学者对该概念的认知并无区别，仍然可以归为广义概念和狭义概念。狭义概念基本局限于目的论，广义概念则不拘泥于目的论，这或许是由于国内研究借鉴国外研究。

在分类上，有根据生态移民目的、国内实践所做的分类（皮海峰，2004[⑨]；梁福庆，2011[⑩]），这种分类事实上是对移民原因和目的的一种归类；

---

① 任耀武，袁国宝，季凤瑚. 试论三峡库区生态移民［J］. 农业现代化研究，1993（1）：27-29.
② 参见《退耕还林条例》（中华人民共和国国务院令第367号）第四条、第五十四条。
③ 李宁，龚世俊. 论宁夏地区生态移民［J］. 哈尔滨工业大学学报（社会科学版），2003（1）：19-24.
④ 葛根高娃，乌云巴图. 内蒙古牧区生态移民的概念、问题与对策［J］. 内蒙古社会科学，2003（2）：118-122.
⑤ 刘学敏. 西北地区生态移民的效果与问题探讨［J］. 中国农村经济，2002（4）：47-65.
⑥ 李笑春，陈智，叶立国，等. 对生态移民的理性思考：以浑善达克沙地为例［J］. 内蒙古大学学报（人文社会科学版），2004（5）：34-38.
⑦ 包智明. 关于生态移民的定义、分类及若干问题［J］. 中央民族大学学报（哲学社会科学版），2006（1）：27-31.
⑧ 郑艳. 环境移民：概念辨析、理论基础及政策含义［J］. 中国人口·资源与环境，2013（4）：96-103.
⑨ 皮海峰. 小康社会与生态移民［J］. 农村经济，2004（6）：58-60.
⑩ 梁福庆. 中国生态移民研究［J］. 三峡大学学报（人文社会科学版），2011（4）：11-15.

还有根据移民主导模式、生产方式而提出的分类（包智明，2006）①，这种分类事实上考虑到了如何解决生态移民的问题。显然，不同角度和方法的分类的结果差异较大，但是具有一定的关联性和重叠性，至于哪种分类更合适，取决于研究目的、研究对象的差异性，并无定论。前面在界定生态移民概念的时候已经说明，本书从组织方式的角度，将中国的生态移民主要分成两类：政策性移民和自发移民。政策性移民由政府统一安排，得到政府支持或资金补助；自发移民非政府安排，是根据自身需要的主动移民，不确定能否得到政府的相关帮扶。显然，自发移民并非政府主导，而且政策性移民也并非完全被动，也需要在一定程度上征求拟被迁移的移民的意见。因此，不少国外学者关于中国生态移民的认识并不全面。

（二）生态移民研究情况

20 世纪 70 年代后期以来，全球气候和环境急剧变化，进而引发了相应的人口迁移，生态移民的研究也逐渐成为热点。“环境移民”“生态难民”“生态移民”等概念的演变见证了生态移民研究的历程。相关研究主要集中在生态移民的合法性反思、后续生计、土地和环境问题、文化变迁和冲突等方面②。国外许多国家的生态移民实践表明，生态移民的后续生计问题是生态移民问题的核心，处理不好，将导致一系列社会问题。

不同学者的观点因研究的侧重点不同而有差异。在对生态移民的原因分析方面，除了马克思、恩格斯的劳动力与资本分配的不平衡性导致了人口流动的观点外，安达姆（Andam，2010）等③认为，生态环境恶化和经济贫困之间具有双向影响、互为因果的关系，即生态环境差的地方往往出现贫困现象。有研究者（L Xue、M Y Wang、X Tao，2013）④ 对移民搬迁中移民是自愿还是被强制，即自愿性移民和强制性移民进行了研究。理查德等（Richard，et al.，

---

① 包智明．关于生态移民的定义、分类及若干问题［J］．中央民族大学学报（哲学社会科学版），2006（1）：27-31.

② 杜发春．国外生态移民研究述评［J］．民族研究，2014（2）：109-120.

③ K S ANDAM，et al. Protected areas reduced poverty in Costa Rica and Thailand［J］. Proceedings of the National Academy of Sciences，2010，107（22）：9996-10001.

④ L XUE，M Y WANG，X TAO. Voluntary poverty alleviation resettlement in China［J］. Development and Change，2013，44（5）：1159-1180.

2002)①提出身处贫困地区的人口外迁可能是一个缓解贫困、改善环境的方式。在对生态移民的类型研究方面，艾尔莎·达·科斯塔和沙拉·特纳（Elsa Da Costa & Sarah Turner，2007）②根据生态环境的恢复程度和人口的移居时间长短将生态移民分为两类：暂时性和永久性。暂时性指迁移，永久性又分为迁移和移民两种。在他们看来，迁移不等于移民。另外，由于生态移民的复杂性，学者们认为，既要关注有形资源，又要关注无形资源。有形资源主要是自然资本、物质资本等，无形资源主要是人力资本和社会资本。西奥多·舒尔茨（Theodore Schultz，1971）③是人力资本研究的专家，对人力资本进行了具体的分析。他认为，人力资本的形成主要源于对教育、培训、健康和迁移等的投资。纳拉扬和普里切特（Narayan & Pritchett，1999）④以坦桑尼亚农村为研究蓝本，认为良好的社区服务可以提高群众的获得感。格鲁特尔特（Grootaert，1999）⑤通过研究得出社会网络资本可以明显地降低贫困，达到移民效果的结论。

少数国外学者也关注中国的生态移民问题，并对中国西部地区的生态移民问题进行了相关研究。人类学者方面，比如澳大利亚的罗杰斯（Sarah Rogers），美国的叶婷（Emily Yeh）和莱文（Nancy Levine），德国的安德雷（Andreas Gruschke）、珀塔卡瓦（Jarmila Ptackova）和苏乐克（Emilia Sulek）等对内蒙古、西藏和青海、四川涉藏地区、青海玉树和安多藏族聚居区进行过生态移民的田野调查；社会学和民族学方面，美国的鲍尔（Kenneth Bauer）和日本的小长谷有纪、中尾正义、窪田顺平等对青海玉树、内蒙古以及黑河流域等地的生态移民进行过研究。此外，加拿大的富礼正（Mare Foggin）和澳大利亚的凯瑟琳·莫顿（Katherine Morton）等就长江源地区的生态移民和气候变化对青藏高原的影响进行过研究。这些研究的重点主要集中在生态移

---

① RICHARD E BILSBORROW, H W O OKOTH OGENDO. Population-driven changes in land use in developing countries [J]. Ambio A Journal of the Human Environment, 2002 (21): 37-45.

② ELSA DA COSTA, SARAH TURNER. Negotiating changing livelihoods: the sampan dwellers of Tam Giang Lagoon, Viet Nam [J]. Geoforum, 2007 (38): 190-206.

③ THEODORE W SCHULTZ. Investment in human capital [M]. New York: Free Press, 1971: 62-78.

④ DEEPA NARAYAN, LANT PRITCHETT. Cents and sociability: household income and social capital in rural Tanzania [J]. Econom Development and Cultural Change, 1999, 47 (4): 871-897.

⑤ CHRISTIAN GROOTAERT. Social capital, household welfare, and poverty in Indonesia [Z]. Local Level Institutions Working Paper, Washington: World Bank, 1999.

民的社会经济后果方面，在观点上普遍强调实施生态保护和移民过程中不应以牺牲弱势群体的可持续发展为代价①。

国内学者对生态移民的集中关注主要出现在20世纪90年代后期以后，与当时生态环境恶化导致我国西部地区等生态移民增多的现象有关。随着大规模生态移民实践的展开，国内学术界有关生态移民的研究成果日益丰富，截至2021年12月31日，仅中国知网可查的标题中含有“生态移民”一词的结果就有2 233条，绝大部分为2001年以来的成果（2 217条结果，占比为99.28%）。从2000年开始，发文量逐年递增，2013年达到顶峰218篇。2015年有203篇，之后逐年下降。这些研究大致可以归为五个方面，其中关于概念与分类的研究，前文在介绍生态移民缘起及内涵的时候已经述及，不再累述，以下对其他四个方面的研究进行综述。

一是适应性研究。适应性研究主要包括社会适应和文化适应两个方面，两者互相影响和促进。在社会适应方面，学者们认为，后续产业发展是重点，少数民族地区社会政策的特殊性问题应予以特别关注（田晓娟，2012）②；影响藏族移民社会融入的根本性因素是就业与收入，即经济因素（束锡红等，2017）③；牧区生态移民政策具有一定的排斥性，这在一定程度上造成了移民社会适应困难（乌静，2017）④；移民在迁出地生活实践状况影响其社会融入（冯雪红，2019）⑤；应兼顾“草畜平衡”与草原生态环境改善（祁进玉、陈晓璐，2020）⑥。在文化适应方面，学者们关注少数民族生态移民的文化保护与传承（祁进玉，2011）⑦、文化适应的影响因素（冯雪红、聂君，2013）⑧、

---

① 杜发春. 国外生态移民研究述评［J］. 民族研究，2014（2）：109-120.

② 田晓娟. 同心县生态移民的生活状况与社会适应研究：以石狮管委会惠安村移民点黄家水为例［J］. 宁夏社会科学，2012（4）：60-65.

③ 束锡红，聂君，樊晔. 三江源藏族生态移民社会融入实证研究：以青海省泽库县和日村为个案［J］. 中南民族大学学报（人文社会科学版），2017（4）：38-43.

④ 乌静. 政策排斥视角下的牧区生态移民社会适应困境分析［J］. 生态经济，2017（3）：175-178.

⑤ 冯雪红. 藏族生态移民的生计差异与社会适应：来自玉树查拉沟社区的田野考察［J］. 北方民族大学学报（哲学社会科学版），2019（3）：50-58.

⑥ 祁进玉，陈晓璐. 三江源地区生态移民异地安置与适应［J］. 民族研究，2020（4）：74-86.

⑦ 祁进玉. 草原生态移民与文化适应：以黄河源头流域为个案［J］. 青海民族研究，2011（1）：50-60.

⑧ 冯雪红，聂君. 基于多维模型的宁夏回族生态移民文化适应研究［J］. 吉首大学学报（社会科学版），2013（6）：25-32.

移民的生计记忆（陈静梅、李凤英，2019）[①] 以及生态移民的心理适应性（史梦薇、王炳江，2020）[②] 等问题。需要指出的是，生态移民的社会适应性问题是移民问题的重点和难点之一，学者们近年来对此问题的关注度上升。

二是问题分析与对策研究。这方面的研究一般是先揭示出问题，然后提出对策建议，且研究多是针对具体区域。学者们不仅从生态移民可持续发展（李耀松等，2012[③]；陈昀等，2014[④]；史俊宏，2015[⑤]）、现实困境与优化路径（陶少华，2018）[⑥] 等相对综合的层面进行了探讨，还针对生态移民聚居区农地制度改革难点（张体伟，2016）[⑦]、生态移民生计风险与生计策略（金莲、王永平，2020）[⑧]、生态移民发展困境中的金融支持（吴田，2021）[⑨]、产业减贫对策（张红梅等，2021）[⑩] 等具体问题进行了研究，尤其重点探讨了生态移民的安置模式问题，强调政府应因地制宜采用多元化安置模式的思路，土地资源稀缺地区应坚持“城镇集中安置模式”等无土安置为主的模式（王永平等，2014）[⑪]，土地稀缺的民族地区应采用异地搬迁模式（张云雁，2011）[⑫] 等。

三是效应评估研究。相关研究大多是立足于具体区域从宏观上得出负面

---

① 陈静梅，李凤英．记忆理论视角下生态移民的文化适应探究：以贵州省榕江县丰乐社区为例［J］．广西民族研究，2019（5）：65-72.

② 史梦薇，王炳江．民族地区生态移民心理适应的特征及影响因素［J］．中南民族大学学报（人文社会科学版），2020（2）：68-72.

③ 李耀松，许芬，李霞．宁夏生态移民可持续发展研究［J］．宁夏社会科学，2012（1）：29-35.

④ 陈昀，向明，陈金波．嵌入视角下的生态移民可持续发展［J］．管理学报，2014（6）：915-920.

⑤ 史俊宏．少数民族牧区生态移民可持续发展战略研究［J］．生态经济，2015（10）：83-89.

⑥ 陶少华．基层政策视阈下民族地区生态移民的现实困境与优化路径：基于渝东南民族地区的调查研究［J］．西南民族大学学报（人文社会科学版），2018（10）：203-207.

⑦ 张体伟．生态移民聚居区农地制度改革难点及路径选择［J］．云南社会科学，2016（6）：48-51.

⑧ 金莲，王永平．生态移民生计风险与生计策略选择研究：基于城镇集中安置移民家庭生计资本的视角［J］．贵州财经大学学报，2020（1）：94-102.

⑨ 吴田．金融精准扶贫：生态移民发展困境与解决路径［J］．农业经济，2021（3）：85-86.

⑩ 张红梅，沙爱霞，王凯．后脱贫时代的生态移民区产业减贫对策：以宁夏葡萄酒旅游产业为例［J］．旅游学刊，2021（4）：3-5.

⑪ 王永平，吴晓秋，黄海燕，等．土地资源稀缺地区生态移民安置模式探讨：以贵州省为例［J］．生态经济，2014（1）：66-69.

⑫ 张云雁．民族地区生态移民模式探析：以宁夏回族自治区为例［J］．安徽农业科学，2011（32）：20152-20154. 该文用的是“异地搬迁”而非“易地搬迁”，此处引用尊重原文，采用“异地搬迁”。

或正面结论（徐红罡，2001①；李星星等，2008②），有关生态移民项目的评估研究较少。近年来的研究多数不再执着于结论本身，而是开始关注实践推进中产生的问题，注重效益的多层面分析。相关研究既有从农户视角（时鹏，2013）③、迁入地视角（胡业翠等，2017）④、迁入地和迁出地两方面视角（张伟、张爱国，2016）⑤ 以及从不同安置模式下的效应差异视角（郃秀军等，2017）⑥ 等进行的评估，又有比较全面的综合性的评估（焦克源等，2008⑦；杨显明等，2013⑧）。

四是其他视角或内容研究。这方面的研究包括时空跨域比较（饶凤艳、张文政，2016）⑨、“生态”与“脱贫”并重的思考（陈琛等，2018）⑩、生态移民教育（李宗远、王娜：2018）⑪、系统动力学研究视角（钟水映、冯英杰：2018）⑫、社会资本视角（郭晓莉等，2019）⑬、生态移民美好生活需求的多层面向探究（安宇，2020）⑭ 等。

---

① 徐红罡.“生态移民”政策对缓解草原生态压力的有效性分析［J］. 国土与自然资源研究，2001（4）：24-27.

② 李星星，冯敏，李锦. 长江上游四川横断山区生态移民研究［M］. 北京：民族出版社，2007.

③ 时鹏. 基于农户视角的生态移民政策绩效研究：以陕南为例［D］. 杨凌：西北农林科技大学，2013.

④ 胡业翠，郑方钰，徐爽. 广西生态移民迁入区的移民效应评估［J］. 农业工程学报，2017（17）：264-270.

⑤ 张伟，张爱国. 我国中西部生态移民的效益分析［J］. 山西师范大学学报（自然科学版），2016（4）：119-123.

⑥ 郃秀军，畅冬妮，郭颖. 宁夏生态移民居住安置方式的减贫效果分析［J］. 干旱区资源与环境，2017（4）：47-53.

⑦ 焦克源，王瑞娟，苏利那. 民族地区的生态移民效应分析：以内蒙古阿拉善移民为例［J］. 西北人口，2008（5）：64-68.

⑧ 杨显明，米文宝，齐拓野，等. 宁夏生态移民效益评价研究［J］. 干旱区资源与环境，2013（4）：16-23.

⑨ 饶凤艳，张文政. 中国西部生态移民的时空跨域比较研究：对双海子和黄草川的个案比较研究［J］. 西北民族大学学报（哲学社会科学版），2016（1）：164-173.

⑩ 陈琛，顾雪莲，刘艳梅.“生态”与“脱贫”并重的扶贫生态移民实践与思考：以贵州湄潭永兴镇为例［J］. 生态经济，2018（2）：134-139.

⑪ 李宗远，王娜. 三江源藏族生态移民教育研究［J］. 青海师范大学学报（哲学社会科学版），2018（5）：7-12.

⑫ 钟水映，冯英杰. 生态移民工程与生态系统可持续发展的系统动力学研究：以三江源地区生态移民为例［J］. 中国人口·资源与环境，2018（11）：10-19.

⑬ 郭晓莉，李录堂，贾蕊. 社会资本对生态移民贫困脆弱性的影响［J］. 经济问题，2019（4）：69-76.

⑭ 安宇. 甘青地区藏族生态移民美好生活需求的多层面向探究［J］. 西南民族大学学报（人文社会科学版），2020（9）：24-30.

需要指出的是，大多数的相关研究成果并不特别针对上述某一方面，成果中的内容往往涉及上述分类的几个方面。

三、人口迁移理论及研究综述

（一）主要的人口迁移理论内涵及发展

人口的迁移是社会经济发展中的一种正常现象，是人们在一定生产方式下根据自身发展的需要做出的有意识的行为选择。人口迁移的基本动因在于人口和生活资料在不同地域上的数量差异①。

英国统计学家拉文斯坦（Ravenstein）在1885年发表了《人口迁移法则》② 一文，他使用1871—1881年的英国人口普查资料，通过统计分析，对人口迁移规律进行了总结，反驳了“人口迁移无规律”的观点。1889年，他又以20多个欧洲国家的资料为基础，发表了另一篇同名论文③，从人口学的角度首次全面系统地阐述了工业革命以来人口迁移的规律。拉文斯坦认为，人口迁移的规律可以通过迁移的距离、形态、方向、地域选择、规模、人口结构、影响因素等几个方面来表现，他也被公认为系统研究人口迁移问题的专家。拉文斯坦总结的人口迁移法则如表2-1所示。

表2-1　拉文斯坦总结的人口迁移法则

法则类型	法则名称	法则内涵
空间法则	距离律	人口迁移数量与迁移距离成反比，一般倾向于短距离迁移，长距离迁移优先选择方向是大城市
	递进律	人口迁移呈梯次递进，迁移距离决定了迁入城市的人口数量
	双向律	人口分散与人口吸收是正反面关系，在迁移的同时会产生反迁移

① 吴忠观．人口科学辞典［M］．成都：西南财经大学出版社，1997：350.

② E G RAVENSTEIN. The laws of migration［J］. Journal of the Statistical Society of London，1885，48（2）：167-227.

③ E G RAVENSTEIN. The laws of migration［J］. Journal of the Royal Statistical Society，1889，52（2）：241-301.

表2-1(续)

法则类型	法则名称	法则内涵
机制法则	经济律	影响人口迁移的最重要的动机是经济因素，追求经济条件的改善是绝大多数移民的目的
	城乡律	城市人口相对稳定，乡村人口相对更具有“流动性”，整体上乡村人口迁移数量多于城镇人口迁移数量
	增加律	人口迁移随着经济社会发展呈增加趋势，交通基础条件和工商业等的发展会带来人口迁移数量的增加
结构法则	性别律	短距离迁移呈现明显的性别特征，女性更倾向于短距离迁移
	年龄律	迁移倾向和年龄具有相关性，年轻人比中老年人的迁移意愿更强，是移民的主体

20世纪40年代至20世纪70年代是人口迁移理论发展的成型时期，其间涌现了大量经典理论，最著名的当数“推拉理论”。1938年，在总结拉文斯坦人口迁移法则的基础上，赫伯勒（Herberle）在《城乡人口迁移的原因》[①]一文中提出了“推力”和“拉力”的概念。1946年，米切尔（Mitchell）也论述了“推拉理论”[②]。他们将迁出地的就业与耕地等的不足看成推力（push factors）因素，将迁入地更好的发展条件看成拉力（pull factors）因素，人口迁移就是推力和拉力双方力量对比的结果。之后，唐纳德·丁·博格（D J Bogue，1959）[③]和埃弗雷特·S. 李（Everett S Lee，1966）[④]等人口学家对“推拉理论”做了进一步的完善和发展。博格将重点放在迁移原因的研究，认为迁出地的“推力”是劳动方式机械化、自然资源不足、环境恶劣、个人发展受阻等多种消极因素共同作用的结果，迁入地的“拉力”主要体现在更高的收入、更好的基础设施条件和更好的就业机会，推力对迁移行为的影响显著高于拉力。埃弗雷特概括了人口迁移的流量、流向和迁移选择，认为迁移人口具有中间特征，迁移行为取决于“推拉力量”的对比。对于迁出地而言，

① HERBERLE R. The causes of rural-urban migration: a survey of german theories [J]. American Journal of Sociology, 1938 (43): 932-950.

② 北野弘久. 税法学原论 [M]. 陈刚，杨建广，译. 北京：中国检察出版社，2001：19.

③ D J BOGUE. Internal migration, the study of population [M]. Chicago: University of Chicago Press, 1959: 486-509.

④ EVERETT S LEE. A theory of migration [J]. Demography, 1996, 3 (1): 47-57.

推力大于拉力；对于迁入地而言，拉力大于推力。迁移者在不同生命周期的个人偏好对迁移行为具有较高的影响。然而，迁移意愿不等于迁移行动，从意愿到行动是一个漫长而复杂的过程，罗西（Peter H Rossi，1955）[①] 的研究表明，只有20%的人会将迁移意愿变为实际行动。

与“推拉理论”齐名的另一个理论是“城乡二元结构理论”。城乡二元结构是发展中国家的特殊现象，其劳动力流动与这种特殊的结构有密切关系。1954 年，美国经济学家刘易斯（Lewis）在《劳动力无限供给条件下的经济发展》[②] 一文中首次提出了二元结构模式，又称无限过剩劳动力发展模型，探讨了农业部门剩余劳动力向工业部门转移的社会现象。但是，刘易斯的模型缺少对农业生产可持续发展的分析。1961 年，费景汉（John C H Fei）和拉尼斯（Gustav Ranis）[③] 修正与拓展了刘易斯的模型，他们认为，农业生产率提高而出现农业剩余是农业劳动力流入工业部门的先决条件，弥补了刘易斯模型的这个缺憾。同时，乔根森（Jorgenson，1961）[④] 对刘易斯的观点进行了补充，认为农业劳动力向城市工业部门转移，进而推动人口发生“乡—城”迁移的原因是消费需求转变。上述模型忽略了城市的失业问题，托达罗（Todaro，1969）[⑤] 对此再次进行了修正，认为预期收入是乡城人口迁移的决定因素。他通过对城市就业概率的引入，较好地解释了城市中“失业潮”和“移民潮”并存的现象。

（二）20 世纪 80 年代以来人口迁移理论研究现状

20 世纪 80 年代以来，人口迁移理论的研究进入平台期，虽然不像之前那样经典不断，但是相关研究一直持续不断。迪琼和法克德（Dejong & Fawcett，

① PETER H ROSSI. Why families move：a study in the social psychology of urban residential mobility [J]. American Journal of Sociology，1956，62（3）：339-340.

② W ARTHUR LEWIS. Economic development with unlimited supplies of labour [J]. The Manchester School ，1954，22（2）：139-191.

③ RANIS G，FEI J C H. A theory of economic development [J]. The American Economic Review，1961，51（4）：533-565.

④ JOGENSON D W. The development of a dual economy [J]. The Economic Journal，1961，71（282）：309-334.

⑤ MICHAEL P TODARO. A model of labor migration and urban unemployment in less developed countries [J]. American Economic Review，1969，59（1）：138-148.

1981)[1] 认为，现代社会影响人口迁移过程最具影响力的因素有三个：一是现代社会带来的机遇和可能性增多；二是信息传播快且信息数量多，减少了迁移的盲目性；三是返迁变得容易。范辛迪（Fan Cindy，2005)[2] 和约翰逊（Johnson，2003)[3] 认为，区域发展不平衡导致的经济差异是人口迁移的主要动因。梅西（Massey，1990)[4] 认为，真正的迁移决定是在通过对获取的各种信息进行判断，对其推拉力量不断衡量的过程中形成迁移决定的。张宏林和宋顺峰（2003)[5] 认为，区位条件、迁移政策、产业结构等非经济因素对人口迁移有较大影响。当然，产业结构本身也可以看成经济因素，至少是影响经济的重要因素。

国内学术界围绕劳动力转移的研究成果颇丰，从理论视角来看，主要集中在两个方面：一是对国外研究理论的“中国化运用”，比如通过对托达罗模型的再修正来解释中国乡城人口流动（钟水映、李春香，2015)[6]，用托达罗模型的修正来分析中国农村剩余劳动力迁移的影响因素（李东阳、樊春良，2020)[7]，分析推拉理论在国内人口流动中的应用研究（刘风、葛启隆，2019)[8]，用“刘易斯拐点”理论分析我国农村人口转移趋势（杨继，2021)[9]，等等。二是对中国人口迁移或流动的具体分析，比如从经济区域发展不平衡角度分析西部地区农村剩余劳动力转移（高国力，1995)[10]，分析户

---

① DEJONG G F, FAWCETT J T. Motivations for migration: an assessment and a value-expectancy research model [M]. New York: Pergamon Press, 1981.

② FAN CINDY. Interprovincial migration, population redistribution, and regional development in China: 1990 and 2000 census comparisons [J]. The Professional Geographer, 2005, 57 (2): 295-311.

③ JOHNSON D G. Provincial migration in China in the 1990s [J]. China Economic Review, 2003 (14): 22-31.

④ D MASSEY. Social structure, household strategies, and the cumulative causation of migration [J]. Population Index, 1990, 56 (1): 3-26.

⑤ KEVIN HONGLIN ZHANG, SHUNFENG SONG. Rural-urban migration and urbanization in China: evidence from time-series and cross-section analyses - science direct [J]. China Economic Review, 2003 (14): 386-400.

⑥ 钟水映，李春香. 乡城人口流动的理论解释：农村人口退出视角：托达罗模型的再修正 [J]. 人口研究，2015 (6): 13-21.

⑦ 李东阳，樊春良. 农村剩余劳动力迁移的影响因素分析：托达罗模型的修正及实证检验 [J]. 经济与管理，2020 (5): 28-35.

⑧ 刘风，葛启隆. 人口流动过程中推拉理论的演变与重塑 [J]. 社会科学动态，2019 (10): 26-31.

⑨ 杨继. 基于“刘易斯拐点”的我国农村人口转移趋势 [J]. 宏观经济管理，2021 (11): 55-60.

⑩ 高国力. 区域经济发展与劳动力迁移 [J]. 南开经济研究，1995 (2): 27-32.

籍制度等制度改革在促进劳动力转移方面的作用（蔡昉等，2001）[①]，具体分析影响中国城乡流动人口的推力与拉力因素（李强，2003）[②]，从城镇化与乡村振兴并行背景下来分析城乡人口流动问题（谢地、李梓旗，2020）[③]，从嵌入性视角分析农村劳动力就地转移的影响因素（王兆萍、卢旺达，2021）[④]，从百年历史的维度分析农业劳动力城乡流动（夏金梅、孔祥利，2021）[⑤] 等。

四、理论借鉴与文献评论

（一）理论借鉴

自然环境恶劣导致人口搬迁从古代延续到今天，持续不断。人类历史上无数次的人口迁移，除了逃避战争以外，绝大多数都和追求更好的自然环境有关。环境导致迁移的主要原因是当地人处于维持生计的考虑（Marchiori & Schumacher，2011）[⑥]，这也从理论上解释了环境因素对移民的重要影响。沃尔珀特（Wolpert）在1966年提出了“压力阈值”模型[⑦]，认为居民的迁移意愿、迁移决策深受环境压力的影响。永久性或临时性的迁移一直是人类在面临恶劣生存环境时本能或被迫采取的重要生存策略。事实上，新地区的移民往往是以迁出地环境冲突为主要原因的。同时，对于迁入地而言，其可能存在接收移民社区的紧张局势甚至冲突。我国的生态移民正面临着类似的问题。

我国易地扶贫搬迁移民、水电移民、地灾移民、其他工程移民和自发移民的迁移原因大多数可以归为生态环境因素。无论是从我国贫困人口分布的地域空间来看，还是生态移民人口迁移的原因来看，其都可以在空间贫困理

---

① 蔡昉，都阳，王美艳. 户籍制度与劳动力市场保护［J］. 经济研究，2001（12）：41-49.

② 李强. 影响中国城乡流动人口的推力与拉力因素分析［J］. 中国社会科学，2003（1）：125-136.

③ 谢地，李梓旗. 城镇化与乡村振兴并行背景下的城乡人口流动：理论、矛盾与出路［J］. 经济体制改革，2020（3）：39-45.

④ 王兆萍，卢旺达. 嵌入性视角下农村劳动力就地转移的影响因素研究［J］. 西北人口，2021（4）：57-70.

⑤ 夏金梅，孔祥利. 1921—2021年：我国农业劳动力城乡流动的嬗变、导向与双向互动［J］. 经济问题，2021（6）：9-15.

⑥ L MARCHIORI，I SCHUMACHER. When nature rebels：international migration，climate change，and inequality［J］. Journal of Population Economics，2011，24（2）：569-600.

⑦ WOLPERT J. Migration as an adjustment to environmental stress［J］. Journal of Social Issues，1966，22（4）：92-102.

论及衍生出的生态移民理论、人口迁移理论中找到理论阐释。

空间贫困理论对扶贫开发中的瞄准问题极具意义，也是我国精准扶贫的理论基础之一。从空间贫困的相关研究观点来看，学者们普遍强调空间因素在贫困发生中的作用，空间贫困陷阱本质上就是强调地理因素的致贫。显然，破解空间因素的办法要么是改变地理因素，要么是转换地理空间，大多数学者也持此观点。移民无疑是转换地理空间的主动选择，精准扶贫“五个一批”中的“易地搬迁脱贫一批”理论基础之一就是空间贫困理论。生态移民是典型的用地理空间转换模式解决贫困问题的举措，是破解空间贫困的反贫困实践。另外，无论是政策性移民还是自发移民，移民的重要目的都是寻求更好的发展环境。尽管政策性移民由政府主导，但是政府选择的移民安置点的发展条件明显优于移民原先居住地的发展条件，否则“易地”的价值不大，也很难说服贫困民众搬迁。从理论上来看，政府的主导和补贴固然是一种“拉力”，但是真正影响民众搬迁的是在旧环境下看不到希望。对新环境的期待和在新环境下对未来的期待才是根本性的“推力”和“拉力”。易地扶贫搬迁移民安置点的选择自不必说，水电移民安置点的选择也基本遵循“不低于原来条件”的原则。因此，生态移民搬迁基本上遵循着人口迁移理论中“推拉理论”的基本原理，迁入地更好的发展条件无疑是移民搬迁的最大动力。

从生态移民的目的来看，移出只是方式，最终需要解决的是“一方水土养不起一方人”的困境，留得住和能发展才是目的。这其中涉及移民融入问题，主要是对新环境的适应性；涉及对移民中具体问题的解决，如移民之后的就业，其中包括移民自身“人力资本”的提升、移入地产业发展等。相关研究中的很多理论思路和观点都可以借用来分析生态移民问题，特别是对于自发移民来说，这些因素尤其重要，也影响到自发移民的流向。拉文斯坦总结的人口迁移法则能够较好地解释自发移民现象。

（二）文献评论

通过梳理文献，我们发现，在空间贫困研究方面，国内外学者既注重理论，又注重政策，关于减贫的溢出效应和贫困的瞄准问题的相关研究成果对我国的反贫困研究极具价值。在生态移民研究方面，国外学者多立足于人类学和社会学，注重田野调查，而国内学者则研究领域宽泛，研究方法更趋多样，国内外学者的研究视野和诸多观点皆具有借鉴意义，特别是对社会融入度的关注、对经济社会后果的评判和强调不应以牺牲弱势群体为代价等观点，值得本书借鉴。人口迁移理论的中的“推拉理论”和“二元结构理论”更是揭示了长江上游天保工程主要实施区这样一个“二元结构”突出、发展不平衡的区域的生态移民特别是自发移民的迁移决策背后的深层次动因。

但是，对于本书的研究需求而言，相关研究仍显不足。空间贫困理论的相关研究中对生态保护和人口发展的关注不够。生态移民的相关研究中，从具体地域来看，国外相关研究涉及中国的多为新疆、内蒙古、西藏、青海等民族地区，国内相关研究涉及的多为革命老区，或者宁夏、青海等部分民族地区，目前并无涵盖长江上游天保工程主要实施区的系统研究，涉及四川的研究也多为四川涉藏地区，罕有涉彝地区。从具体内容来看，针对中国的相关研究在效果评估和适应性方面的研究仍然较为缺乏，对生态移民生产生活现状的梳理也比较欠缺，把生态移民的减贫效应、生态保护效应与人口发展效应统筹起来思考的研究更是有限。在研究方法上，现有研究大多局限于具体地域，缺乏比较视野，比较研究不足。在研究角度上，现有研究多重视宏观，而忽视微观，特别是对生态移民主体的诉求与当地居民的诉求的差异性关注不够，对移民群体缺少年龄等的细分，对移入地社会的关注也不够。人口迁移理论尽管从理论上对移民特别是自发移民的动因做了很好的解释，但是对如何解释政策性移民的合理性、如何理解非经济因素特别是宗教文化因素的推拉力量等方面显得不足。把中国宏观上的生态移民工程放在脱贫攻坚的大背景下、放在政府基层治理体系和治理能力现代化进程的背景下分析，体现出中国特色的政府主导下的主观与客观结合的人口迁移模式和规律，并进行理论总结的相关研究也显得不足。上述不足，为本书的研究提供了进一步研究的空间。

第三章
区域生态移民基本情况

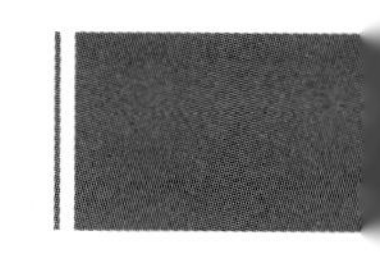

长江上游天保工程主要实施区的生态移民主要有四种：易地扶贫搬迁移民、水电移民、自发移民和地灾移民。其中，前两种移民具有政府主导性和计划性，有相对正规的统计资料；后两种移民中的自发移民具有自发性，政府无法主导，更难计划，地灾移民尽管由政府牵头，但是具有应急性和防灾性，其计划性也远不如前两种移民，因此后两种移民的统计资料不太规范。

易地扶贫搬迁由全国统筹安排，是精准扶贫工作的重要组成部分，政策相对统一，地方差异性并不明显。但是，由于地理环境和各地易地扶贫搬迁人口规模的差异等，易地扶贫搬迁对各地的意义有所不同。对于长江上游天保工程主要实施区而言，易地扶贫搬迁人口数量大、占比高，对区域脱贫攻坚具有特殊的意义。

长江上游天保工程主要实施区是我国水电工程最集中的地区，也是水电移民任务最艰巨的地区。水电移民比易地扶贫搬迁移民历史更悠久，涉及问题更复杂。与易地扶贫办搬迁整体上政策相对统一不同，由于水电工程所处的地域和环境的差异、水电开发周期的长短不同等因素，水电移民政策很难统一，大多数根据各水电工程的不同情况制定不同的政策，一般是“一库一策”。水电移民安置最主要的政策依据是国务院出台的《大中型水利水电工程建设征地补偿和移民安置条例》（1991 年出台的国务院令第 74 号、2006 年出台的国务院令第 471 号、2017 年出台的国务院令第 679 号）。各地的政策基本以该条例中的规定为依据。水电移民安置补偿的特点是前期补偿、补助与后期扶持相结合，原则上保障移民后的生活水平不低于原有的生活水平。

相较于易地扶贫搬迁移民和水电移民，长江上游天保工程主要实施区自发移民和地灾移民从人数上看相对较少，但是从全国范围来看，由于特殊的自然地理与经济发展差异，该区域的自发移民和地灾移民问题仍然十分突出，尤其是凉山州，其自发移民数量相对庞大。然而，这两部分移民的统计数据却相对不足。

一、易地扶贫搬迁移民基本情况

（一）全国及川、滇、藏三省（自治区）基本情况

1. 全国基本情况与政策

“十三五”时期是精准扶贫的关键时期，为了指导新时期[①]的易地扶贫搬迁工作，国家先后出台了十多项政策文件，主要有《“十三五”时期易地扶贫搬迁工作方案》（发改地区〔2015〕2769号）、《全国“十三五”易地扶贫搬迁规划》（发改地区〔2016〕2022号附件）、《关于用好用活增减挂钩政策积极支持扶贫开发及易地扶贫搬迁工作的通知》（国土资规〔2016〕2号）、《易地扶贫搬迁专项建设基金管理暂行办法》（发改地区〔2016〕409号）、《关于严格控制易地扶贫搬迁住房建设面积的通知》（发改地区〔2016〕429号）、《关于做好易地扶贫搬迁贷款财政贴息工作的通知》（财农〔2016〕5号）、《易地扶贫搬迁中央预算内投资管理办法》（发改地区规〔2016〕1202号）、《加大深度贫困地区支持力度推动解决区域性整体贫困行动方案（2018—2020年）》（发改地区〔2017〕2180号）、《调整后“十三五”易地扶贫搬迁建档立卡贫困人口分省规模的通知》（国开办发〔2018〕31号）、《关于调整规范易地扶贫搬迁融资方式的通知》（财农〔2018〕46号）、《关于进一步做好调整规范易地扶贫搬迁融资方式有关工作的通知》（2018年9月11日，由财政部、国家发展和改革委员会、国务院扶贫办、中国人民银行四部门联合印发实施）、《易地扶贫搬迁事中事后监管巡查工作方案》（发改地区〔2018〕1376号）、《关于进一步加强易地扶贫搬迁工程质量安全管理的通知》（发改地区〔2018〕1487号）、《关于印发〈关于进一步加大易地扶贫搬迁后续扶持工作力度的指导意见〉的通知》（发改振兴〔2019〕1156号）、《关于印发2020年易地扶贫搬迁后续扶持若干政策措施的通知》（发改振兴〔2020〕244号）、《关于切实做好易地扶贫搬迁后续扶持工作巩固拓展脱贫攻坚成果的指导意见》（发改振兴〔2020〕524号）等，并相继在北京、贵州、陕西、山西、四川、河南等地召开了全国易地扶贫搬迁工作电视电话会议和一系列的现场会议。

---

① 为了区别2015年以前的易地扶贫搬迁工作，本书将2016—2020年，即“十三五”时期的易地扶贫搬迁称为新时期易地扶贫搬迁。

根据相关政策文件和会议精神，易地扶贫搬迁强调精准识别、精准搬迁，瞄准的是“一方水土养不起一方人”地区中的建档立卡贫困人口，而且强调的是自愿。对未纳入建档立卡的农村低保户、特困户等，如果本人申请，政府部门允许同步搬迁，并给予相应的政策支持。

从具体的迁出区域来看，迁出区域主要分为四类：基本发展条件欠缺的地区、主体功能区中限定开发的特定地区、基础十分薄弱导致建设成本过高的地区、灾害较多的地区。从条件来看，这些地区的易地扶贫搬迁绝大部分都与生态环境有关，绝大部分搬迁人口都可以纳入生态移民范畴。

《全国“十三五”易地扶贫搬迁规划》确定的迁出区范围涉及全国22个省（自治区、直辖市）约1 400个县（市、区），约981.3万人建档立卡贫困人口[①]，各地计划同步搬迁约647万人，总共超过1 628万人。其中，分散搬迁约1 063万人，占比为65.3%。集中安置约1 244万人，占比为76.4%。其中，行政村内就近安置占比为39%，建设移民新村安置占比为15%，小城镇或工业园区安置占比为37%，乡村旅游区安置占比为5%，其他安置方式占比为4%。分散安置约384万人，占比为23.6%。其中，插花安置占比为70%，其他安置方式占比为30%。

在安置补助上，财政对建档立卡搬迁人口的住房建设给予补助。根据区域不同，财政按人均7 000元、8 000元和10 000元三个标准进行相应补助。四川、云南的非涉藏地区按人均8 000元标准补助，西藏、四川、云南的涉藏地区按人均10 000元标准补助。同步搬迁人口建房补助标准由地方政府根据各地具体情况确定。根据《全国“十三五”易地扶贫搬迁规划》资金需求测算表和工程进度表中的数据计算，建档立卡贫困人口人均安置成本为60 367.0元，其中人均住房建设投资31 539.2元，人均自筹2 191.6元；同步搬迁人口人均住房建设投资40 803.7元，人均自筹10 556.4元。建档立卡搬迁人口住房建设人均22.33平方米，同步搬迁人口住房建设人均30.23平方米。

在其他扶持政策方面，国家在做好搬迁安置工作的同时，通过财政扶贫资金和其他资金的支持，发挥安置区的资源优势，培养特色优势产业等带动移民增收，同时通过低保、生态补偿等政策解决部分特殊群体的贫困问题。

① 2018年4月28日国务院扶贫办印发的《调整后“十三五”易地扶贫搬迁建档立卡贫困人口分省规模的通知》（国开办发〔2018〕31号）将搬迁规模调整为985.9万人。

易地扶贫搬迁群众的在校子女，在落实贫困地区义务教育助学金政策时优先予以安排。安置区配套公共服务设施和住房同步建设，为移民提供良好的生活环境。

2. 川、滇、藏三省（自治区）基本情况与政策①

川、滇、藏三省（自治区）是易地扶贫搬迁的重点省（自治区），易地扶贫搬迁任务重。川、滇、藏三省（自治区）根据国家的政策和会议精神制订了具体的易地扶贫搬迁方案、规划或指导意见，主要政策文件有《四川省"十三五"易地扶贫搬迁实施方案》、《关于加大深度贫困地区易地扶贫搬迁支持力度有关工作的通知》（川脱贫办发〔2018〕15 号）、《关于进一步细化明确易地扶贫搬迁有关政策的通知》（川发改赈〔2018〕409 号）、《关于进一步加大易地扶贫搬迁后续扶持力度的指导意见》（川脱贫办发〔2018〕32 号）、《云南省脱贫攻坚规划（2016—2020 年）》（云政发〔2017〕44 号）、《云南省易地扶贫搬迁三年行动计划》（云办发〔2018〕27 号）、《关于进一步做好易地扶贫搬迁工作的指导意见》（云厅字〔2018〕38 号）、《西藏自治区"十三五"时期脱贫攻坚规划》（藏政发〔2017〕13 号）、《西藏自治区"十三五"建档立卡贫困人口易地扶贫搬迁规划》、《西藏自治区关于加快推进易地扶贫搬迁工作的指导意见》（藏脱贫指〔2017〕10 号）、《西藏自治区人民政府转发自治区脱贫攻坚指挥部三岩片区跨市整体易地扶贫搬迁实施方案的通知》（藏政发〔2018〕18 号）等政策文件。

与全国的政策文件内容相比，川、滇、藏三省（自治区）的搬迁方案和相关措施除了在一些术语上表述不一样和具体的实施措施有一点区别外，大的政策基本没有变化，基本上都是国家政策和方案在当地的落实，只是在具体执行过程中有些许微调。例如，在目标术语上，四川省提出的是确保"搬得出、稳得住、有事做、能致富"，云南省提出的是确保"搬得出、稳得住、能脱贫"，西藏自治区提出的是确保"搬得出、稳得住、能发展、可致富"。在搬迁对象区域条件上，四川省的条件与全国的四类地区一样，同时优先安排位于地震活跃带及受泥石流、滑坡等地质灾害威胁的农村建档立卡贫困人口；云南省提出了六类地区概念，即资源承载力严重不足地区、公共服务严

① 如果没有单独点明出处，本部分的基础数据源于本部分的相关政策文件，具体比例根据基础数据计算而得。

重滞后且建设成本过高地区、地质灾害频发易发地区、国家禁止开发区或限制开发区、地方病高发地区、其他确需实施易地扶贫搬迁的地区；西藏自治区搬迁对象区域条件的规定上与全国四类地区一样，但同时提出了五大类贫困区的概念，即地方病高发贫困区、灾害频发贫困区、深山峡谷贫困区、高寒纯牧贫困区、边境特殊贫困区。可以看出，川、滇、藏三省（自治区）在具体落实政策的文件表述上尽管纳入了地域特征，但并无实质区别。

根据规划[①]，“十三五”期间，云南省易地扶贫搬迁的建档立卡贫困人口为99.5万人，约占全国搬迁总规模的10.12%，涉及全省121个县（市、区），建设集中安置点约3 000个。根据云南省发展和改革委员会提供的数据，截至2019年年底，实际上全省有996 117名建档立卡贫困人口有序迁出了六类地区，共建2 832个易地扶贫搬迁安置点、24.46万套安置房。在补助上，贫困户户均建房补助标准不低于6万元，非贫困户户均建房补助标准不低于1.5万元，建房者可以申请6万元以内的住房建设转贷资金，并享受100%的政府贴息补助。在安置方式上，云南省综合考虑水土资源条件、经济发展环境和城镇化进程，因地制宜地选择搬迁安置方式。

根据规划[②]，西藏自治区“十三五”时期易地扶贫搬迁的建档立卡贫困人口为263 129人[③]，约占全国搬迁总规模的2.68%，涉及全区7个地区（市），其中昌都市、日喀则市和那曲地区是易地扶贫搬迁的主战场。西藏自治区同步搬迁16.8万人，将同步搬迁人口统一纳入相关规划、工作方案和年度计划。同步搬迁人口不享受建档立卡贫困户易地扶贫搬迁专项资金和政策。建档立卡贫困人口人均补助6万元。纳入西藏自治区易地扶贫搬迁计划的，有贷款意愿的，可以按人均不超过6万元实行全贴息贷款。西藏自治区根据相对集中居住和分散居住等具体情况，采取整体迁出和部分迁出方式。西藏自治区规划集中安置19.5万人，分散安置6.8万人。根据西藏自治区乡村振兴局提供的数据，西藏自治区“十三五”期间建档立卡贫困人口为62.8万人，其中通过易地扶贫搬迁政策实现脱贫26.6万人，占全区建档立卡贫困人口的42%。截至2020年6月底，西藏自治区共建设965个易地扶贫搬迁安置

① 主要是《云南省易地扶贫搬迁三年行动计划》。
② 主要是《西藏自治区“十三五”建档立卡贫困人口易地扶贫搬迁规划》。
③ 国家核定数据为26.6万人。

点，其中集中安置区有922个，占比为95.5%。

根据规划①，四川省“十三五”时期易地扶贫搬迁的建档立卡贫困人口约为116万人，约占全国搬迁总规模的11.80%，涉及全省88个贫困县（市、区）和56个有扶贫开发任务的县（市、区）。四川省根据不同情况对农村建档立卡贫困户住房建设按国家规定面积进行资金支持，其中高原涉藏县（区）和大小凉山彝区，按不低于平均建房成本的80%给予支持，同步搬迁户的支持补助标准为不低于平均建房成本的50%。在安置方式上，四川省根据不同情况采用集中安置和分散安置，其中集中安置61.65万人，分散安置（投亲靠友、自发搬迁）54.35万人。根据四川省以工代赈办数据，截至2020年6月底，四川省37.9万户、136万余农村建档立卡贫困人口搬进新居。

可以看出，川滇藏三省（自治区）的建档立卡易地扶贫搬迁人口和同步搬迁人口占全国搬迁总规模的比例高于各自人口占全国总人口的比例，各自“十三五”期间最终完成的建档立卡易地扶贫搬迁人口都比最初规划的搬迁人口多。川滇藏三省（自治区）都根据自身的情况对易地扶贫搬迁人口和同步搬迁人口按国家规定面积的住房建设和相关设施建设给予了补助，且补助标准比较高。在安置方式上，川滇藏三省（自治区）基本上是因地制宜采取集中安置和分散安置的模式，对居住集中的符合条件的地区多以自然村或组（社）为单元整体迁出，对不宜实施整体迁出的地区多采取部分迁出方式。

从具体的安置情况和搬迁户负担情况来看，川滇藏三省（自治区）和全国比较，有一定的差异。以四川省为例②，四川省设立集中安置区（点）7 715个，安置61.65万人，占比为53.15%，平均每个安置区（点）安置79.91人。其中，本行政村内就近安置区（点）3 216个，安置22.70万人，平均每个安置区（点）安置70.58人；移民新村集中安置区（点）951个，安置14.27万人，平均每个安置区（点）安置150.05人；小城镇安置区（点）798个，安置9.81万人，平均每个安置区（点）安置122.93人；特色产业园区安置区（点）106个，安置1.13万人，平均每个安置区（点）安置106.60人；乡村旅游区安置区（点）360个，安置4.42万人，平均每个安置区（点）安置122.78人；其他类型安置区（点）2 284个，安置9.32万人，

---

① 主要是《四川省“十三五”易地扶贫搬迁实施方案》。

② 本部分数据根据《四川省“十三五”易地扶贫搬迁实施方案》整理或计算而得。

平均每个安置区（点）安置 40.81 人。分散安置（投亲靠友、自发搬迁）54.35 万人，占比为 46.85%。其中，投亲靠友安置 1.23 万人，自发搬迁安置 50.42 万人，其他方式安置 2.70 万人。农村建档立卡贫困农户自筹资金 34.93 亿元，人均 3 011.2 元。安置住房 2 900 万平方米，人均 25 平方米。对比全国情况，可以看出，全国采取集中安置人数约占全部安置人数的 3/4，而四川省的集中安置人数约占全部安置人数的一半。其中，本行政村内就近安置、移民新村集中安置、小城镇安置和自发搬迁安置占比高达 83.80%。四川省的农村建档立卡贫困农户自筹资金数额高于全国平均水平，住房面积严格遵循人均 25 平方米标准，也高于全国平均水平。但是，由于有资金支持，四川省农村建档立卡贫困农户实际自己承担的住房建设资金极其有限，高原涉藏地区和大小凉山彝族地区由于资金支持比例高，自己承担比例最低。

（二）长江上游天保工程主要实施区易地扶贫搬迁基本情况

1. 四川区域基本情况

（1）总体情况

根据《四川省“十三五”易地扶贫搬迁实施方案》的规定，“十三五”时期，大小凉山彝族地区 13 个贫困县（区）计划搬迁安置 24.88 万农村建档立卡贫困人口，占四川省建档立卡贫困人口搬迁规划总人数的 21.45%；高原涉藏 32 个县（市）计划搬迁安置 6.35 万农村建档立卡贫困人口，占四川省建档立卡贫困人口搬迁规划总人数的 5.47%。四川区域易地扶贫搬迁“十三五”时期计划搬迁规模如表 3-1 所示。

表 3-1　四川区域易地扶贫搬迁“十三五”时期计划搬迁规模　　单位：人

地区	总规模	2016 年	2017 年	2018 年	2019 年
四川省	**1 160 000**	**250 000**	**330 000**	**340 000**	**240 000**
阿坝州	**10 367**	**2 320**	**2 956**	**3 327**	**1 764**
汶川县	58	58	—	—	—
理县	147	31	52	64	—
茂县	58	58	—	—	—
松潘县	235	50	87	98	—
九寨沟县	467	100	173	194	—

表3-1(续)

地区	总规模	2016 年	2017 年	2018 年	2019 年
金川县	397	85	143	169	—
小金县	1 174	253	334	344	243
黑水县	1 116	240	317	327	232
马尔康市	243	52	89	102	—
壤塘县	3 719	801	958	1 190	770
阿坝县	1 758	378	500	515	365
若尔盖县	252	54	92	106	—
红原县	743	160	211	218	154
甘孜州	**49 010**	**10 595**	**12 654**	**15 440**	**10 321**
康定市	1 232	265	350	361	256
泸定县	51	51	—	—	—
丹巴县	2 548	549	686	747	566
九龙县	1 077	232	565	280	—
雅江县	925	199	290	256	180
道孚县	5 229	1 126	1 039	1 862	1 202
炉霍县	1 674	360	566	313	435
甘孜县	2 483	535	670	640	638
新龙县	3 330	717	1 023	785	805
德格县	3 559	767	751	1 223	818
白玉县	4 220	909	1 026	1 557	728
石渠县	11 527	2 484	2 763	3 822	2 458
色达县	4 139	892	978	1 463	806
理塘县	3 422	737	819	1 163	703
巴塘县	1 866	402	548	424	492
乡城县	792	170	264	197	161
稻城县	798	171	288	266	73
得荣县	138	29	28	81	—

表3-1(续)

地区	总规模	2016 年	2017 年	2018 年	2019 年
凉山州	235 477	51 618	50 097	75 369	58 393
西昌市	**3 323**	**1 300**	**523**	**875**	**625**
木里县	4 128	889	890	1 408	941
盐源县	26 116	5 628	5 573	8 434	6 481
德昌县	156	156	—	—	—
会东县	123	123	—	—	—
会理市	93	93	—	—	—
宁南县	1 499	323	325	439	412
普格县	13 963	3 009	3 035	4 640	3 279
布拖县	20 388	4 393	4 367	6 620	5 008
金阳县	22 148	4 773	4 702	7 177	5 496
昭觉县	26 825	5 718	5 737	8 559	6 748
喜德县	22 439	4 835	4 773	7 170	5 661
冕宁县	1 378	296	392	404	286
越西县	28 551	6 153	6 063	8 947	7 388
甘洛县	20 858	4 495	4 469	6 768	5 126
美姑县	22 114	4 765	4 702	6 996	5 651
雷波县	21 375	4 606	4 546	6 932	5 291
乐山市	**42 995**	**9 261**	**13 261**	**12 515**	**7 958**
峨边县	2 000	431	783	786	—
马边县	19 522	4 207	5 554	5 722	4 039

注：数据源于《四川省“十三五”易地扶贫搬迁实施方案》附件《全省易地扶贫搬迁 2017—2019 年分县建议计划搬迁规模表》。

（2）阿坝州和甘孜州情况

从具体实施来看，各地具体的搬迁人口和《四川省“十三五”易地扶贫搬迁实施方案》中规划的搬迁人口数量有些许出入。以阿坝州为例，阿坝州 2018 年年底就完成了“十三五”易地扶贫搬迁任务，人数比《四川省“十三五”易地扶贫搬迁实施方案》中计划的名额少了 1 012 人。阿坝州“十三五”易地扶贫搬迁计划实施情况如表 3-2 所示。

表 3-2　阿坝州“十三五”易地扶贫搬迁计划实施情况

序号	地区	“十三五”时期计划住房		2016 年计划住房		2017 年计划住房		2018 年计划住房	
		户数/户	人数/人	户数/户	人数/人	户数/户	人数/人	户数/户	人数/人
合计		2 560	9 355	676	2 320	804	2 956	1 080	4 079
1	马尔康市	70	257	17	52	24	89	29	116
2	金川县	95	374	20	85	34	143	41	146
3	小金县	273	971	75	253	92	334	106	384
4	汶川县	21	58	21	58	0	0	0	0
5	理县	24	93	10	31	12	52	2	10
6	茂县	16	58	16	58	0	0	0	0
7	阿坝县	548	1 812	132	378	156	500	260	934
8	若尔盖县	68	260	19	54	19	92	30	114
9	红原县	284	922	47	160	70	211	167	551
10	壤塘县	730	2 992	206	801	241	958	283	1 233
11	松潘县	68	269	12	50	25	87	31	132
12	九寨沟县	119	440	30	100	41	173	48	167
13	黑水县	244	849	71	240	90	317	83	292

注：数据源于阿坝州发展和改革委员会以工代赈综合科。

甘孜州“十三五”时期易地扶贫搬迁任务远重于阿坝州，计划搬迁 49 010 人。但是，“十三五”时期甘孜州事实上完成了易地扶贫搬迁 13 724 户、55 383 人，比计划多了 6 373 人。具体来看，以 2019 年 3 月对甘孜州 45 个深度贫困县中的白玉县、道孚县、甘孜县和新龙县的调研①为例，情况如下：

白玉县地处金沙江上游东岸，与西藏自治区的贡觉县、江达县隔江相望，人口 5.7 万人，其中藏族占比为 95%。2018 年，白玉县投入资金 4 733.5 万

① 数据来源：笔者在调研过程中从当地发改局收集而得，数据截至 2019 年 3 月底。

元，实施了 153 户、813 人易地搬迁工程。住房建设资金严格按照四川省规定执行，保证户均自筹资金不超过 1 万元。

道孚县位于甘孜州东北部，地处青藏高原东南缘的鲜水河断裂带，2016 年年底全县户籍人口 57 562 人，藏族人口占比为 91%。2018 年道孚县全面启动并已完成 2018 年和 2019 年 865 户、3 827 人易地扶贫搬迁任务。道孚县已建成 2 个集中安置点，安置农村建档立卡贫困人口 70 户、320 人，同步搬迁 30 户、105 人。分散安置贫困人口 795 户、3 507 人。道孚县严格执行“25×N”的建房面积标准，严禁贫困户举债建房，要求贫困户群众建房自筹资金控制在 1 万元以内。

甘孜县位于甘孜州北路八县中心，人口 7.071 万人，藏族人口占比在 95%以上。甘孜县“十三五”期间搬迁规模目标数为 3 405 人，按照易地搬迁政策标准和应搬尽搬原则，实际确定搬迁规模为 806 户、3 507 人。其中，2016 年度为 115 户、535 人，2017 年度为 175 户、756 人（未统计同步搬迁户 20 户、100 人），2018 年度为 516 户、2 212 人。其中，2017 年新区吉绒隆沟搬迁 60 户、252 人，查龙镇集中安置点搬迁 38 户、130 人，分散安置为 97 户、474 人；2018 年统规统建集中安置为 157 户、624 人，统规自建集中安置为 78 户、341 人，分散安置为 281 户、1 251 人。

新龙县位于甘孜州腹心地带，常住人口 5.14 万人，其中藏族人口 4.93 万人，占比为 95.9%。2018—2019 年，新龙县易地扶贫搬迁住房建设任务为 458 户、2 140 人。新龙县新建住房 457 户，购房 1 户；确保建档立卡贫困人口不因建房举债或新增负债。2018 年，新龙县“新居”在优先保障 2018 年住房困难建档立卡户 382 户外，其余 218 户已分配至各相关乡（镇）。

可以看出，阿坝州和甘孜州在实际执行中确定的易地扶贫搬迁人口数量和规划的数量有较大的差异，阿坝州实际执行的数量比规划的数额少，甘孜州则相反。笔者重点调研的甘孜州四个县的实际执行数量与规划的数量也有较大出入，没有完全按照规划年份确定的数量执行。根据《全省易地扶贫搬迁 2017—2019 年分县建议计划搬迁规模表》的要求，白玉县、道孚县、甘孜县、新龙县分别计划搬迁 4 220 人、5 229 人、2 483 人和 3 330 人，实际上，各县对计划搬迁的具体数量做了调整，比如甘孜县将“十三五”时期的数额调整为了 773 户、3 405 人。从最后实施的结果来看，各县既没有完全按最初的计划执行，也没有按调整后的方案执行。白玉县实施易地扶贫搬迁 575 户、

2 748 人，比计划的少了 1 472 人；道孚县完成易地扶贫搬迁 1 368 户、5 992 人，比计划的多了 763 人；甘孜县完成易地扶贫搬迁 623 户、2 992 人，比计划的多了 509 人，但是比调整后的数量少了 413 人；新龙县实施易地扶贫搬迁 849 户、3 861 人，比计划的多了 531 人①。这表明，阿坝州民众的生产生活环境整体上强于甘孜州，甘孜州易地扶贫搬迁的执行难度大于阿坝州，各地最终的易地扶贫搬迁人口受多种因素影响，符合搬迁条件的人口较多，但是并非一开始大家都愿意搬迁，导致年度计划有较大变化。各地的执行进度受财力、自然地理条件和需要搬迁的移民数量等因素影响，具有一定的不确定性。

（3）凉山州情况②

凉山州是四川省易地扶贫搬迁任务最重的地区，也是笔者调研的重点地区。《四川省"十三五"易地扶贫搬迁实施方案》中确定凉山州的建档立卡搬迁人口有 23 万多人。但是，"十三五"时期凉山州完成的易地扶贫搬迁人口达到了 74 429 户、353 200 人。集中安置点总数为 1 492 个，集中安置总户数 54 844 户，集中安置总人数 263 146 人。其中，800 人以上的大型安置点 24 个，安置 17 189 户、84 945 人。农村安置点 1 470 个，安置 40 369 户、191 560 人。城镇安置点 22 个，安置 14 475 户、71 586 人。分散安置总户数 19 585 户，分散安置总人数 90 054 人。凉山州"十三五"易地扶贫搬迁计划实施情况、安置点规模情况、农村安置情况、城镇安置情况、分散安置情况分别见表 3-3、表 3-4、表 3-5、表 3-6、表 3-7。

表 3-3　凉山州"十三五"易地扶贫搬迁计划实施情况

地区	计划住房		建成住房		搬迁入住	
	户数/户	人数/人	户数/户	人数/人	户数/户	人数/人
凉山州	74 429	353 200	74 429	353 200	69 006	325 286
西昌市	819	3 291	819	3 291	819	3 291
木里县	1 013	4 911	1 013	4 911	1 013	4 911
盐源县	6 275	28 577	6 275	28 577	6 275	28 577
德昌县	56	156	56	156	56	156

① 实际完成数据源于各县发展和改革局，数据截止时间为 2020 年 12 月 31 日。

② 数据源于凉山州扶贫开发局提供的资料，数据截止时间为 2020 年 5 月 31 日。

表3-3(续)

地区	计划住房		建成住房		搬迁入住	
	户数/户	人数/人	户数/户	人数/人	户数/户	人数/人
会东县	24	123	24	123	24	123
会理市	24	93	24	93	24	93
宁南县	308	1 499	308	1 499	308	1 499
普格县	4 697	23 529	4 697	23 529	4 697	23 529
布拖县	7 279	38 910	7 279	38 910	3 227	17 384
金阳县	7 593	41 256	7 593	41 256	7 379	40 141
昭觉县	12 239	54 505	12 239	54 505	11 899	52 984
喜德县	5 429	25 565	5 429	25 565	5 429	25 565
冕宁县	528	2 386	528	2 386	528	2 386
越西县	7 527	32 282	7 527	32 282	7 527	32 282
甘洛县	4 977	21 362	4 977	21 362	4 977	21 362
美姑县	10 694	53 223	10 694	53 223	9 877	49 471
雷波县	4 947	21 532	4 947	21 532	4 947	21 532

表 3-4 凉山州“十三五”易地扶贫搬迁安置点规模情况

200 人以下小型安置点			200 人以上 800 人以下中型安置点			800 人以上 3 000 人以下大型安置点			3 000 人以上 10 000 人以下特大型安置点			10 000 人以上超大型安置点		
安置点个数/个	安置户数/户	安置人数/人	安置点个数/个	安置户数/户	安置人数/人	安置点个数/个	安置户数/户	安置人数/人	安置点个数/个	安置户数/户	安置人数/人	安置点个数/个	安置户数/户	安置人数/人
1 263	24 033	110 564	205	13 622	67 637	14	5 117	25 198	9	9 843	48 604	1	2 229	11 143

表 3-5 凉山州“十三五”易地扶贫搬迁农村安置情况

依托中心村安置			建设移民新村安置			依托农业产业园区安置		
安置点个数/个	安置户数/户	安置人数/人	安置点个数/个	安置户数/户	安置人数/人	安置点个数/个	安置户数/户	安置人数/人
1 402	36 139	172 458	68	4 230	19 102	0	0	0

表 3-6　凉山州“十三五”易地扶贫搬迁城镇安置情况

集镇安置			城市安置			依托工业园区安置			依托旅游景区安置		
安置点个数/个	安置户数/户	安置人数/人	安置点个数/个	安置户数/户	安置人数/人	安置点个数/个	安置户数/户	安置人数/人	安置点个数/个	安置户数/户	安置人数/人
17	9 906	49 893	5	4 569	21 693	0	0	0	0	0	0

表 3-7　凉山州“十三五”易地扶贫搬迁分散安置情况

根据发展类型划分				根据安置方式划分									
农村安置		城镇安置		投亲靠友		自主建房		回购商品房		回购保障性住房		回购旧房	
户数/户	人数/人	户数/户	人数/人	户数/户	人数/人	户数/户	人数/人	户数/户	人数/人	户数/户	人数/人	户数/户	人数/人
19 121	87 826	464	2 228	150	589	18 741	86 070	631	3 117	0	0	63	278

2. 丽江市、迪庆州和昌都市基本情况

（1）丽江市和迪庆州情况

丽江市和迪庆州全部属于云南省 4 个集中连片特困地区片区。除丽江市的古城区以外，丽江市其余县和迪庆州都属于云南省 88 个贫困县范围，其中丽江市的永胜县、宁蒗县和迪庆州全州又属于云南省的 73 个国家扶贫开发工作重点县范围。

《云南省扶贫开发领导小组关于下达云南省易地扶贫搬迁三年行动计划任务的通知》（云贫开发〔2015〕21 号）明确丽江市易地扶贫搬迁三年行动计划指标为建档立卡贫困人口 15 983 人。但是，“十三五”时期，丽江市建档立卡易地扶贫搬迁户 5 956 户，共计 24 965 人。丽江市四县一区坚持“挪穷窝”与“换穷业”并举，截至 2020 年 3 月底，共投入易地扶贫搬迁资金 15. 24 亿元，建设集中安置区 39 个。其中，集中安置 3 858 户、16 242 人，分散安置 2 098 户、8 723 人；进城安置 3 145 户、13 430 人。农村安置 2 811 户、11 535 人；5 956 户的中的 86. 3%已经完成旧房拆除[①]。但是，丽江市的总体搬迁人口远多于建档立卡搬迁人口，约有 4. 7 万人，宁蒗县搬迁任务约

① 数据参见《丽江日报》，2020 年 4 月 10 日《丽江市 5956 户易地扶贫搬迁户住进新居》。

占丽江市的90%，总搬迁10 400户、42 000人[①]。

《云南省扶贫开发领导小组关于下达云南省易地扶贫搬迁三年行动计划任务的通知》明确迪庆州易地扶贫搬迁三年行动计划指标为27 740人（香格里拉市3 803人，德钦县5 994人，维西县17 943人）。其中，建档立卡18 493人（香格里拉市2 535人，德钦县3 996人，维西县11 962人）。根据云南省扶贫办《关于下达云南省易地扶贫搬迁三年行动计划2016年年度计划任务的通知》（云贫开办发〔2016〕44号）的规划，迪庆州计划任务指标为6 234户、25 734人（建档立卡3 946户、15 561人）。其中，香格里拉市2 535人，德钦县2 922人，维西县10 104人。根据迪庆州资金的落实方案，迪庆州从2016年开始的3年内投入40亿元（含群众自筹），完成4万人的易地扶贫搬迁。根据迪庆州扶贫开发办公室提供的数据，2016—2017年，迪庆州完成易地搬迁任务2 391户、9 041人；2018年，迪庆州搬迁任务1 271户、5 132人，其中建档立卡贫困人口928户、3 643人；2019年，2 794户、10 729名建档立卡贫困户全部实现了搬迁梦。根据香格里拉市的计划，2016年和2017年两年内实施3 335户、12 438名建档立卡贫困人口的搬迁任务（2016年实施1 644户、2017年实施1 691户）。

可以看出，丽江市和迪庆州具体的易地扶贫搬迁人口数量都和云南省最初下达的指标有所出入，都多于最初的指标任务。这主要是因为云南省最初的计划任务为65万建档立卡贫困人口，后来新增34.5万人，最后实际的建档立卡贫困人口超过99万人。两地符合搬迁条件的群众较多，群众起初对易地扶贫搬迁的认识不足，存在不愿申请搬迁的情况。随着搬迁工作的陆续开展，群众逐步认识到了搬迁工作的价值，并了解到了搬迁工作将给自己带来的好处。很多人加入申请搬迁的行列，易地扶贫搬迁工作深得人心。

（2）昌都市情况

昌都市11个县（区）全部属于地方病高发贫困区和深山峡谷贫困区，除类乌齐县外，其余10个县（区）又全部属于灾害频发贫困区。在西藏自治区36个重点贫困县中，昌都市有8个，即察雅县、芒康县、贡觉县、边坝县、八宿县、洛隆县、江达县、左贡县。

根据《西藏自治区“十三五”时期易地扶贫搬迁规划》，昌都市易地扶

---

① 数据源于丽江市搬迁安置办公室。

贫搬迁建档立卡贫困人口总规模为 103 361 人，占西藏自治区易地扶贫搬迁总人口（26.3 万人）的 39.3%，属于西藏自治区的重点移民搬迁地区。2016 年至 2020 年 9 月底，昌都市共建设了移民搬迁安置点 268 个，安置人口 19 225 户、99 095 人，安置点配套基础设施和公共服务设施基本到位。其中，三岩片区[①]跨市整体易地扶贫搬迁合计 11 605 人，迁入拉萨市 4 990 人，迁入日喀则市 617 人，迁入山南市 2 030 人，迁入林芝市 3 968 人。西藏自治区财政下拨 23 454.41 万元用于跨市整体易地扶贫搬迁点配套产业项目建设。截至 2020 年 6 月 15 日，三岩片区 7 个深度贫困乡完成跨市整体易地扶贫搬迁安置 1 146 户、7 211 人[②]。

其中，本书重点调研的江达县、芒康县和洛隆县的情况如下：

江达县将《江达县精准扶贫数据库》中的所有搬迁群众都纳入了搬迁范围。具体的搬迁对象包括三类：一是生活在自然条件恶劣、基础设施落后、缺乏基本生产生活条件、就地脱贫困难区域，年人均收入在 3 311 元以下的建档立卡户；二是生活在生态位置重要、生态环境脆弱地区的农牧民；三是受地质灾后威胁严重，需要避险搬迁的农村贫困群众。具体的迁出方式和搬迁安置模式概括起来就是“六靠、五方便、两避让”[③]。江达县 2016—2018 年共完成 10 170 人的搬迁工作。其中，乡建档立卡 1 189 户、6 801 人，同步搬迁 358 户、1 204 人；县建档立卡 365 户、1 896 人，同步搬迁 49 户、269 人。除了对建档立卡贫困户易地扶贫搬迁给予人均 6 万元建房补助外，江达县对建档立卡贫困户易地搬迁新建民房所需贷款执行 20~25 年无息中长期贷款。对建档立卡贫困户自我发展需要贷款的，江达县提供 5 万元以下、期限 3 年以内的信用贷款，由政府贴息。

根据《芒康县“十三五”时期易地扶贫搬迁规划》的要求，芒康县需要实行易地搬迁计划 2 797 户、17 590 人，其中县域辖区集中安置搬迁 2 705 户、16 955 人，三岩片区戈波乡整体搬迁 81 户、558 人，迁入羊八井 10 户、73 人。具体的迁出方式和搬迁安置模式受地域特征约束明显，不同安置点的安置人口数量差异明显。芒康县各乡（镇）易地搬迁统计如表 3-8 所示。

---

① 昌都的三岩片区主要指贡觉、芒康和江达沿江部分乡村。

② 本部分数据源于昌都市扶贫办 2020 年 6 月 15 日提供的资料，数据截止时间以资料提供时间为准。

③ “六靠”指靠近县城、乡（镇）、行政村、旅游景点、产业园、国道；“五方便”指方便安置点选点规划、基础设施建设、公共服务配套、群众发展生产、交往交流交融；“两避让”指避让地质灾害隐患和地震断裂。

表 3-8　芒康县各乡（镇）易地搬迁统计

序号	乡(镇)名称	安置点名称	户数/户	人数/人	备注
1	嘎托镇	普拉村安置点	73	456	乡（镇）搬迁
		普拉村安置点扩建	55	346	乡（镇）搬迁
		加它村安置点	55	342	乡（镇）搬迁
		县城达孔顶安置点	88	626	县城搬迁
		县城察隆安置点	29	121	县城搬迁
		县城江卡安置点	25	75	县城搬迁
		合计	325	1 966	
2	邦达乡	纳西乡安置点	2	7	乡（镇）搬迁
		县城达孔顶安置点	213	1 481	县城搬迁
		县城龙松沟安置点	20	80	县城搬迁
		县城江卡安置点	41	114	县城搬迁
		合计	276	1 682	
3	莽岭乡	县城达孔顶安置点	16	113	县城搬迁
		县城察隆安置点	2	8	县城搬迁
		县城江卡安置点	5	13	县城搬迁
		合计	23	134	
4	徐中乡	徐中乡安置点	39	212	乡（镇）搬迁
		县城达孔顶安置点	34	217	县城搬迁
		县城察隆安置点	13	60	县城搬迁
		县城龙松沟安置点	10	31	县城搬迁
		合计	96	520	
5	曲孜卡乡	纳西乡安置点	15	91	乡（镇）搬迁
		曲孜卡乡安置点	159	898	乡（镇）搬迁
		县城达孔顶安置点	3	16	县城搬迁
		县城察隆安置点	2	8	县城搬迁
		合计	179	1 013	

表3-8(续)

序号	乡(镇)名称	安置点名称	户数/户	人数/人	备注
6	纳西乡	纳西乡安置点	145	708	乡（镇）搬迁
		合计	145	708	
7	木许乡	纳西乡安置点	33	164	乡（镇）搬迁
		县城察隆安置点	1	4	县城搬迁
		木许村安置点	8	43	乡（镇）搬迁
		合计	42	211	
8	如美镇	竹卡村安置点	71	409	乡（镇）搬迁
		县城达孔顶安置点	139	825	县城搬迁
		县城察隆安置点	30	78	县城搬迁
		县城江卡安置点	1	1	县城搬迁
		合计	241	1 313	
9	曲登乡	登巴村安置点	24	90	乡（镇）搬迁
		县城达孔顶安置点	112	655	县城搬迁
		县城江卡安置点	33	97	县城搬迁
		合计	169	842	
10	措瓦乡	纳西乡安置点	1	8	乡（镇）搬迁
		县城达孔顶安置点	357	2 903	县城搬迁
		县城察隆安置点	37	108	县城搬迁
		羊八井搬迁	10	73	跨市搬迁
		合计	405	3 092	
11	洛尼乡	县城达孔顶安置点	125	1 035	县城搬迁
		县城察隆安置点	15	41	县城搬迁
		县城江卡安置点	18	74	县城搬迁
		合计	158	1 150	

表3-8(续)

序号	乡(镇)名称	安置点名称	户数/户	人数/人	备注
12	昂多乡	曲塔村安置点	29	252	乡（镇）搬迁
		吉措村安置点	65	339	乡（镇）搬迁
		县城达孔顶安置点	6	34	县城搬迁
		县城察隆安置点	1	4	县城搬迁
		合计	101	629	
13	宗西乡	县城察隆安置点	2	8	县城搬迁
		县城达孔顶安置点	147	1 283	县城搬迁
		县城江卡安置点	12	48	县城搬迁
		县城龙松沟安置点	13	39	县城搬迁
		羊八井搬迁	1	4	跨市搬迁
		合计	175	1 382	
14	竹巴龙乡	西松村安置点	7	56	乡（镇）搬迁
		县城达孔顶安置点	122	834	县城搬迁
		县城龙松沟安置点	14	38	县城搬迁
		县城江卡安置点	17	65	县城搬迁
		合计	160	993	
15	索多西乡	萨日西安置点	61	349	乡（镇）搬迁
		县城达孔顶安置点	111	786	县城搬迁
		县城察隆安置点	13	34	县城搬迁
		合计	185	1 169	
16	戈波乡	县城达孔顶安置点	26	181	县城搬迁
		县城龙松沟安置点	4	32	县城搬迁
		县城察隆安置点	6	15	县城搬迁
		县指标三岩搬迁	81	558	跨市搬迁
		合计	117	786	
总合计			2 797	17 590	

注：数据源于《芒康县“十三五”时期易地扶贫搬迁规划》。

洛隆县 3 年完成建设易地扶贫搬迁安置点 21 个，中央及西藏自治区对洛隆县下达指标任务为建档立卡 9 081 人，洛隆县实际完成 2 070 户、10 585 人搬迁。其中，易地扶贫搬迁建档立卡户 1 777 户、9 081 人，同步搬迁 293 户、1 504 人，分别为 2016 年易地扶贫搬迁建档立卡 776 户、3 707 人，同步搬迁 236 户、1 168 人；2017 年易地扶贫搬迁建档立卡 537 户、2 951 人，同步搬迁 57 户、336 人；2018 年易地扶贫搬迁建档拉卡 464 户、2 423 人，覆盖洛隆县 11 个乡镇 70 个行政村①。

21 个安置点分布在阿托卡小康示范新村、马利镇夏玉村、白达乡通尼村、俄西乡贡中村、俄西乡娘娘村、硕督镇硕督村、新荣乡通纳村、中亦乡中亦村、中亦乡然木通村、中亦乡八里村、腊久乡查瓦村、腊久乡江云村、孜托镇古曲村、孜托镇久玛村、孜托镇夏果村、孜托镇曲扎贡、康沙镇康沙村、玉西乡巴村、扶贫工业园区、白达乡白托村、马利镇布许村，大多 2017 年动工新建，2018 年入住。

二、水电移民基本情况

（一）四川区域水电移民情况

四川区域水电移民主要集中在四川的“三州”地区，由于部分水电工程跨县、跨州甚至跨省（自治区），统计数据有重复，因此这里的统计仅以当地统计为主，不包括跨州和跨省（自治区）的数据。同时，由于部分水电工程没有完工和相关水电移民分阶段进行，因此这里的统计仅以调研时的数据为准。

1. 四川区域水电移民整体情况

（1）甘孜州水电移民整体情况②

甘孜州水电资源极为丰富，主要分布在“两江一河”（金沙江、雅砻江、大渡河）。根据水电规划，甘孜州水能理论蕴藏量 5 000 万千瓦，技术可开发量达 4 130 万千瓦，约占四川省的 34%。甘孜州自 2005 年开展大中型水电移民工作，已（在）建大中型电站 58 座，涉及移民近 2.7 万人。截至 2019 年

① 数据来源：2020 年 6 月笔者在洛隆县调研时，洛隆县发展和改革局提供。

② 本部分数据根据甘孜州扶贫开发局（乡村振兴局）提供的资料整理而得，数据截止时间为 2019 年年底。

年底，甘孜州已完成永久搬迁安置2.3万余人。特别是2018年大渡河流域实现了临时过渡上万人到永久安置累计上万人的根本转变，甘孜州建成了伞岗坪、章古河坝等一批移民集中安置点。

大渡河流域已（在）建6级电站涉及移民人口14 000人，已完成搬迁安置10 500人。雅砻江流域两河口、杨房沟、江边电站涉及移民约7 500人，已完成搬迁安置移民7 200人。金沙江上游已核准在建的苏洼龙、叶巴滩、拉哇、巴塘4座电站涉及移民1 205人，已完成搬迁安置1 013人。中型电站共有45座，涉及移民4 300余人，已基本完成移民安置。

截至2019年年底，甘孜州共建成集镇或集中安置点13个，涉及1 816户、6 641人。其中，大渡河流域9个，即姑咱黑日、章古河坝、孔玉、白日坝、伞岗坪、沙湾、烹坝集镇、田坝新城、得妥（繁荣）；雅砻江流域4个，即两河口道孚库区亚卓集镇、仲尼集镇、下拖集镇、红顶集镇。在建安置点4个，涉及378户、1 487人。拟建安置点8个，涉及651户、2 277人。总计2 845户、10 405人，其中2019年1 816户、6 641人，2020年239户、995人，2021年790户、2 769人。集镇或集中安置占了实际界定安置人数的38.57%。甘孜州已（在）建大中型水电站移民搬迁安置（2019—2021年）实施计划如表3-9所示。甘孜州水电移民集镇或集中安置点（2019—2021年）推进方案如表3-10所示。

表3-9　甘孜州已（在）建大中型水电站移民搬迁安置（2019—2021年）实施计划

序号	流域	年度计划项目名称		实际界定/人	截至2019年年底/人	2020年计划/人	2021年计划/人	备注
1	大渡河	猴子岩	丹巴	1 383	516	867	0	丹巴辖区内1 383人
2			康定	789	622	0	167	康定辖区内4 508人
3		长河坝		1 975	537	0	1 438	
4		黄金坪		1 736	1 473	0	194	
5		泸定		8	8	0	0	
6			泸定	4 285	4 274	0	11	泸定辖区内8 100人
7		硬梁包		1 425	757	128	540	
8		大岗山		2 390	2 290	43		

表3-9(续)

序号	流域	年度计划项目名称		实际界定/人	截至2019年年底/人	2020年计划/人	2021年计划/人	备注
9	雅砻江	杨房沟	九龙	125	125			九龙辖区内125人
10		江边		250	250			九龙辖区内250人
11		两河口	雅江	3 906	3 836	70	0	四县合计7 158人
12			道孚	1 035	1 015	20	0	
13			理塘	1 739	1 739	0	0	
14			新龙	478	478	0	0	
15	金沙江	苏洼龙	巴塘	796	621	175	0	巴塘辖区内796人
16		巴塘	巴塘	4	4	0	0	巴塘辖区内4人
17		拉洼	巴塘	259	259	0	0	巴塘辖区内259人
18		叶巴滩	白玉	78	78	0	0	白玉辖区内78人
19	中型45座	中型		4 315	4 315			甘孜州涉及4 315人

表3-10　甘孜州水电移民集镇或集中安置点（2019—2021年）推进方案

丹巴格宗	198户、867人	康定长坝	74户、243人	泸定二里坝	131户、409人
泸定店子	41户、128人	康定江咀	184户、631人	雅江瓦多集镇	72户、223人
康定野坝	115户、409人	康定菩提河坝	71户、381人	雅江普巴绒集镇	37户、139人
康定泥洛河坝	24户、83人	康定扯索坝	64户、198人	雅江木衣	18户、53人

注：丹巴格宗、泸定店子、康定野坝和泥洛河坝为在建安置点，其余为拟建安置点。

（2）阿坝州水电移民整体情况①

阿坝州有大型水电站10座，中型水电站32座，总装机容量达到1 135.35万千瓦。截至2019年年底，涉及安置人口32 655人，其中搬迁安置规划人口17 151人。水电移民主要集中在马尔康、金川、小金等5个水电移民重点县（市）。根据金川县政府办公室2020年8月提供的数据，金川县水电建设涉及15个乡（镇）、36个行政村，移民约1 263户、5 547人。其中，大渡河流域

① 本部分没有做出交待的数据根据阿坝州扶贫开发局（乡村振兴局）提供的资料整理而得，数据截止时间为2019年年底。

共有双江口、金川2座在建大型水电站，总装机286万千瓦，共涉及移民搬迁1 002户、3 012人。具体的水电移民安置情况，从马尔康市的安置情况中可以大致反映出阿坝州水电移民安置的整体情况。根据马尔康市水务局2021年12月的《水电移民攻坚专报》和《四川省大渡河双江口水电站建设征地移民安置规划大纲调整报告》，规划水平年马尔康市移民搬迁安置人口共3 425人，其中分散安置1 658人，集中安置1 767人；建设集中安置点9个（包括2个县城附近集镇居民小区），其中74人进入白湾及脚木足集镇新址集中安置。规划水平年马尔康市生产安置人口共4 080人，其中逐年货币补偿安置1 754人，以逐年货币补偿加少量有土安置2 168人，有土安置6人，投亲靠友、自谋职业、自谋出路安置152人。大渡河金川水电站水电移民规划水平年马尔康市生产安置人口共553人，其中逐年货币补偿安置337人，以逐年货币补偿加少量有土安置202人，投亲靠友、自谋职业、自谋出路安置14人。阿坝州大型水电工程移民安置实施工作清单如表3-11所示。阿坝州中型水电工程名单如表3-12所示。

表3-11　阿坝州大型水电工程移民安置实施工作清单

电站名称	装机容量/万千瓦	生产安置人口/人		搬迁安置人口/人	
		规划	已完成	规划	已完成
猴子岩水电站	170	364	364	319	331
巴拉水电站	74.60	117	0	30	29
卓斯甲水电站	39.20	59		144	
双江口水电站	200	4 787		4 961	1 870
毛尔盖水电站	42	2 302	2 612	2 517	2 532
金川水电站	86	2 053		2 256	1 511
达维水电站	30	946		771	
卜寺沟水电站	36	354		1 026	
上寨水电站	45	843		1 413	
安宁水电站	38	609		1 582	

注：数据根据阿坝州扶贫开发局（乡村振兴局）提供的资料整理而得，数据截止时间为2019年年底。

表 3-12 阿坝州中型水电工程名单

多诺水电站	汗牛河水电站	二道桥水电站	吉鱼水电站	姜射坝水电站	金龙潭水电站
柳坪水电站	晴朗水电站	色尔古水电站	太平驿水电站	天龙湖水电站	铜钟水电站
映秀湾水电站	竹格多水电站	红叶二级电站	桑坪水电站	狮子坪水电站	薛城水电站
黑河塘水电站	青龙水电站	双河水电站	回龙桥水电站	绿叶水电站	渔子溪一级电站
渔子溪二级电站	沙排水电站	观音桥水电站	剑科水电站	俄日水电站	红卫桥水电站
春堂坝水电站	杨家湾水电站				

注：沙排水电站装机 3.6 万千瓦，为小型水电站，阿坝州发改委将其统计在中型水电工程名单中。

（3）凉山州水电移民整体情况①

凉山州水利水电工程多，移民数量大，是水电移民的主要区域。其中，部分大型水电站跨地域，不仅仅局限于凉山州，这里仅统计凉山州情况。凉山州已建、在建、拟建大中型水利、水电工程移民规划安置情况分别如表 3-13、表 3-14、表 3-15 所示。

表 3-13 凉山州已建大中型水利、水电工程移民规划安置情况

序号	填报单位	工程名称	装机/万千瓦	涉及县(市)名称	征收征用土地总面积/亩②	规划生产安置人口/人	已完成生产安置人口/人	规划搬迁安置人口/人	已完成搬迁安置人口/人
1	木里县	布西	2	木里	12 689.88	166	166	270	270
2		烟岗	12	木里		0	0	0	0
3		跑马坪	12	木里		9	9	21	21
4		沙湾	24	木里		18	18	12	12
5		宁朗	11.4	木里		0	0	0	0
6	德昌县	二滩	330	西昌、盐源、德昌	134	2 664	2 664	816	816
7		大桥水库	9	冕宁	133	191	191	191	191
8		溪洛渡施工区	1 386	雷波、金阳、布拖、昭觉、宁南	1 551	1 297	955	1 297	1 021
9		溪洛渡库区	1 386	雷波、金阳、布拖、昭觉、宁南	2 789	2 040	807	2 040	816

① 本部分数据来自凉山州扶贫开发局（乡村振兴局）。调研时间为 2018 年年底，当时获取的水电移民统计资料截止时间为 2016 年年底。

② 1亩约等于 666.67 平方米，下同。

表3-13(续)

序号	填报单位	工程名称	装机/万千瓦	涉及县(市)名称	征收征用土地总面积/亩	规划生产安置人口/人	已完成生产安置人口/人	规划搬迁安置人口/人	已完成搬迁安置人口/人
10	西昌市	官地	240	西昌	12 186	1 040	1 040	1 052	1 052
11		溪洛渡				2 852	2 852	2 936	2 936
12	昭觉县	洛古	11	昭觉、布拖	4 100. 15	1 914	1 914	455	455
13		苏巴姑	5. 2	昭觉	7. 05	14	14	5	5
14	美姑县	柳洪	18	美姑	1 162. 4	5	5		
15		坪头	18	美姑、昭觉、雷波	822. 95				
16	会理市	红旗水库		会理	1 312. 4	678	678	474	474
17	布拖县	溪洛渡		布拖	1 715. 68	1 035	1 030	62	62
18		洛古	11	布拖	640. 53	59	59		
19		联补	13	布拖	971. 22	65	65		
20		地洛	10	布拖	482. 09	65	65	34	34
21		瓦都水库	66	布拖	1 314. 27	804	804		
22	金阳县	溪洛渡		金阳	32 429. 30	9 520	9 448	8 687	8 597
23		地洛	10	金阳	821. 26	58	58	58	58
24	会东县	可河	7. 2	会东	602	51	51	29	29
25		新华水库		会东	640	101	101	805	805
26	冕宁县	大桥水库	9	冕宁	19 815	11 069	11 069	11 069	11 069
27		冶勒	24	冕宁	16 574. 43	1 201	1 201	1 276	1 276
28		锦屏	360	冕宁		161	161	90	90
29	普格县	英雄坡二级	5. 6	普格	184. 67	23	23	23	23
30	甘洛县	瀑布沟	360	甘洛	439	413	356	240	2
31		深溪沟	66	甘洛	64	64			
32		玉田	9. 3	甘洛	41	41			

注：同一工程涉及多个县（市）的由各县（市）分开填写，截止时间为 2016 年年底。本统计表只统计涉及凉山州的数据，比如溪洛渡水电站还涉及云南省昭通市永善县、昭阳区、鲁甸县和巧家县，二滩水电站还涉及攀枝花市米易县、盐边县等，这里不做统计。

表 3-14　凉山州在建大中型水利、水电工程移民规划安置情况

序号	填报单位	工程名称	装机/万千瓦	涉及县(市)名称	征收征用土地总面积/亩	规划生产安置人口/人	已完成生产安置人口/人	规划搬迁安置人口/人	已完成搬迁安置人口/人
1	木里县	锦屏一级	360	木里		4 201	4 201	3 875	3 875
2		杨房沟	150	木里	11 840.06	453	278	511	0
3		上通坝	24	木里	892				
4		卡基娃	44	木里	18 420.88	656	453	969	819
5		俄公堡	13.2	木里	285.59	81	81	79	79
6		固增	17.2	木里	1 732	18		68	
7		立洲	34.5	木里	7 018.33	561	437	658	534
8		撒多	21	木里		4			
9		益地	16.8	木里	1 585.71	21		75	
10	德昌县	和平水库		德昌	2 959.95	704	493	614	486
11	美姑县	联合水库		美姑	952.33	77		258	
12	会理县	大海子水库		会理	2 917.16	484	484	373	373
13	甘洛县	枕头坝	72	甘洛	15	15	5	5	
14		工棚	2.48	甘洛					
15		阿呷	2.1	甘洛					
16		瓦古脚	2.48	甘洛					
17	雷波县	溪洛渡	1 386	雷波、金阳、昭觉、布拖、宁南	53 539.64	15 020	15 020	17 269	17 269
18		向家坝	640	雷波	5 813.38	991	1 705	1 166	1 400

注：同一工程涉及多个县（市）的由各县分开填写，截止时间为 2016 年年底。本统计表只统计涉及凉山州的数据，比如向家坝水电站还涉及宜宾市屏山县，云南省昭通市水富县、绥江县、永善县等，这里不做统计。

表 3-15 凉山州拟建大中型水利、水电工程移民规划安置情况

序号	填报单位	工程名称	装机/万千瓦	涉及县(市)名称	征收征用土地总面积/亩	规划生产安置人口/人	已完成生产安置人口/人	规划搬迁安置人口/人	已完成搬迁安置人口/人
1	木里县	卡拉	98	木里	16 333.07				
2		孟底沟	184	木里					
3		亚宗	9.3	木里					
4		东朗	6	木里					
5		向丁	5.7	木里					
6		钻根	20.1	木里					
7		固滴	13.8	木里	1 233.74			2	
8		新藏	18.6	木里	992.93				
9		博瓦	16.8	木里					
10		麦日	3.7	木里					
11		捷可	11.4	木里					
12		羊那	2.5	木里					
13		俄亚	2.6	木里					
14	西昌市	大桥水库灌区二期		西昌市					
15	会理县	乌东德	1 020	会理	53 922.48	6 346	0	6 519	0
16	宁南县	白鹤滩	1 600	宁南	85 604.67	19 825	0	0	0
17		坤顺	8.4	宁南	776.18	137	0	0	0
18	会东县	乌东德	1 020	会东	14 400	3 374		4 037	
19		大弯腰树	5.4	会东	673.66	64			

注：同一工程涉及多个县（市）的由各县（市）分开填写，截止时间为 2016 年年底。本统计表只统计涉及凉山州的数据，比如东乌德水电站还涉及云南省昆明市禄劝县，这里不做统计。

2. 四川区域个案调查情况[①]

（1）泸定县水电移民情况

大渡河流域梯级开发涉及泸定县的水电站有泸定水电站、大岗山水电站、硬梁包水电站三大电站，总装机 463.6 万千瓦，建设征地涉及 9 个乡（镇）、39 个村、9 232 名移民，占全县总人口的 11.54%。截至 2020 年 10 月底，泸定水电站完成 1 227 户、4 283 人搬迁安置，占总搬迁安置人口的 99.7%，其中生产安置完成 4 815 人，占生产安置总人口的 100%。大岗山水电站全面完成自主安置移民 1 427 人，搬迁集中安置 457 户、1 689 人，完成有土安置 402 人生产用地划分，移民安置完成率 100%。硬梁包水电站完成分散安置 209 户、682 人，占分散安置的 78%。存在的困难是，三大电站淹没了该县为数不多的河谷土地，移民群众失去了赖以生存生产资料。移民群众寻求新的生产发展途径所需周期较长、耗费资金较大。移民方实际建设成本，远超出规划审批，补偿标准偏低。

（2）两河口水电站移民情况

作为甘孜州水电移民工作最具代表性的一座水电站，两河口水电站的移民情况在一定程度上可以反映出藏族聚居区的水电移民现状。

两河口水电站装机 300 万千瓦，工程建设征地涉及甘孜州雅江、道孚、理塘和新龙 4 县，移民 7 000 余人。两河口水电站于 2008 年年底下达“停建通告”，2009—2012 年开展实物指标调查，2013 年完成移民安置规划大纲和规划报告编制，2014 年项目核准开工。

两河口水电站搬迁安置农村移民总人数 7 158 人，生产安置方面涉及征收耕（园）地 5 217.93 亩，分为自主安置和逐年补偿安置方式；涉及 6 座集镇和 1 个安置点；涉及迁建寺庙 4 座、修行点 4 个以及大量的佛塔、经幡、玛尼堆等宗教设施；涉及大量的专业项目，包括 S217、雅道、雅新 3 条等级路和跨江特大桥，还有水利、电力、通信、水准点等专业项目共计 51 项。

（3）乌东德水电站移民情况

乌东德水电站位于凉山州会东县和云南省禄劝县交界处，装机容量 1 020

---

① 本部分数据截止时间为 2020 年 5 月 31 日。数据根据甘孜州和凉山州扶贫开发局（乡村振兴局）提供的资料整理而得。涉及跨区域情况的，只针对甘孜州和凉山州，不对跨区域的整体情况做统计。

万千瓦。移民安置工作涉及凉山州会东、会理2个县（市）、16个乡（镇）。根据规划安排，规划水平年（2020年）涉及凉山州会理市、会东县搬迁安置2 692户、10 946人，其中会理市1 679户、6 519人，会东县1 013户、4 427人。规划水平年（2020年）涉及凉山州会理市、会东县两地生产安置10 530人，其中会理市6 346人，会东县4 184人。

但是，具体实施阶段，搬迁安置共2 743户、11 477人，其中会理市1 679户、6 827人，会东县1 064户、4 650人；生产安置移民共11 339人，其中会理市6 670人，会东县4 669人；移民农村集中安置点原来为15个，实施阶段调整为14个，目前14个集中安置点已基本建成，已搬迁入住2 436户、9 875人，其中会理市1 561户、6 062人，会东县875户、3 813人。

（4）白鹤滩水电站移民情况

白鹤滩水电站位于凉山州宁南县和云南巧家县交界处，装机容量1 600万千瓦，建设征地区涉及凉山州宁南、会东2个县、26个乡（镇）。根据规划安排，规划水平年（2021年）凉山州搬迁安置12 350户、49 232人，其中宁南县5 445户、21 716人（含会东县外迁470人），会东县5 669户、23 553人，会东县外迁安置至西昌市408户、1 391人、至德昌县548户、2 017人、至会理市280户、1 025人。规划水平年（2021年）凉山州生产安置共44 095人，其中宁南县19 909人，会东县24 186人。5个县（市）共规划37个集中安置点，其中会东县13个、宁南县13个、西昌市5个、德昌县5个、会理市1个。

但是，具体实施阶段，搬迁安置共界定13 289户、48 546人，其中宁南县5 686户、20 801人，会东县6 651户、23 783人，会东县外迁至西昌市351户、1 380人、至德昌县360户、1 530人、至会理市241户、1 052人。生产安置已完成界定4 896户、17 614人，其中宁南县各移民乡（镇）已提交生产安置人口界定对象5 250户、19 218人；会东县已界定4 896户、17 614人（会东县内3 778户、13 046人，会东县外迁至西昌市327户、1 261人、至德昌县307户、1 300人、至会理县239户、1 027人、至宁南县118户、490人）。安置点由37个调整为34个，其中会东县12个、宁南县12个、西昌市5个、德昌县4个、会理市1个。

（5）溪洛渡水电站移民情况

溪洛渡水电站位于四川省雷波县与云南省永善县交界处，装机容量1 386

万千瓦。2002 年 9 月，工程立项。2015 年，工程竣工。水电站封闭管理区（四川部分）建设征地影响涉及雷波县 3 个乡、7 个村、22 个村民组。根据规划安排，至规划水平年（2005 年），搬迁安置人口 3 524 人，生产安置人口 3 764 人。但是，实际搬迁安置移民 3 579 人，占规划数的 101.6%；生产安置移民 3 819 人，占规划数的 101.5%。

库区（四川部分）建设征地影响涉及雷波、金阳、昭觉、布拖、宁南县 5 个县、33 个乡（镇）、79 个村、189 个组。根据规划，至规划水平年（2013 年），完成搬迁移民人口 22 656 人，生产安置人口 21 815 人。目前，已累计完成搬迁安置移民 22 387 人（雷波 12 462 人、金阳 7 583 人、昭觉 269 人、布拖 44 人、西昌 1 213 人、德昌 816 人），占规划数的 98.81%；生产安置人口 21 232 人（雷波 9 549 人、金阳 8 558 人、昭觉 66 人、布拖 1 030 人、西昌 1 213 人、德昌 816 人），占规划数的 97.33%。四川库区新增影响区（第一批）移民安置，涉及雷波、金阳、布拖 3 个县。规划水平年（2018 年）生产安置人口 960 人，搬迁安置人口 1 204。目前，新增影响区（第一批）移民安置已完成。

（6）向家坝水电站移民情况

向家坝水电站位于四川省宜宾市叙永区与云南省水富县交界的金沙江下游，装机容量 640 万千瓦。工程于 2002 年 9 月批准立项，2014 年 7 月完全竣工。根据规划，至规划水平年（2012 年），库区搬迁安置人口 1 445 人，生产安置人口 1 666 人。实际完成搬迁安置移民 1 407 人，占规划数的 97.4%；生产安置人口 1 658 人，占规划数的 99.5%。新增影响区搬迁安置移民 26 户、83 人，生产安置移民人口 260 人。

可以看出，搬迁安置规划情况和搬迁安置实施情况之间存在差异，主要是受工程规划的修改、工程进度以及安置点变动的影响。下面以乌东德水电站和白鹤滩水电站移民安置实施情况（见表 3-16）为例，展现规划情况和实施情况之间的差异。

表 3-16 乌东德水电站和白鹤滩水电站移民安置实施情况

项目名称	地域	搬迁安置规划情况/人					搬迁安置实施情况/人				
		合计	本乡（镇）内安置人数	出乡（镇）县内安置人数	出县州内安置人数	州外安置人数	合计	本乡（镇）内安置人数	出乡（镇）县内安置人数	出县州内安置人数	州外安置人数
乌东德水电站	会理市	6 519	2 149	4 370	0	0	6 827	2 137	4 690	0	0
	会东县	4 427	2 048	2 379	0	0	4 650	1 090	3 255	160	145
白鹤滩水电站	宁南县	21 246	9 165	9 649	2 030	402	828	202	342	91	193
	会东县	27 986	13 148	9 935	4 903	0	26 251	13 851	7 692	4 232	476
	雷波县	14 857	9 093	2 618	1 245	1 901	18 337	7 774	4 675	3 987	1 901
	金阳县	8 701	6 604	1 075	919	103	8 363	5 707	1 634	919	103
	昭觉县	511	44	467			269	42	50	177	
	布拖县	269	239	30			1 497	1 410	87		

（二）迪庆州和丽江市水电移民基本情况①

由于四川省、云南省、西藏自治区交汇地区的行政区划多以大江大河为界或相互交织，横断山区的水电工程大多横跨多个行政区域。笔者在调研中选择了迪庆州为例，但是实际上迪庆州的水电站也涉及了丽江市和昌都市，部分还涉及了四川省“三州”的部分县。由于同一水电工程涉及的水电移民安置政策基本相同（各地有细微差异），因此迪庆州水电移民的情况在一定程度上也基本反映了丽江市和昌都市的水电移民状况。本书主要针对相关水电水利工程对迪庆州（也涉及丽江市等）的影响，包括受水库淹没的情况和因为水库淹没需要搬迁的水电移民情况进行介绍，力图全面展现水电移民本身涉及的一系列复杂性问题。

迪庆州的梯级水电开发主要有金沙江上游“一库十三级”水电规划中的阿海、梨园、两家人水电站；金沙江中游“一库八级”水电规划中的龙盘（塔城和其宗）、旭龙、奔子栏水电站；澜沧江上游“一库七级”水电规划中

① 本部分根据云南省人民政府扶贫开发办公室、迪庆州人民政府扶贫开发办公室、迪庆州搬迁安置办公室提供的相关资料整理而得。资料提供时间为 2020 年 3 月 20 日。

的古水、乌弄龙、里底、托巴、黄登水电站。以上项目总装机 2 300 万千瓦。

1. 金沙江流域大中型水电工程及水电移民基本情况

（1）旭龙水电站情况

旭龙水电站属于金沙江上游“一库十三级”的第 12 级水电站，位于四川省得荣县徐龙乡与云南省德钦县羊拉乡的金沙江界河上，装机容量 240 万千瓦。建设征地涉及云南省迪庆州德钦县，四川省甘孜州得荣县、巴塘县，西藏自治区昌都市芒康县，共 3 个省（自治区）、4 个县、7 个乡、19 个村。

旭龙水电站征地总面积 36 263.01 亩。其中，陆地面积 29 302.48 亩，水域面积 6 960.53 亩。建设征地涉及人口 1 160 人，房屋 112 833.99 平方米，耕地 1 253.8 亩，园地 159.42 亩，林地 13 580.35 亩，草地 1 617.17 亩；涉及个体工商户 16 家，文化宗教设施白塔 8 座，玛尼堆 14 座；涉及企事业单位 1 家；涉及有公路、汽车便道、桥梁、高压输电线路、小电站、文物古迹等。

旭龙水电站涉及迪庆州德钦县羊拉乡人口 639 人，各类房屋 61 761.09 平方米；涉及土地总面积 20 430.59 亩，其中耕园地 556.7 亩，林地 10 505.11 亩；涉及白塔 3 座，玛尼堆 1 座；涉及四级公路 24 千米，汽车便道 8.86 千米，过江大桥 1 座，110 千伏输电线 16.1 千米，10 千伏输电线 26.5 千米，通信线路 25.7 千米，水电站 2 座等。

（2）奔子栏水电站情况

奔子栏水电站属于金沙江上游“一库十三级”的第 13 级水电站，位于四川省得荣县与云南省德钦县的金沙江界河上，装机容量 220 万千瓦。建设征地涉及云南、四川 2 个省、2 个县、7 个乡（镇）、23 个村，淹没影响土地总面积 24.6 平方千米，其中四川省 14.89 平方千米，云南省 9.71 平方千米。

建设征地涉及人口 1 648 人，房屋 121 580 平方米，土地 33 935 亩（不含水域），其中耕地 2 341 亩，林地 1 633 亩，草地 1 285 亩，其他土地 1 188 亩，临时用地 2 496 亩；涉及集镇 1 个，白塔 4 座，玛尼堆 8 座；涉及各级公路、汽车便道、机耕道、人行便道、跨江桥梁、过江溜索、输电线路、小型水电站、部分企事业单位等。

奔子栏水电站涉及迪庆州德钦县奔子栏镇和羊拉乡人口 130 户、964 人，各类房屋面积 63 199 平方米；涉及土地 16 131.4 亩（陆地面积 13 026.5 亩，水域面积 3 104.9 亩），其中耕地 1 107.1 亩，林地 10 682.5 亩，住宅用地 77 亩，交通运输用地 604.4 亩，水域 3 104.9 亩，未利用地 554.8 亩；涉及白塔

2 座，玛尼堆 4 座；涉及公路和村道数 10 千米，人行便道 7 000 米，跨江桥梁 1 座，110 千伏输电线 3.5 千米，10 千伏输电线 37.5 千米，光缆 35.5 千米等。

（3）龙盘水电站情况

龙盘水电站属于金沙江中游“一库八级”的第一级水电站，位于丽江市玉龙县与迪庆州香格里拉市交界处，总装机 420 万千瓦。工程淹没涉及迪庆州 3 个县（市）、9 个乡（镇）和 1 个经济开发区，需搬迁移民 5.1 余万人，其中香格里拉市 39 930 人，德钦县 5 406 人，维西县 6 100 人。

龙盘水电站涉及淹没的地区是迪庆州海拔较低、地势较平坦、物产较丰富、群众生活较富裕的区域，是迪庆州综合条件最好的地方之一。淹没区绝大多数群众对水库建设持反对态度，对地方政府有抵触情绪，甚至引发了较大规模的以反对建坝为由的群体性事件，群众工作难度很大。

龙盘水库河段属于强地震区或强地震影响区，区域构造稳定性较差。当地群众担心的不仅是水库大坝安全，而且是安置区广大干部群众的住所和生命财产安全。龙盘水电站的建设将致使金沙江中游 10 万人移民，造成 20 万亩耕地被淹没，这个静态投资 600 亿元的巨大水电工程，对中央制定的 18 亿亩耕地红线的目标也造成了直接冲击。2017 年，《电力发展“十三五”规划》中列入了金沙江中游龙头水库，龙盘水库建设再次被提出了。但是，修建龙盘水电站干系重大，加之境外敌对势力和非政府组织的煽动、破坏，一旦重新启动建坝工作，有可能再次引发大规模群体性事件，给云南涉藏地区和谐稳定和示范区建设造成重大负面影响，因此，龙盘水电站目前没有完全启动。

（4）两家人水电站情况

两家人水电站属于金沙江中游“一库八级”的第二级水电站，位于丽江市玉龙县与迪庆州香格里拉市交界处，装机容量 300 万千瓦，初拟代表坝址为两家人坝址，代表厂址为右岸上厂址，坝址和厂址区间河段长约 15 千米，坝址控制流域面积 21.84 万平方千米。由于两家人坝址需随龙盘水电站坝址变动而变动，目前尚未选定，淹没影响区域涉及实物指标不明确。

（5）梨园水电站情况

梨园水电站属于金沙江中游“一库八级”的第三级水电站，位于丽江市玉龙县与迪庆州香格里拉市交界处，装机容量 240 万千瓦，工程建设征地总面积 22.387 平方千米，共涉及云南省丽江市玉龙县和迪庆州香格里拉市 2 个市（州）、2 个县、5 个乡（镇）。

梨园水电站涉及搬迁安置人口 312 人，规划水平年（2013 年）建设征地区生产安置人口 791 人，搬迁安置人口 324 人；淹没影响房屋总面积 3.59 万平方米（均为农业房屋），建设征地区影响机耕道 8 860 米，简易码头 3 个，专业单位有采砂场 2 个，水位站 2 个，生态养殖示范园 1 个等。

梨园水电站涉及迪庆州香格里拉市的 5 个村委会、10 个村民小组。征占用土地总面积约 10.396 平方千米，淹没影响农用地 11 758.63 亩，建设用地 77.07 亩，其他土地（草地和其他未利用地）1 090.95 亩，住宅用地 24.12 亩；农用地中耕地 866 亩（水田 197.6 亩，水浇地 274.69 亩，旱地 393.6 亩，菜地 0.11 亩），园地 286.47 亩，林地 10 606.16 亩；涉及搬迁安置人口 38 户、139 人（均为农业人口），规划水平年涉及生产安置人口 481 人；涉及房屋总面积 15 106.33 平方米，零星果木 15 592 株，坟墓 327 冢；建设征地影响人行路 13.1 千米、机耕路 7.68 千米，400 伏线路 4.16 千米，灌溉水渠 9.04 千米，码头 1 个，采砂场 2 个等。

（6）阿海水电站情况

阿海水电站属于金沙江中游“一库八级”的第四级水电站，位于丽江市玉龙县与宁蒗县交界处，装机容量 200 万千瓦。征地涉及丽江市，迪庆州的玉龙县、宁蒗县、香格里拉市，凉山州的木里县，共 2 个省、3 个州（市）、4 个县，淹没和占用耕地面积 8 424 亩，规划搬迁人口 2 538 人。工程建设征地区总面积为 29.13 平方千米，其中陆地面积 22.74 平方千米，涉及云南省丽江市玉龙县、宁蒗县以及迪庆州香格里拉市 2 个市（州）、3 个县、7 个乡（镇）。建设征地区征收、征用耕地 8 308.38 亩，园地 1 949.4 亩，林地 4 263.45 亩；涉及搬迁安置人口 2 408 人，规划水平年建设征地区生产安置人口 2 966 人，搬迁安置人口 2 310 人，待观区农村人口 233 人；淹没影响房屋总面积 180 757.34 平方米（其中农业房屋 177 043.85 平方米），另外影响部分公路、乡道、通信电缆等。

阿海水电站涉及迪庆州的香格里拉市三坝乡、洛吉乡的 2 个村委会、2 个村民小组，征用、占用土地总面积 1 062.83 亩，涉及农业搬迁安置人口 2 户、10 人。规划水平年涉及生产安置人口 16 人，房屋总面积 923.2 平方米及其他附属物，零星果木 76 株等。

（7）硕多岗河小中甸水利枢纽情况

硕多岗河小中甸水利枢纽位于香格里拉市小中甸硕多岗上，工程建设任务是以发电、生态环境保护为主，同时具备防洪、灌溉和城乡供水等综合利用功能。搬迁安置涉及香格里拉市2个村委会、17个村民小组的128户、651人，其中农业人口646人；征收土地16 557.97亩，其中耕地6 036.65亩，草地4 309.56亩，林地1 537.38亩，住宅用地103.54亩，交通运输用地137.35亩，水域及水利设施用地763.94亩，其他土地3 669.55亩；拆迁房屋77 410.02平方米，其中私房77 117.1平方米，公房292.92平方米；淹没影响部分附属建筑物；淹没影响麦菁架、青稞架、木架温棚等7类农副业设施，影响经堂、烧香台、玛尼堆、神山、水神等17类小型宗教设施；淹没影响零星果木58 362棵，其中果木21 310棵，经济树23 557棵，用材树13 495棵；淹没影响机耕道27.59千米，简易公路1 620米，人马驿道15.30千米，农村公路桥1座，机耕桥11座，人行桥38座；淹没110千伏高压线路1 470米，35千伏高压线路1 350米，10千伏高压线路6 850米，低压线路6 880米等。规划水平年搬迁安置人口128户、651人，其中农业人口646人，非农业人口5人；规划水平年生产安置人口2 196人。

金沙江流域大中型水利水电工程影响情况如表3-17所示。

表3-17　金沙江流域大中型水利水电工程影响情况

序号	工程名称	涉及区域	装机容量/兆瓦	陆地征地面积/平方千米	涉及安置人口/人	云南部分人口/人
1	旭龙水电站	迪庆德州钦县、甘孜州得荣县、巴塘县，昌都市芒康县	2 400	26.202	1 160	639
2	奔子栏水电站	甘孜州得荣县、迪庆州德钦县	2 200	22.623	1 648	964
3	龙盘水电站	迪庆州香格里拉市、德钦县、维西县；丽江市玉龙县	4 200	133.333	100 000	51 436
4	两家人水电站	丽江市玉龙县、迪庆州香格里拉市	3 000	待定	待定	待定
5	梨园水电站	丽江市玉龙县、迪庆州香格里拉市	2 400	22.387	—	312
6	阿海水电站	丽江市玉龙县、宁蒗县，迪庆州香格里拉市，凉山州木里县	2 000	22.744	—	2 408
7	硕多岗河小中甸水利枢纽	香格里拉市	—	11.039	—	651

注：梨园电站、阿海电站、硕多岗河小中甸水利枢纽的人口不包括规划水平年的安置人口。

2. 澜沧江上游大中型水电工程及水电移民基本情况

澜沧江严格意义上讲不属于长江流域，但是在四川、云南、西藏交界区域，几大江河并流，流域水网交错，水利工程在几大江河流域都有兴建，面临着共同的水电移民问题。澜沧江流经该区域，区域整体上仍然属于长江上游范围，因此笔者在调研中将其一并纳入。迪庆州澜沧江上游水电开发主要涉及的是古水至下游苗尾河段"一库七级"水电开发。

（1）古水水电站情况

古水水电站属于澜沧江上游"一库七级"第一级水电站，装机容量190万千瓦。工程建设征地涉及迪庆州德钦县佛山乡、西藏自治区昌都市芒康县木许乡和纳西两个乡。水库淹没总面积43.66平方千米，其中陆地面积36.37平方千米，涉及淹没耕地面积1 988亩。基准年（2010年）建设征地区涉及搬迁人口2 613人（其中德钦县1 637人、芒康县976人）。移民安置和建设征地投资约40亿元，德钦县佛山乡政府驻地需整体搬迁。由于施工区滑坡治理和芒康县自然保护区的红线调整难、移民安置难等原因，目前古水水电站建设没有完全展开。

（2）乌弄龙水电站情况

乌弄龙水电站属于澜沧江上游"一库七级"第二级水电站，装机容量99万千瓦。工程建设征地区涉及迪庆州维西、德钦2个县、3个乡（镇）、12个村委会，总面积为9.90平方千米（其中陆地面积7.61平方千米，水域面积2.29平方千米），合计14 848.12亩。建设征地区征收、征用各类土地14 747.92亩，涉及各类房屋面积11.85万平方米，人口1 215人，企事业单位19家，等级公路23.57千米，桥梁5座，输电线路18.72千米。规划基准年生产安置人口1 628人，搬迁安置人口1 207人；规划水平年生产安置人口1 757人，搬迁人口1 303人（其中德钦县1 029人，维西县274人）。目前，乌弄龙水电站已完成下闸蓄水阶段的征地移民安置工作。

（3）里底水电站情况

里底水电站属于澜沧江上游"一库七级"第三级水电站，装机容量42万千瓦。工程建设征地区涉及迪庆州维西县2个乡（镇）、7个村、24个村民小组。征地总面积5.82平方千米，涉及耕地2 301亩，园地228.4亩，林地2 058.88亩；涉及淹没影响人口615人，房屋总面积49 480.09平方米，零星树木共计96 316株；涉及专项企事业单位5家，四级公路德维段10.7千米，机耕道 6 500 米，桥梁 3 座，10 千伏输电线路 11.0 千米，移动光缆 7 000 米，联通光缆 6 700 米，电信光缆 7 200 米，电缆 1 300 米，农话线 1 200 米，文物古迹 6 处；涉及维西县农业生产安置人口 1 499 人（规划水平年），搬迁安置人口 615 人；涉及农村部分企事业单位 2 家，相关专业设施 4 项等。2019 年 12 月 17 日，里底水电工程建设征地移民安置顺利通过专项验收。

（4）托巴水电站情况

托巴水电站属于澜沧江上游“一库七级”第四级水电站，装机容量 140 万千瓦。工程建设淹没影响涉及迪庆州维西县 5 个乡（镇）、28 个村委会，淹没白济汛和康普 2 个乡（镇）政府驻地。工程建设征地区涉及人口 2 221 户、8 421 人（其中农业人口 8 139 人），影响各类房屋 76.35 万平方米；工程建设征地总面积 4.91 万亩；影响四级公路 2 条、77.50 千米，乡村道路 50.14 千米，桥梁 38 座、2 440.9 米，小型水电站 8 座，110 千伏电力线路 5.90 千米，35 千伏电力线路 10.50 千米等；淹没影响涉及白济汛、康普乡政府机关、事业单位 18 家，企业和个体工商户 800 家，影响文物古迹 8 处，水文站 1 座等。工程规划基准年涉及搬迁安置人口 8 421 人，生产安置人口 8 837 人；规划水平年（2021 年）涉及搬迁安置人口 9 297 人，生产安置人口 9 842 人。目前，托巴水电站正开展建设征地移民搬迁安置工作，计划 2025 年下闸蓄水。

（5）黄登水电站情况

黄登水电站属于澜沧江上游“一库七级”第五级水电站，装机容量 190 万千瓦。工程建设征地区涉及怒江州兰坪县营盘镇、石登乡、中排乡，迪庆州维西县维登乡、中路乡，共计 2 个州、2 个县、5 个乡（镇）、33 个村委会。建设征地总面积 37.406 平方千米，其中陆地面积 30.789 平方千米；涉及人口 2 534 人，各类房屋总面积 1 089 922.31 平方米；涉及学校 6 个，县乡四级公路 48.5 千米，桥梁 16 座；涉及输电线路、小型水电站、工矿企业、专业单位等。规划设计水平年（2015 年）农村移民搬迁人口 2 721 人，生产安置人口 6 145 人。工程建设涉及迪庆州维西县建设征地总面积 8.021 平方千米（其中陆地面积 5.556 平方千米），淹没影响各类房屋总面积 11 953 平方米，四级公路 8 100 米，跨江吊桥 5 座、745 米，110 千伏输电线路 1 500 米，10 千伏输电线路 13.3 千米，中国移动 12 芯光缆 24 千米，中国联通 8 芯光缆 19 千米，小型水电站 1 座，工矿企业 5 家，其他专业单位 5 家等。规划水平年农业搬迁安置人口 53 户、209 人，农业生产安置人口 1 304 人。2017 年 9 月，黄登水电工程下闸蓄水阶段建设征地移民安置通过验收。2018 年 11 月，黄登水电站下闸蓄水。

三、自发移民与地灾移民基本情况

由于整体上自发移民和地灾移民的资料相对欠缺、凉山州的自发移民问题相对突出等因素，本部分主要以凉山州为例。

（一）凉山州自发移民搬迁情况

1. 凉山州自发移民基本情况

彝族有不断迁移的习俗，全国各地的彝族聚居区基本上都是历史上彝族同胞不断迁移最终沉淀的产物。凉山州是长江上游天保工程主要实施区自发移民最多的地区，其自发移民的搬迁在全国都具有典型性。在中华人民共和国成立后至改革开放前，由于全国的户籍管理制度十分严格，全国的人口迁移整体受限，彝族的自由迁徙也被严格限制。随着改革开放前后基层管理的相对松弛、农村改革的全面推进以及之后的户籍管理制度的相对放松，凉山地区的人口迁移又开始变得频繁起来，这里再次成为彝族人口自发迁移的策源地。20 世纪 90 年代，凉山彝族地区形成了迁居高潮。2003 年以后，自发搬迁的高潮再次出现。近几年，自发搬迁的热潮仍未减退。

据 1999 年的统计，攀枝花市有 3 万自发迁移的人口，其中 80%左右来自凉山①。据 2015 年初步统计，凉山州农民自发搬迁跨县（市）迁入 35 953 户、162 788 人，其中西昌市迁入 18 848 户、86 623 人。搬迁人员数量多、时间跨度长、构成复杂②。据攀枝花市统计，截至 2017 年 6 月 30 日，该市自发移民中凉山籍占了 80.64%，有 2 293 户、11 049 人③。据攀枝花市扶贫开发局（乡村振兴局）2019 年 6 月提供的数据，该市有凉山自发搬迁群众 11 606

---

① 数据来源：四川省委办公厅、四川省政府办公厅《关于凉山州部分农民自发迁居攀枝花市问题的处理意见》（川委厅〔1999〕1 号）。

② 凉山州自发搬迁农民帮扶管理调研组《关于做好自发搬迁农民帮扶管理工作的调研报告》（中共凉山州委政研室《领导参阅》第 13 期，2017 年 9 月 4 日）。

③ 攀枝花市民族宗教事务委员会《关于帮助我市协调解决自发迁居农民问题的请示》（2017 年 7 月 10 日）。根据川委厅〔1999〕1 号文件，对新迁入的农民，一律劝返原籍，陆续有部分自发移民返迁。统计数据比 1999 年少，估计为统计口径差别所致。

人，其中盐边县 2 433 人、米易县 8 674 人。据凉山州乡村振兴局的初步估计，从 20 世纪 80 年代到 2015 年前后，凉山州各县自发迁移的农村人口累计达到 35 万人，其中搬迁到安宁河谷的总人数大约在 10 万人。安宁河谷零星的自发移民遍及各乡（镇），集体式、家族式的自发移民在部分乡（镇）较为突出。根据笔者 2018 年年底的调研，县内自发搬迁人口数量也十分庞大，例如，甘洛县达到 3 239 户、15 040 人，普格县达到 7 000 户、29 920 人，盐源县达到 8 284 户、34 556 人，是迁往县外户数的 7~10 倍，如果以此比例类推，县内自发搬迁的人数估计在 25 万人左右。

2. 西昌市、喜德县洛哈镇自发移民基本情况①

2018 年年底的调研资料显示，西昌市 17 个乡（镇）自发移民人口多达 7 886 户，共计 28 680 人。移民人口来源广泛，除西昌市外的凉山州 16 县（市）均有自发移民流入西昌市，此外还有来自凉山州外的自发移民 48 户、186 人。流入最多的地方是昭觉县，共 472 户、2 453 人。移民有逐年增加的趋势。从西昌市流入的统计年限看，20 年以上 119 户、562 人，10~15 年 220 户、1 011 人，5~10 年 376 户、1 862 人，5 年以下 1 259 户、5 977 人。最近几年自发移民人口有逐年增加的发展趋势。调研资料显示，30%的自发移民在移入地买房购地，生活较为稳定；70%的自发移民靠开垦荒山、荒坡以及打零工生存。

洛哈镇现有自发搬迁群众 728 户，占常住户的 48.6%；搬迁人数 2 717 人，占常住人口的 43.1%；无回流、搬入群众。其中，洛哈村搬迁 60 户、202 人，洛尔村搬迁 95 户、365 人，都来村搬迁 64 户、210 人，马觉村搬迁 122 户、386 人，宜莫村搬迁 36 户、231 人，正洛村搬迁 117 户、449 人，坪吉甘村搬迁 76 户、244 人，阿洛村搬迁 158 户、630 人。据调查，喜德县高寒山区 170 个村中，9 个行政村已成空心村，19 个行政村剩余 10%的村民，12 个行政村剩余 20%的村民，12 个行政村剩余 30%的村民，17 个行政村剩余 40%的村民，34 个行政村剩余 50%的村民。

3. 影响自发移民迁移的因素

一是迁出地自然地理条件相对恶劣，不适宜农业耕种。大多数迁出地以

① 根据 2018 年年底笔者在调研过程中从当地移民管理部门工作人员提供的资料整理而得，数据反映的是提供时的数据。

海拔 2 500 米左右的高山、半高山以及二半山区为主，地形崎岖、地表起伏大，迁出地的气候大都寒冷干燥、日照稀少、高寒阴冷、年积温严重不足，不适合人类长期生存及农业耕作。

二是迁出地土地贫瘠且多地灾，土地生产经济产出率低。大多数迁出地多以二半山区和高寒地区的旱地耕作为主，土地轮歇时间长、利用率低、广种薄收，不宜耕种高经济收益的农作物。受地形地貌特征影响，自然灾害较为频繁，灾害类型多为冰雹、泥石流、寒潮霜冻，加上迁出地原始粗放的生产方式导致其生态环境脆弱、水土流失严重、土地产出低，形成恶性循环，严重影响农民的生存和发展。

三是迁出地公共服务设施相对落后，影响发展。迁出地大多山高路远，基本公共服务条件差。在调研中，很多搬迁家庭反映，上学和求医因素是搬迁的主要原因，迁入地“小孩读书方便”是其迁入的最看重的因素。另外，有部分搬迁户反映，已经搬迁的亲戚朋友带来的信息是外面“风景那边独好”，让他们也想换个环境生活。可以说，在市场经济的春风吹拂下，贫困地区人民的心理发生了较大的变化，自发移民趋利避害、求生存求发展的愿望更加强烈。

四是区域经济发展不平衡导致的“推拉效应”。对于自发移民来说，迁出地相对恶劣的自然地理条件和落后的经济社会发展构成了将居民向外推的力量，迁入地相对优越的自然地理和经济社会条件以及更多的发展机会构成了吸引其他地区居民的拉力。凉山州各县（市）经济社会发展极不平衡，安宁河谷地区和“老凉山地区”[①] 之间的差距十分明显，经济和社会发展程度的差异导致“老凉山地区”对人口产生推出效应、安宁河谷地区对人口产生吸引形成拉力效应，使得大量“老凉山地区”贫困农村人口自发向安宁河谷地区迁移，占据了自发移民人口的 80%以上。

（二）凉山州地质灾害避险搬迁安置情况

长江上游天保工程主要实施区地灾移民较多，由于整体数据资料相对欠缺，本部分以凉山州为例进行介绍。

地灾移民是凉山州生态移民的重要组成部分。地质灾害点具有相对确定性，

---

① 1952—1978 年的凉山州所在的地区，包括昭觉、布拖、雷波等县，有着深厚的彝族风情。1978 年后西昌地区和凉山州合并成立新凉山州。

但是又不能完全确定。山洪、泥石流、滑坡、地震等地质灾害随着自然地理和天气条件的变化具有一定的不确定性，每年都会新增部分地灾隐患点，每年的任务一般根据地灾隐患点的分布和危险程度进行确定。下面将2006—2016年凉山州地质灾害避险搬迁安置任务和完成情况展现出来，以期反映凉山州地质灾害移民的基本情况①。

2006—2016年，凉山州各县（市）地质灾害避险搬迁安置任务完成情况如下：2006年3个县335户任务全部完成；2007年10个县580户任务，宁南县6户遗留问题待解决；2008年11个县350户任务，宁南县累计10户遗留问题待解决；2009年15个县（市）1 000户任务，宁南县累计16户、雷波县2户遗留问题待解决；2010年16个县872户任务，宁南县累计32户、雷波县2户、美姑县26户、木里县2户遗留问题待解决；2011年16个县1 987户任务，宁南县累计42户、雷波县累计6户、美姑县累计31户、木里县2户、金阳县35户遗留问题待解决；2012年13个县2 398户任务，宁南县累计58户、雷波县累计20户、美姑县累计31户、木里县2户、布拖县47户、金阳县累计82户遗留问题待解决；2013年10个县1 000户任务，宁南县累计58户、雷波县累计20户、美姑县累计31户、木里县累计17户、布拖县累计85户、金阳县累计82户遗留问题待解决；2014年15个县（市）2 000户任务，宁南县累计58户、雷波县累计142户、美姑县累计35户、木里县累计17户、布拖县累计85户、金阳县累计82户、德昌县41户遗留问题待解决；2015年17个县（市）3 625户任务，完成3 365户，完成率为92.8%，木里、甘洛、雷波、德昌等县进度相对滞后；2016年16个县（市）2 193户任务，完成1 823户，完成率为83.1%，雷波、西昌、金阳、德昌、会理等县（市）进度严重滞后。

凉山州地质灾害避险搬迁安置任务完成情况见表3-18和表3-19。

① 由于调研时间为2018年，当时地方提供的统计数据只统计到了2016年12月16日，因此2016年之后的数据无法呈现，但是不影响对凉山州地质灾害移民的整体情况的判断。

表 3-18　凉山州地质灾害避险搬迁安置任务完成情况（1）

单位：户

县(市)	2006 年		2007 年		2008 年		2009 年		2010 年		2011 年	
	任务数	完成数	任务数	完成数	任务数	完成数	任务数	完成数	任务数	完成数	任务数	完成数
西昌							138	138	60	60		
木里					18	18	50	50	40	38	60	60
盐源	200	200	80	80	26	26	40	40	40	40	110	110
德昌	113	113	100	100	26	26	50	50	40	40	140	140
会理	42	42	80	80	26	26	117	117	30	30	30	30
会东			80	80	25	25	15	15	58	58	60	60
宁南			40	34	20	16	163	157	80	64	60	50
普格			40	40	41	41	47	47	55	55	46	46
布拖			40	40	65	65	69	69	126	126	158	158
金阳							50	50	31	31	177	142
昭觉			40	40	54	54	50	50	43	43	147	147
喜德					9	9	44	44	47	47	62	62
冕宁							67	67	50	50	260	294
越西			40	40							110	110
甘洛									51	51	267	267
美姑							50	50	51	25	150	145
雷波			40	40	40	40	50	48	70	70	150	146
合计	355	355	580	574	350	346	1 000	992	872	828	1 987	1 967

表 3-19　凉山州地质灾害避险搬迁安置任务完成情况（2）

单位：户

县(市)	2012 年		2013 年		2014 年		2015 年		2016 年		2006—2016 年总任务	
	任务数	完成数	任务数	完成数	任务数	完成数	任务数	完成数	任务数	完成数	任务数	完成数
西昌					73	73	119	119	100	65	490	455
木里	40	40	160	145	85	85	198	148			651	584

表3-19(续)

县(市)	2012 年		2013 年		2014 年		2015 年		2016 年		2006—2016 年总任务	
	任务数	完成数	任务数	完成数	任务数	完成数	任务数	完成数	任务数	完成数	任务数	完成数
盐源	470	470			180	180	229	229	149	149	1 524	1 524
德昌	200	200			265	265	584	552	136	84	1 654	1 570
会理	30	30			40	40	81	63	100	65	576	523
会东	45	45			61	61	68	68	109	96	521	508
宁南	70	54			16	16	65	64	30	30	544	485
普格	138	138	38	38	60	60	90	78	60	57	615	600
布拖	44	17	227	189			92	81	27	26	848	771
金阳	103	56			104	104	137	137	459	405	1 061	925
昭觉			216	216	150	188	223	223	153	135	1 076	1 096
喜德	888	888	44	44	310	310	425	425	275	255	2 104	2 084
冕宁	40	40	40	40	80	80	70	70	90	80	697	721
越西			86	86	80	80	308	308	36	35	660	659
甘洛			96	96			439	402	84	72	937	888
美姑	130	130	70	70	115	111	169	141	57	40	792	712
雷波	200	186	23	23	381	259	328	257	328	229	1 610	1 298
合计	2 398	2 294	1 000	947	2 000	1 912	3 625	3 365	2 193	1 823	16 360	15 403

可以看出，地质灾害避险搬迁每年都在发生变化，表明地质灾害发生的相对不确定性。从数据上看，11 年里凉山州平均每年受地灾影响需要搬迁的家庭户数接近 1 500 户，部分年份高达 3 600 多户。在长江上游天保工程主要实施区，凉山州的自然地理条件相对优越。可以推论，整个长江上游天保工程主要实施区的地灾移民数量占有较高的比例。地质灾害搬迁与易地扶贫搬迁和水电移民搬迁不同，前两者在基本任务完成后，相关搬迁工作基本就告一段落，而地质灾害移民搬迁与地质灾害发生有关，尽管随着隐患点的清除，数量在逐渐减少，但是与地灾常态化一致，地质灾害移民搬迁在相当长的时期里也具有常态化的特征。根据四川省人民政府应急管理办公室的数据，“十三五”期间，四川省对 1 577 处重大地质灾害隐患点实施了工程治理，实施了

57 271 户农户地质灾害防灾避险搬迁安置。可见，地质灾害避险搬迁是区域生态移民的重要组成部分。

四、本章小结与评论

（一）本章小结

易地扶贫搬迁是标准的政策性搬迁，是国家主导的大规模人口迁移。为了指导易地扶贫搬迁，国家根据易地扶贫搬迁不同阶段的不同情况，先后出台了一系列的政策文件。为了完成易地扶贫搬迁的宏伟任务，根据国家政策文件的精神，各省（自治区、直辖市）先后对国家相关政策文件进行了细化落实，各市（州）、县（区）在省级政策文件的基础上又进行了再次层层细化，并根据各自情况出台了相关的补充规定。这些围绕国家政策文件展开的一系列落实性的政策文件系列，构成了各地易地扶贫搬迁的政策体系，也成为各地实施易地扶贫搬迁的行动指南。由于区域自然、人口、发展水平等的差异，各地制定的易地扶贫搬迁政策文件的内容有细微差异，主要体现在搬迁条件、安置补助政策和具体扶持政策上的地方特色。从整体上看，本区域安置补助水平高于全国平均水平，具体扶持政策也力度更大、范围更广。

对于长江上游天然林保护工程主要实施区来说，由于整体上相对落后，生态环境相对脆弱，符合条件的易地扶贫搬迁人口数量庞大，占比远远高于全国平均水平。根据第七次全国人口普查数据，四川、云南、西藏三省（自治区）人口数量占全国人口的 9.53%，但是“十三五”期间，三省（自治区）实际完成的建档立卡易地扶贫搬迁人口超过 262 万人，占全国建档立卡易地扶贫搬迁人口计划的 26.6%，后者是前者的 2.79 倍。本书中的长江上游天保工程主要实施区人口占全国人口的 0.673%，建档立卡易地扶贫搬迁人口约占全国建档立卡易地扶贫搬迁人口的 6.31%，后者是前者的 9.38 倍。凉山州人口占全国人口的 0.344%，但是建档立卡易地扶贫搬迁人口约占全国建档立卡易地扶贫搬迁人口的 3.58%，后者是前者的 10.41 倍。昌都市人口占比全国人口的 0.054%，建档立卡易地扶贫搬迁人口约占全国建档立卡易地扶贫搬迁人口的1.048%，后者是前者的19.41倍[①]。可以看出，四川、云南、西藏三省（自治区）建档立卡易地扶贫搬迁人口占比远远高于全国平均水平，长江上游天保工程主要实施区建档立卡易地扶贫搬迁人口占比又远远高于四川、云南、西藏三省（自治区）平均水平。

在安置补助方面，由于建档立卡贫困人口安置成本主要由财政补助，财政对建档立卡贫困人口的安置投入高于对同步搬迁人口的安置投入。在人均住房面积方面，同步搬迁人口的住房面积高于建档立卡贫困人口的住房面积，人均高出约8平方米。相应地，同步搬迁人口的建房自筹费用也远高于建档立卡贫困人口的建房自筹费用，前者人均2 200元，后者人均超过1万元。具体到长江上游天保工程主要实施区，云南和西藏对贫困户户均建房补助标准不低于6万元，非贫困户户均建房补助标准不低于1.5万元，四川按不低于平均建房成本的80%给予支持，同步搬迁户的支持补助标准为不低于平均建房成本的50%，自己承担的部分还可以享受无息贷款。

从具体搬迁安置来看，搬迁方式分同步和分散两种，安置方式分集中和分散两种。集中和分散又可以细分为多种，特别是分散安置方式，灵活多样，其中“插花安置”[②]居多，占了绝大部分。从数据来看，分散搬迁占比远远高于同步搬迁占比，集中安置占比远远高于分散安置占比。在集中安置中，行政村内就近安置、小城镇或工业园区安置、建设移民新村安置约占90%。可以看出，城镇安置占了较高比例。具体到长江上游天保工程主要实施区，由于自然地理条件的差异，区域内各地的安置情况有所不同。西藏和云南的集中安置占比与全国平均水平差不多，占比约为3/4，四川的集中安置占比只有约53%。从具体年份的安置情况来看，各地越到后期越倾向于采取集中安置模式。

从具体的易地扶贫搬迁人数来看，全国的实际执行数量与“十三五”时期的规划数量差距不大，仅做了略微调整。但是，四川、云南、西藏三省（自治区）实际的易地扶贫搬迁人口比其“十三五”时期的规划数量多，如云南增加了53.1%。本书研究的长江上游天保工程主要实施区的实际执行数

---

① 根据各地人口数据和建档立卡易地扶贫搬迁人口数据计算而得。

② 将自然条件恶劣、缺乏基本生存条件、居住分散、扶贫成本过高的山区和地质灾害频发区的贫困户在原有居民村落或邻近村庄进行分散安置。

量总体上也比最初规划的数量多，特别是凉山州，从 23 万余人增加到了 35 万余人，增幅超过 50%。但是，区域内也存在差异，阿坝州的实际执行数量少于规划数量。从具体年份的执行数量来看，后期年份的实际执行数量和预先计划的数量之间的差异较大。

水电建设淹没了库区原有居民生产生活资料，带来了库区生态环境的变化，使得原居住地不再适合居住，导致水电移民产生。本章根据长江上游天保工程主要实施区水电开发的现实情况，对甘孜州、阿坝州、凉山州、迪庆州（与丽江市、昌都市交叉）境内的大中型水电工程涉及的水电移民情况进行了比较系统的梳理，包括各地主要水电工程的基本情况、涉及的水电移民数量和移民安置情况以及水库蓄水对淹没区产生的影响等。同时，本章对区域内部分大中型水电工程的移民搬迁情况进行了个案介绍与分析。通过梳理和介绍，本章不仅呈现出了区域水电移民的基本现状，而且呈现出了水电移民问题的复杂性。

长江上游天保工程主要实施区范围内水电开发力度大，主要河流上都在建或规划了系列梯级电站，且装机容量大，产生的水电移民数量多。区域内绝大部分县（市）都承担了水电移民任务，水电移民工作任务重。从数据来看，大部分县（市）的搬迁安置和生产安置人口整体上差不多。从安置地来看，搬迁安置多在县（市）内，集中安置占比较高，生产安置相对安置地更广、安置方式更多，其中逐年货币补偿安置和逐年货币补偿加少量有土安置占了绝大部分。由于规划水平年和项目实际开始施工之间的时间差较长，项目施工期间难免出现各种新情况新问题，导致各水电工程和涉及移民安置的各县（市）的具体执行进度不一，最终的水电移民执行数量和计划的数量有一定出入，水电移民的变动因素也比易地扶贫搬迁移民的变动因素多，增加了移民工作的不确定性。

同时，水电开发不但直接影响到了在库区居住的人口，而且水库蓄水会淹没或影响到耕地、林地、草地、园地等主要生产资料，还会影响到交通基础设施、通信基础设施、公共服务设施、宗教文化设施、输电线路、小型电站、文物古迹以及相关的厂矿、企事业单位、个体工商户等。不但水库淹没区内的所有人口和能够搬迁的相应生产生活资料必须搬迁或异地重建，而且因为水库建设带来的地质改变，受其影响范围内的大部分人口和财产都需要搬迁。这也反映了水电移民涉及的问题比易地扶贫搬迁涉及的问题范围更广、情况更复杂、解决难度更大，这也是水电移民的特殊性。

从具体的生存环境来看，易地扶贫搬迁移民原先的居住环境较差，属于“一方水土养不起一方人”的情况，而水电移民原先的生存环境正相反，大多位于河谷地带，条件相对比较优越，只不过因为水库淹没才被迫搬迁，是一种有规划的非自愿搬迁。这也是个别水电移民不愿意搬迁或对搬迁怀有抵触情绪的原因。当迁入地提供的资源不能够弥补淹没区资源的时候，移民难免会有不满。这既增加了水电移民搬迁的难度，其中的问题又容易成为国内外各种敌对势力煽动引起混乱的借口。

由于区域内各地对自发移民和地灾移民的统计不如对易地扶贫搬迁移民和水电移民的统计那样规范与全面，且区域内自发移民和地灾移民以凉山州居多（甘孜州、昌都市等的地灾移民占比也较高，但是数量上凉山州居多），因此本书的研究选择了以凉山州为基础。凉山州的自发移民历史悠久。与易地扶贫搬迁这种政策性移民主要由政府主导不同，自发移民奉行完全自愿原则。与政府主导下的政策性移民政策相对统一和规范不同，自发移民的相关政策并不具有全国、全省甚至全州的统一性，各地往往根据自身情况制定具体措施。与政策性移民相对能够预期不同，自发移民的具体数量和搬迁难以预期。从凉山州的自发移民的流向来看，除了州内外，临近的攀枝花市等地也是自发移民的主要去向。与政策性移民有明确的财政支持不同，自发移民大部分依靠自己。整体上，自发移民与易地扶贫搬迁移民之间具有较大的差异。

地灾移民具有不同于易地扶贫搬迁移民、自发移民的特征。在引起搬迁的原因上，地灾移民强调“地质灾害”因素，主要是安全因素。由于地质灾害隐患点的形成具有一定的不确定因素，而地灾移民的确定又和地质灾害隐患点的确定有关，因此很难做到像易地扶贫搬迁移民一样可以预期或规划。在具体的政策扶持上，尽管地灾移民可以享受相关的政策支持，从这一点上优于自发移民，但是这种政策和“地质灾害”造成的影响有关，而且相关资金主要由地方政府承担，其政策支持力度整体上小于易地扶贫搬迁的政策支持力度。

尽管自发移民和地灾移民有地域差异，但是移民背后反映出来的问题基本相似，我们可以从凉山州的情况中窥探长江上游天保工程主要实施区相关移民的基本情况。

（二）本章评论

长江上游天保工程主要实施区是易地扶贫搬迁的重要区域，区域内易地扶贫搬迁人口占总人口的比例远远高于全国易地扶贫搬迁人口占全国人口的比例。搬迁人口数量多，加之地广人稀，搬迁人口居住分散，且区域地理地貌特征导致的区域内安置点相对难以寻找等因素，使得区域内易地扶贫搬迁人口涉及范围广，工作难度较大。

从本章的梳理来看，易地扶贫搬迁是精准扶贫的重要组成部分，政策相对统一，全国大致相同，各地有细微区别。由于是国家战略和计划的一部分，易地扶贫搬迁的程序和人口规模基本上都按专项计划进行。但是，从本章反映的情况来看，各地在执行计划的时候，都有适当的改变，具体人数有一定的出入，部分地区甚至有较大出入，尤其是“十三五”时期的后半段，实际执行数量和预先计划数量之间的差异较大。为什么会出现这种情况？因为易地扶贫搬迁尊重群众意愿，而搬迁区域内整体上相对封闭，民众相对传统，部分民众一开始不愿意搬迁。尤其是在政策实践过程中，易地扶贫搬迁后续就业减贫面临整体搬迁规划与就业安置不同步的困境，降低了部分贫困群体的搬迁意愿①。但是，随着搬迁计划的进行和政策的宣传，民众对易地扶贫搬迁的认识也发生了变化，很多人从前期的不愿意搬迁变为了后期的积极申请搬迁。这种变化自然带来了搬迁人口数量的变化，带来了各地执行计划的变化，一定程度上反映了部分民众从观望和动摇到接受和参与的心路历程，也使得后期的易地扶贫搬迁工作相对更加复杂，同时也一定程度上也反映了国家的易地扶贫搬迁政策整体上顺应民心。

由于搬迁的人口属于建档立卡贫困人口或农村低保户、特困户等，易地扶贫搬迁带来的扶贫效应毋庸置疑，以空间换发展的思路本身也是空间贫困理论的核心观点。从搬迁工程的进度和具体年份的安置情况来看，越到规划后期越倾向于采取集中安置模式，这或许和规划后期任务紧迫性有关。在政策执行过程中，上级政府对下级政府逐级施压、层层加码的压力型动员体制给基层政策执行带来了巨大的压力，但是囿于资源匮乏，资源匮乏型地区面临

---

① 张涛，张琦. 易地扶贫搬迁后续就业减贫机制构建与路径优化［J］. 西北师大学报（社会科学版），2020（4）：129-136.

着更为复杂的政策下行压力和绩效考核压力①。部分地方后期突击完成指标就比较明显地体现了这种任务压力。从易地扶贫搬迁安置地、自发移民流向和地灾移民安置点的分布来看，既有乡（镇）内、县内、市（州）内的，也有跨乡（镇）、跨县、跨市（州）的；既有农村安置的，也有城镇安置的，而且大中型安置点绝大多数集中在城镇，安置的人口占了较高的比例。这种特殊的人口迁移不但带来了区域人口空间分布的重构，使得区域人口地域结构发生了较大变化，而且快速提高了区域内城镇化的水平，城乡人口结构也随之发生了较大的变化。这种城镇集中安置虽然可以借助国家力量在短期内迅速实现移民居住条件的改善，但是短期内无法实现移民“能力城镇化”和“素质城镇化”，移民的“半城镇化”状态仍然面临较高的社会稳定风险②。

长江上游天保工程主要实施区的水电工程绝大部分由大型国有水电集团开发，这种背景使得地方政府在对待水电开发时存在着矛盾的心态。一方面，地方政府很难干预这种带有国家意志的水电开发。地方各级官员通常基于一种完成任务的逻辑来“理性”施政，这样一种“理性”治理逻辑，常常导致产生移民们认为的违背诺言的行为③。另一方面，地方政府面临发展的压力，面临城市化水平提升的压力，水电开发带来了机会。但是，对这个“机会”，开发方主要考虑的是如何开发并取得开发价值，地方政府不仅需要考虑水电开发对当地经济社会发展带来的影响，还需要考虑环境保护、民众利益平衡等多重因素，开发方相对单一的开发诉求和地方政府的多重考虑因素有一定的差异，也蕴含着可能的矛盾。

在对“机会”的利用上，地方政府和民众之间也存在不同的逻辑。国家始终秉持“特事特办”的原则，围绕水电移民相关事项构建起了一套专门化的政策体系。但是，长期以来，水库移民社区治理问题一直处于政策体系的边缘④。在政绩的驱使下，地方政府往往会借工程建设之机尽力提升本地的城

① 黄六招，罗羽妍，尚虎平．上下互动与资源下沉：资源匮乏型地区何以实现创新激活？基于一个国家级易地扶贫搬迁安置示范区的讨论［J］．公共管理评论，2021（3）：113-140.

② 刘升．城镇集中安置型易地扶贫搬迁社区的社会稳定风险分析［J］．华中农业大学学报（社会科学版），2020（6）：94-100.

③ 唐伟．“共同的发展”与分殊的利益：L县水电开发与移民搬迁的个案分析［J］．西北农林科技大学学报（社会科学版），2018（4）：87-94.

④ 吴上．水库移民社区治理的政策表达及其解构［J］．湖南科技大学学报（社会科学版），2019（3）：159-167.

镇化率，但是这种“人为”转变的做法，不仅没有使农民享受到城镇生活的便利，反而使他们从经济和生活上都感到了极大不适应①。这和地方政府希望尽快推进工程建设，希望移民尽快搬迁安置，习惯于将重点放在安置点的硬件建设上的做法不无关系。然而，从水电移民的角度来看，水电工程项目时间较长，移民对未来生活并不确定，且故土情怀难以骤然割舍，更担心政府会当“甩手掌柜”，从而难以应对生活方式变化的风险②，无疑增加了搬迁的难度。事实上，移民的后续发展问题远远比搬迁安置本身重要。水电开发区域的地貌以高山峡谷为主，峡谷河坝地带往往生产生活条件相对较好，居住人口较多，而水库淹没区大部分为这些地区。这些地区被淹没后，很难找到替代区域，安置区很难置换出像淹没区一样肥沃的土地。加之淹没或搬迁涉及的领域太多，利益诉求复杂，水电移民的安置补偿争议不断，处理不好，极易引发矛盾，这也是水电移民不同于易地扶贫搬迁的重要地方。从对本区域水电移民情况的梳理来看，上述问题或多或少存在。由于生产资料难以得到有效置换，如果对水电移民的后续发展重视不够，或者水电移民搬迁后发展能力跟不上，都可能导致新一轮贫困问题的产生。

易地扶贫搬迁移民大部分为贫困人口，建档立卡的全部为贫困人口，但是水电移民并非如此。易地扶贫搬迁移民迁出地自然条件很差，但是水电移民迁出地并非如此。从“推拉”力量来说，易地扶贫搬迁移民和水电移民比，其迁出地的推力和迁入地的拉力都更大。因此，相关部门需要针对水电移民的特殊性制定有针对性的政策。但是，并非所有的政策执行人员都能对水电移民问题有正确的认识，政策层面的影响、思想认识的局限、工作推进不得力等因素，使得水电移民工作中呈现出新老问题交织、利益诉求加剧、风险矛盾集聚的复杂态势。

基于今后相当长一段时期区域内仍将有大量水电移民的现实，为了更好地完成水电移民的搬迁安置任务，减少矛盾，助力区域内生态保护、民族和谐和人口发展，无论是区域内的地方政府，还是水电开发方，甚至国家相关部门，都应该进行经验和教训总结，以便更好地推进水电工程建设和水电移

---

① 唐伟.“共同的发展”与分殊的利益：L县水电开发与移民搬迁的个案分析［J］.西北农林科技大学学报（社会科学版），2018（4）：87-94.

② 罗永仕.从祛群体化到内卷化：分散后靠水库移民贫困的社会逻辑［J］.安徽师范大学学报（人文社会科学版），2021（3）：94-102.

民搬迁。

从本章对自发移民调研的情况来看，凉山州的自发移民大多数是从“老凉山地区”迁移到安宁河谷地带或攀枝花的米易县等条件较好的地方，其流向的选择可以说是对空间贫困理论和人口迁移理论最好的验证。推拉理论很好地诠释了自发移民迁移的动因。但是，由于自发移民相对“无序”，大规模的自发移民迁移现象必然会带来一系列的社会问题，也使得自发移民问题远远多于政策性移民搬迁中出现的问题。各地应该总结凉山州自发移民的经验教训，进一步规范对自发移民的引导和管理。另外，地灾移民的政策并不固定，地灾隐患点的出现也不固定，对其财政支持力度也小于对易地扶贫搬迁移民的支持力度，一定程度上增加了搬迁的难度。

第四章
主要做法与经验

了解各地的主要做法与经验是本书的研究内容之一。各地的具体情况不同，对各地主要做法和经验的梳理，可以为我们呈现各地生态移民工作开展，尤其是管理的情况。同时，对各地主要做法与经验的比较、借鉴，可以使我们进一步优化相关工作。

本书第四章的梳理主要依据各地提供的材料，包括实地调研时候收集到的相关资料、调研过后与各地联系由各地补充的资料。由于资料提供的时间持续了三年多，本书在梳理主要做法与经验的时候对资料本身也进行了梳理，尽量采用最新的资料。最新资料提供的时间为 2020 年 11 月。同时，各地提供的资料完整性有区别，部分地方出于涉密等原因，提供的资料不完整。凉山州提供的资料相对更全面。易地扶贫搬迁和自发移民主要以凉山州为代表，水电移民则涵盖了四川省“三州”地区和云南省迪庆州。

一、易地扶贫搬迁安置的主要做法与经验

（一）凉山州的主要做法与经验

本部分根据笔者对西昌市、会理市、会东县、宁南县、美姑县、布拖县、金阳县、雷波县、普格县、冕宁县、昭觉县、越西县 12 个县（市）调研收集的一手资料和当地提供的相关材料归纳整理而成，相关数据由各县（市）扶贫开发局（乡村振兴局）提供。

1. 强抓党建引领与治理组织体系建设

（1）明确领导主体责任

凉山州成立专门的易地扶贫搬迁领导小组或构建相关的领导机制，明确各级领导的主体责任。西昌市建立了“五级责任制”[①]，并优化党组织设置，吸纳安置点党员群众代表进入村“两委”班子或担任村民小组组长。会理市成立了县、乡、村三级领导小组，全力抓好易地扶贫搬迁工作落实；建立了搬迁所在村党组织班子成员联系 1～2 户搬迁群众的制度。宁南县建立了安置点党委班子成员专人定点联系和党建指导员制度，推进安置点治理体系建设；推行了 10 户以上安置点“点长”负责制和 10 户以下安置点“干部联户”制，

① 市委书记、市级联乡领导、乡（镇）党委书记、贫困村第一书记、村党组织书记五级。

采取了“1+N”“N+1”的结对帮扶模式。美姑县两个3 000人以上的安置点由县领导负责，其他大型安置点由联乡县领导协调指导。布拖县成立了由县委书记任组长的对口指导协调工作组，分工2名常委具体负责指导安置点的基层治理和后续发展。金阳县成立了县级重要领导负责的工作协调小组，构建了“乡（镇）党委联管、社区支部主管、各党小组协管”的“一核多元”治理格局。雷波县建立了县级对口指导协调工作机制，16名县级领导分别联系指导60个20户以上的安置点。冕宁县采取“1+1+3”模式[①]配强安置点治理基层力量，构建了“1+N”工作机制[②]，建立了易地扶贫搬迁集中安置点县委领导定点联系制度；迁出地与迁入地乡（镇）党委分别明确1名班子成员履行“联络员”职责。昭觉县成立了县城集中安置点治理工作临时党工委，明确1名县级领导联系沐恩邸社区，联系县领导任点长，相关单位负责同志任副点长。越西县在4个乡（镇）试点建立“联合组团”片区治理党工委，由4名县委常委领导。

（2）健全治理组织体系

各地针对安置点治理中的主要问题，进行了各具特色的治理模式探索。西昌市通过选任党员任红色片长，承担“五员”[③] 角色，激发群众主动参与基层治理的内生动力；同时健全培训机制，围绕易地移民搬迁安置工作对相关人员展开专项培训，提高其综合素质。会理市修订易地扶贫搬迁户迁入村的村规民约，建立“红黑榜”，指导所在村建立“五会”[④]。宁南县建立“红黑榜”奖惩机制，引导农户支持安置点各项工作；实行“红管家”民事代办制度，帮助年老体弱等特殊人群代办相关事项。美姑县实行了“123+N”[⑤] 治理模式，推动部门共治，在7个大型安置点设立了党支部和社区居委会，800人以下小型安置点建立新增村民小组；整村搬迁的安置点，原“五个一”帮

① 科学配置选配1名军转干第一书记、1名村党支部副书记、3名小组长主抓安置点治理与后续发展工作，确保群众“诉有渠道、困有人帮、心有所依”。

② “县城乡基层治理委员会领导小组统一领导+成员单位协助+乡（镇）执行+村级落实”的工作机制。

③ 政策法规“宣传员”、党群之间“联络员”、矛盾纠纷“调解员”、弱势群众“服务员”、集体经济发展“引导员”。

④ 村民议事会、红白理事会、禁毒禁赌会、环境卫生监督委员会、人民调解委员会。

⑤ 一个核心、双线联动、三方治理、多元共治。

扶力量及帮扶责任人整体进驻迁入地持续开展帮扶工作；部分搬迁、多村融合的安置点，迁出地“五个一”帮扶力量结合实际派驻人员配合迁入地继续实施帮扶。布拖县建立了“五级社区”治理机制①；在依撒社区设立了点长，成立了党委，在其他社区成立了28个党支部；开发了楼长公益性岗位，选拔了114名楼长兼治安协管员。金阳县邀请凉山州易地扶贫搬迁大型集中安置点基层治理交流指导工作组到县指导，针对大型集中安置点工作实际操作实务集中培训。雷波县实现了119个安置点党组织全覆盖，新建和援用各类群体组织245个，配备网格员83名、村（居）民小组或楼栋负责人139人，在集中安置点成立红白理事、矛盾纠纷调解、特殊困难人群关爱等社会组织252个，推动安置点多元共治。普格县唱响“萨啦”② 之歌，在迁入地各集中安置点创新建立功能型“萨啦”党支部16个、“萨啦”党小组18个、“萨啦”党建工作服务站4个；执行农村无职党员“扶贫岗”制度，将2 700余名无职党员分配到15个具体岗位。冕宁县推行“人地分离”便民服务托管代办，避免搬迁群众两头跑，惠及群众286户、1 297人；建立“党建+民情回单”服务机制，在安置点建立党群连心微信群，帮扶责任人“结对认亲”共同参与治理工作，搭建治理“连心桥”；做实党建服务、公共服务和便民服务三项服务，引导36名党员发挥先锋模范作用；结合安置点人口数量、来源结构等特点，进行村级建制调整改革，在米谷安置点设立3个村民小组，并建立健全自治组织。昭觉县构建了“双联四包”的工作机制③，所有党员干部全面下沉至社区。越西县成立安置点党建联盟，形成“安置点党组织主管、乡（镇）党委联管、村党支部协管”的治理格局。

2. 注重就业帮扶与移民发展能力提升

（1）抓实移民就业帮扶

移民就业帮扶是“稳得住”的关键，各地在抓实移民就业帮扶方面的主要做法是产业扶持和提供就业岗位。西昌市联动抓好产业发展，各项目乡（镇）

---

① 县委对口指导协调工作组、特木里镇党委、依撒社区党委、社区党支部、社区楼长。

② “萨啦”为彝语，意为“越来越好、越来越幸福”。

③ 县级领导联系社区，帮乡单位、乡（镇）、社区联动；8个总支包社区、81个支部包楼栋、党小组包单元、2 453名党员干部包住户。

在产业扶持上向贫困人口倾斜，因地制宜发展“1+X”[①] 经济作物，提高贫困群众生产经营性收入；常态化举办扶贫专场招聘会，大力开发公益性岗位，促进贫困群众就地就近或转移输出就业。会理市结合各安置地实际，依托当地资源优势，指导搬迁户因地制宜发展特色产业；大力发展村级集体经济，新安乡、树堡乡多村整合资金、土地，成立种植专业合作社，鼓励移民以资金、土地入股合作社，搬迁群众通过入股分红、合作社务工等方式取得收益，生产生活面貌得到明显改善。会东县将确保短期稳定收益和探索长效产业扶贫相结合，规划移民户养殖牲畜家禽和栽种经济作物，户均实现 0.5 万~3 万元的增收效益；利用铜厂村山高草盛的特点，因地制宜开展“借羊还羊”项目，真正做到因人施策和帮扶精准化；多方联动促进就业，向成都等地输出劳动力。宁南县将集中安置点 128 户、538 人纳入村专业合作社，着力打造安置点“一点一品”产业名片；对 12 个安置点产业发展进行现场踏勘及现场规划，确定 8 个易地扶贫搬迁后续产业发展项目。美姑县在 7 个大型安置点结合实际就近规划种养殖产业发展基地，确保搬迁贫困户户均拥有一项以上致富产业；结合东西部劳务协作，转移搬迁群众到广东佛山、浙江部分地区以及四川乐山等地务工 1 000 多人；建立“乐美扶贫工厂”，建设扶贫创业就业孵化园，带动就业 2 000 多人；统筹公益性岗位资源，因人设岗，定向增设公益性岗位 800 余个。布拖县建设了彝绣扶贫车间，在龙头公司中挂牌建立了一批扶贫车间，建立了 12 个易地扶贫搬迁配套产业园区，解决了大量移民就业问题；通过县城的劳务公司输出劳动力。金阳县做实产业，在传统产业中引导农户参与各种合作社、入股集体经济，成立了东山社区贸易有限责任公司；做实劳务就业，创新“特色产业+劳务就业”发展模式，有效促进妇女就业创收。雷波县配套完成 60 个 20 户以上易地扶贫搬迁集中安置点产业，种植核桃、青花椒、笋用竹 1.7 万亩；先后引进金谷农业、禅鸣农业、本道农业等企业进驻，带动安置点群众增收；落实易地扶贫搬迁公益性岗位 1 426 人。普格县莫尔非铁村成立了养鸡场、超市，建立了 655 亩的中药材基地，村“两委”投资入股三阳畜牧养殖公司，建设小兴场珍珠米加工厂，集体经

---

① “1”是长短结合抓当前，抓好传统种养殖业，大力发展果桑、核桃、烤烟、青花椒、魔芋、大棚蔬菜等适合当地气候的特色经济类作物，培育出安哈错季萝卜、马鞍山高山花卉特色产业品牌，解决当前增产增收问题。“X”是结合实际抓特色，在经果林下开展养殖增加短期收益，向贫困户免费发放畜禽幼苗及过渡饲料，鼓励群众开展高山土鸡、山羊等特色养殖业。

济多点开花、亮点纷呈。冕宁县栽种蔬菜和经果林木发展“一村一品”，盘活搬迁户原居住地各类土地，促进搬迁群众增收；引进尚品生态养殖公司等社会企业进行项目建设，增加工作岗位。昭觉县依托产业园区、东西部协作劳务输出、彝绣居家就业、设立公益性岗位等方式，多渠道解决就业难题。越西县实行搬迁安置点与产业园区“两区同建”，采取产业园区、扶贫车间、公益岗吸纳和劳务输出等方式解决就业问题。

（2）提升移民发展能力

移民发展能力是“能致富”的基础，各地在抓实移民发展能力方面的主要做法是开展有针对性的技能培训。西昌市大力实施就业技能培训和新型农民素质提升工程，联系工商企业开展专业技能培训，为农户外出务工增加就业保障，确保有劳动力的家庭一户人家至少有一人实现就业。会理市开展技术培训和科技示范工作，培养致富带头人，提升移民外出务工能力。会东县大力开展技能培训，依托党建月会、农民夜校等载体，邀请专家团队对搬迁户展开专业技能培训，切实解决“不会干”“不愿干”的问题。宁南县结合重大工程项目建设，精准对接人员务工和工程企业用工需求，“点对点”帮助贫困劳动力就近上岗就业；通过示范带动，发挥榜样力量，摒弃了“等靠要”思想；通过专题培训、现场教学、技术指导、政策解读等形式，切实让贫困群众掌握了相关专业技术、理论知识，提升移民就业能力；实施“百名农村‘能人’培养计划”，建立特色产业发展“专家库”，按需分派到各安置点开展智力帮扶、技术指导。美姑县加强就业技能培训指导，开展烹饪、电工、焊工、种养殖技术等技术培训 5 000 余人次。布拖县依托就业创业服务中心，开展了长期性的技能培训。雷波县坚持“输血”与“造血”并重，在易地扶贫搬迁安置点举办彝绣、厨师、焊工等实用技能培训 5 000 多人次，实现劳务输出 1 444 人。冕县宁按照“缺什么补什么、因需施培、因人施训”的要求，有针对性地开展务工技能、农业实用技术培训。越西县采取创业指导、就业培训方式提升移民发展能力。

3. 破解融入难题与完善后勤保障服务

（1）破解移民融入难题

迁移不仅改变了移民的生存空间，更是改变了其生产生活方式。融入问题一直是移民问题的重要关注点之一。西昌市坚持“人散心不散”的工作理念，从三个方面加快安置群众融入当地，实现从“外人”到“主人”的转变。一是转身份。西昌市将分散安置群众全部纳入分散安置行政村管理，党员经过审核，转入村党组织。二是转观念。西昌市以遵守村规民约为基础，重点实施“法治护航”，健全农村法治体系建设。三是转习惯。西昌市创新设置“乡村八榜”①，激励分散安置群众自觉向先进榜样看齐。会东县为了解决移民的孤独心理，将安置地点选择在交通便利、服务齐全的老铜厂村，并择优选派人员到安置点开展帮扶工作，每月下沉到村与群众同吃、同住、同行、同劳动，解决群众实际困难，有效提升群众满意度。布拖县为解决搬迁群众“从山头到城头”的融入问题，通过完善社区配套公共服务设施，做好搬迁群众服务工作，让搬迁群众在社区“稳得住”。雷波县在集中安置点成立社会组织 252 个，针对搬迁群众的不同情况，开展矛盾纠纷调解、特殊困难人群关爱等个性化服务。冕宁县采取“1+1+3”模式②配强安置点治理基层力量，确保群众“诉有渠道、困有人帮、心有所依”。昭觉县通过实施自治、法治、德治“三治”融合，让群众住得放心。越西县主要采取基层治理“四化”模式③，提升移民幸福感。

（2）完善后勤保障服务

移民的后勤保障服务，不仅影响到移民的“留得住”，而且影响到移民的生活质量，是移民工程的配套基础性工作。西昌市联动抓好基础配套，严把住房质量关，确保安置点项目和搬迁群众生命财产安全有保障；全覆盖配套基础生活设施，确保移民生活舒畅。会理市实现搬迁安置点配套设施完善，建设完善搬迁安置地所在村“雪亮工程”“天网工程”等技防设施；在安置地所在村建立了综合服务中心、治安联防队、禁毒协会等。会东县突出科学规划，强化基础设施建设，充分配齐基础设施，改善搬迁群众的居住环境，丰富贫困群众的精神文化生活；县、乡、村三级积极联动，每年定期对安置点房屋进行维护，确保搬迁群众入住无后顾之忧。宁南县重视便民服务，组织建立 40 个基层自治委员会，设立 10 个民事代办点，并成立党员志愿服务队，为群众提供各项民生服务。布拖县抓好平安建设，依托智慧社区平台等，保障社区治安稳定；注重教育资源配套、卫生计生管理、精神文明建设。金

---

① “先锋、致富、善行、乡贤、新风、孝老、学子、巧妇”8 个榜单。

② 科学配置选配 1 名军转干第一书记、1 名村党支部副书记、3 名小组长主抓安置点治理与后续发展工作。

③ 为民办事集中化、公共服务一体化、文化生活特色化、综合治理多元化。

阳县组建多支队伍，落实 332 名帮扶责任人持续做好搬迁入住、教育引导、后续发展等工作；建立党群服务中心、教育发展服务中心等，重点解决移民群众日常生活问题、子女教育问题。雷波县探索开展政务服务轮流上门服务，个性化开展志愿服务，强化社会保障，对易地搬迁中年收入低于 5 000 元的 333 户、1 399 人实施“以奖代补”。昭觉县通过“七化服务”① 等温暖人心的“四心工程”②，让搬迁群众身心“安”下来。

表 4-1　凉山州主要县（市）易地扶贫搬迁情况与主要做法、经验

县(市)	易地扶贫搬迁基本情况	主要做法与经验总结
西昌市	819 户、3 291 人，涉及 11 个乡（镇），7 个集中安置点，分散安置 684 户、2 811 人	党建引领小微散易地移民搬迁安置点后续治理：建强组织，大抓党建引领；健全机制，大抓凝聚民心；整合资源，大抓后续发展
会理市	24 户、93 人，涉及 4 个乡（镇）、7 个村，主要是分散安置在原所在村	通过“三强化三提升”抓实易地扶贫搬迁安置点治理：强化组织领导，提升治理引领力；强化措施落实，提升治理保障力；强化产业发展，提升治理支撑力
会东县	24 户、123 人，柏杉乡铜厂村是重要的安置点	通过“三突出”让群众过上好日子：突出科学规划，精心打造安居工程；突出靶向施策，精心谋划致富之路；突出多元管理，精心建设幸福家园
宁南县	308 户、1 499 人，12 个集中安置点，集中安置 151 户、751 人	通过强化基层治理做好搬迁后的工作：党建引领，健全治理体系；统筹联动，扶持发产业展；凝心聚力，注重成效扎实
美姑县	10 694 户、53 223 人，涉及 35 个乡（镇）、205 个安置点	重视安置点基层治理与后续发展工作：突出党建引领，建强治理组织体系；完善功能配套，强化公共服务保障；强化产业就业，拓宽群众增收渠道
布拖县	7 279 户、38 910 人，涉及 30 个乡（镇）、195 个集中安置点，其中依撒社区安置 2 890 户、14 230 人	通过“三心”推进大型集中安置点治理与后续发展：健全组织体系，让群众搬得“放心”；服务平完善台，让群众住得“顺心”；抓实产业就业，让群众过得“安心”

① 智慧化社区、基层干部反向考评机制、专业化工作队伍、实施“十问工作法”、亲民化服务打造党群服务中心、常态开展多元化服务、实施点单化服务。

② 提振信心、党群联动群众安心、三治融合群众放心、七化服务温暖人心。

表4-1(续)

县(市)	易地扶贫搬迁基本情况	主要做法与经验总结
金阳县	7 593 户、41 256 人，其中东山社区共安置 1 199 户、6 582 人	加强制度和治理体系建设，推动城乡基层治理：加强组织建设，确保带好头；抓实工作举措，确保“稳得住”；做实基础工作，确保服好务；发展特色产业，确保促增收；优化人居环境，确保住得好
雷波县	4 947 户、21 532 人，涉及 37 个乡（镇）、158 个村，其中分散安置 1 248 户、5 124 人，集中安置 3 699 户、16 408 人	抓好“五大”体系建设，做好易地扶贫搬迁“后半篇”文章：抓实基层组织体系建设，构建多元共治格局；抓实公共服务体系建设，提升治理发展能力；抓实就业创业体系建设，夯实稳定增收基础；抓实民生保障体系建设，增强搬迁群众获得感；抓实移风易俗体系建设，巩固提升搬迁成效
普格县	4 697 户、23 529 人，43 个集中安置点，涉及全县 19 个乡（镇）	着力解决集中安置点的后续产业发展和村民实现自治：建设彝家新居、“萨啦”支部、“萨啦”产业，树立文明新风
冕宁县	共 528 户、2 868 人，7 个集中安置点	通过治理机制和党群服务带动作用，做深做实易地扶贫搬迁安置点治理与后续发展：强化领导机制，统筹力量协同发力；坚持党建引领，整合力量共抓建设；激发内生动力，自力更生共谋发展；坚持自治共治，做深做实后续文章
昭觉县	计划 26 825 人，涉及 28 个乡（镇）、92 个村，县城安置点安置 3 914 户、18 569 人，其中沐恩邸社区集中安置 1 428 户、6 258 人	“1357”治理工作模式：以党建为核心，构建自治、德治、法治“三治”融合，落实产业、就业、医疗、教育、关爱救助五项保障，开展七化优质服务
越西县	计划 28 551 人，其中 130 个集中安置点涉及搬迁群众 4 938 户、21 814 人	“党建联盟+四化模式+后续发展”：构建“党建联盟+治理平台”，健全多方参与的治理架构；推行基层治理“四化”模式，全面提升群众幸福指数；完善后续发展增收保障，确保搬迁群众逐步能致富

（二）昌都市的主要做法与经验

昌都市是西藏自治区三个扶贫重点地区之一，是西藏自治区易地扶贫搬迁任务较重的地区。“十三五”期间，昌都市实施易地扶贫搬迁建档立卡贫困人口 20 774 户、103 361 人。昌都市结合自身实际，明确了搬迁原则、对象识别、建设任务等，并在确保“稳得住”和处理好相关关系等方面进行了探索，成效比较明显。

笔者对昌都市整体情况进行了调研，并对芒康县和洛隆县的情况进行了重点调研。本部分根据笔者调研收集的一手资料和当地提供的相关材料归纳提炼而成。

1. 注重规划设计与强化主体责任落实

（1）突出多规协调，严格执行规划要求

昌都市由市发改委牵头，会同市国土、住建、规划、环保、设计院等部门科学编制了《昌都市“十三五”易地扶贫搬迁规划》《昌都市易地扶贫搬迁 2016—2018 年度实施方案》《昌都市深度贫困地区易地扶贫搬迁实施方案（2018—2020 年）》《昌都市易地扶贫搬迁安置点“十项提升工程”的实施方案》等，统筹规划易地扶贫搬迁、产业发展、道路交通、教育卫生、公共服务等，确保规划协调，一张蓝图绘到底。规划确定后，昌都市按照中央和西藏自治区相关规定，坚持“保障基本、安全适用”的原则，严格把关、严格落实工程建设管理制度，明确规定新建民房的建设标准。在选址上，昌都市坚持选址安全与可持续发展一并考虑，提出了“六靠五方便两避让”[①] 选址原则和“重镇、干线、开阔、开放、开发、搞活、安全”十四字选址方针。同时，昌都市注重风貌协调与生态保护，督促指导各县（区）组织设计单位深入实地进行现场踏勘测量和规划设计，广泛征求搬迁群众对房屋设计的意见和建议，确保搬迁房屋设计体现民族特色，符合群众意愿。例如，洛隆县易地扶贫搬迁民房建设按照“一县一特色”要求，结合区域特色，充分利用地形地貌，展现特色风貌和文化元素。

（2）突出政治担当，强化主体责任落实

昌都市实行市、县、乡、村“四级书记”一起抓，市委、市政府主要领导率先垂范，当好“施工队长”，严格落实党政“一把手”脱贫责任制。昌都市定期召开专题会议研究移民工作中的问题和困难，并制订具体计划和形

① 靠县城、靠乡（镇）、靠中心村、靠景区、靠产业园区、靠交通要道，方便安置点选点规划、方便基础设施建设、方便公共服务配套、方便群众发展产业、方便交往交流交融，避让地质灾害隐患、避让地震断裂带。

成实施意见。昌都市以建立健全“九大长效机制”①，持续巩固“七项重点工作”②，持续提升“七项具体措施”③ 为抓手，层层签订目标责任书，逐级压实责任。昌都市配齐配强配优贫困地区班子力量，持续把“精兵强将”输送到扶贫主阵地，指导易地扶贫搬迁工作，为移民搬迁和脱贫攻坚工作提供人才支撑。昌都市深化干部结对帮扶，按照“集团式包县、市领导包片、县领导包乡、乡领导包村、一般干部包户”的结对原则，成立11个帮扶集团对各县（区）进行集团帮扶，实现帮扶全覆盖。洛隆县的具体做法是县委领导、县政府主导，成立由县发改委主要领导任组长，相关部门负责人为成员的易地扶贫搬迁组，各乡（镇）成立相应领导小组。

2. 注重精准识别与规范使用安置资金

（1）严格识别标准，精准确定搬迁对象

昌都市经过全面深入调研，准确掌握贫困家庭人口、住房情况、生产资料、收入来源、致贫原因等基本情况，科学确定识别易地扶贫搬迁对象的“四项标准”，即生活在自然条件极其恶劣、资源极其匮乏、基础设施建设比较落后、缺乏必要的基本生产生活资料、就地扶贫投入成本高且脱贫困难的贫困群众；生活在水源涵养区、自然保护区等生态功能重要、环境脆弱，就地实施房屋重建或扶贫产业开发会对生态环境造成破坏区域的贫困群众；受地质灾害威胁、灾害治理难度大、监测监管比较困难，需要避险搬迁的贫困群众；地方病特别是大骨节病高发多发，且多年实施改水、换粮、补硒等效果仍不明显区域的贫困群众。确定标准后，昌都市按照易地扶贫搬迁“一申请、三审核、三公示、一协议”④ 的工作要求，精准确定搬迁人口。昌都市的搬迁对象做到与国家扶贫系统一致，昌都市按照户为单位签订协议后，无论户籍登记是否变更，仍按协议确定人口数为准。确定对象后，昌都市建立易地扶贫搬迁对象花名册电子档。

---

① 贫困动态监测、资金稳定投入、扶贫人才保障、巩固提升考核、贫困群众稳定增收、扶贫作风治理、社会扶贫、消费扶贫、对口援藏帮扶机制。

② 巩固“四个不摘”责任机制、精准到村到户到人的帮扶措施、社保兜底的底线要求、扶贫产业富民惠民的利益联结、公共服务的提质扩面、易地搬迁的后续配套、增进民生福祉的基础基石。

③ 持续提升已有脱贫质量、精准帮扶措施、防贫返贫减贫效能、搬得出稳得住能致富成果、扶贫产业增加动能、问题整改成效补漏洞、志智双扶添信心。

④ 贫困群众申请、“县乡村”三级审核并三级公示评议、与搬迁群众签订搬迁协议。

（2）突出资金统筹，切实发挥资金效用

昌都市整合各类资金，统筹用于搬迁安置建房和各类配套设施建设，资金不足部分由地方政府统筹整合各类涉农资金、援藏资金等予以解决。昌都市全力争取援藏资金及行业资金，不断拓宽易地扶贫搬迁建设资金筹措渠道，最大限度地减轻建档立卡贫困群众的搬迁负担。昌都市坚持用好、用活、用足金融扶贫政策，出台了一系列管理制度，加强资金使用、管理，加大监督力度，严禁截留、挪用等违规现象发生，确保有限的扶贫资金运行安全，最大限度地提升资金使用效率。在芒康县，群众自筹资金严格按照户均不超过1万元执行。芒康县建立了群众自筹资金台账，各乡（镇）自筹资金花名册交到易地扶贫搬迁组和县人民政府主要领导审核通过后，资金交由县财政局入账。芒康县“十三五”易地扶贫搬迁资金共计101 508万元。洛隆县坚持每月3日向昌都市汇报工作进展和资金使用情况。

3. 注重配套服务与强化产业扶贫帮扶

（1）统筹各方利益，建好配套服务设施

昌都市坚持城乡统筹协调发展，注重“六个结合”①，处理好“十个关系”②，围绕民生基本公共服务领域进行提升，解决群众实际问题。昌都市始终把易地扶贫搬迁工作作为改善民生的重要工作，结合安置点建设实际进行科学谋划，按照“规模适宜，功能合理，经济安全，简朴实用，环境整洁”的要求，完善各安置点配套基础设施建设，将农房建设与基础设施、产业规划同步进行，实行搬迁安置点与水电路信网、科教文卫保“十项提升”工程同步规划、同步实施、同步竣工。同时，昌都市实施了一批教育、卫生、新农村建设等改善民生和脱贫攻坚项目，确保贫困群众顺利搬迁，确保移民共享发展成果。芒康县在17个安置点设立了社区管理员和楼长，在德吉康萨、江卡、察隆、龙松、纳西等大型安置点建设了村级活动场所及村级文化室。

① 易地扶贫搬迁与戍边固疆、新型城镇化、新农村建设、高低海拔实际、防灾减灾、反分裂斗争有机结合。

② 搬迁点和搬迁的关系，搬迁可行性和搬迁的关系，政府动员搬迁和老百姓自愿搬迁的关系，生产方式转型和搬迁的关系，搬迁群众和留下群众一并富起来的关系，彻底搬迁和似搬不搬的关系，搬迁和行政区划调整的关系，搬迁点群众享有基本医疗、教育、住房等配套公共服务设施和生产资源分配的关系，精准扶贫、真正富起来和“五个一批”的关系，乡村留得住、富得起来和城镇吸引得了、也富得起来的关系。

洛隆县在易地扶贫搬迁工作中创造出了“六个结合”与“四个严”①。

（2）突出产业发展，带动贫困人口就业

昌都市坚持把发展产业作为搬迁群众稳定脱贫的突破口和切入点，围绕昌都市五大养殖基地、七大种植基地产业布局的工作要求，本着产业先行的原则，统筹规划后续产业发展；坚持每个安置点至少配套1个产业项目，确保搬迁后群众有稳定的收入来源。昌都市创新采取“1+1+3”工作机制②，实行“334”产业扶贫投资模式③和“四带”增收模式④，持续实施一批精准到村到户到人的“短平快”项目。昌都市通过“四法”⑤，增强特色农牧业产业科技创新能力和农牧民科技致富能力。另外，昌都市积极组织就业帮扶，鼓励工业企业、农业企业、合作社、能人大户等经济组织吸纳和带动搬迁人口就业；充分用好生态岗位，利用护林员、水管员、环境监督员等九大生态岗位，确保易地搬迁闲置劳动力就近、就地就业。芒康县坚持扶持以贫困人口为主参与的特色种养业、传统手工业、农家乐、民族餐饮、休闲农业、旅游业等产业项目，促进农牧区第二产业和第三产业融合发展，并做好就业岗位开发。

二、水电移民安置的主要做法与经验

（一）迪庆州的主要做法与经验

迪庆州水电资源丰富，境内金沙江上游、中游和澜沧江上游建设了一系列梯级电站。根据2020年11月迪庆州扶贫办提供的数据，建成和在建的项目涉及移民14 957人；大型水利工程和中型水库12座，涉及移民4 000多人；待建的大型水电站多个，已完成预可研审查审批工作或移民大纲审查批复，涉及移民76 644人。迪庆州在水电移民工作的理念创新、资源整合、补偿机

① 易地扶贫搬迁与新农村建设相结合、与转移就业相结合、易地扶贫搬迁与产业发展相结合、易地扶贫搬迁与生态效益补偿相结合、易地扶贫搬迁与大骨节病防治相结合、易地扶贫搬迁与工业园区（开发区）建设相结合；严把政策关、严把规划关、严把设计关、严把成本关。

② “一张产业扶贫‘保障网’+一套产业发展规划+三项产业项目管理机制”。

③ 企业先期投入30%、政府跟进投资30%、金融贷款40%。

④ 带岗位就业、带劳务输出、带入股分红、带订单增收。

⑤ 援藏引进法、技术帮扶法、能人带动法、教育激励法。

制、安置措施、帮扶措施等多方面积累了宝贵经验。

1. 加强组织领导和宣传执行工作

各级党委、政府高度重视，成了工作领导小组，落实工作机制和责任制，明确目标任务，充分发挥基层组织和干部作用。有移民安置任务的乡（镇）党委、政府都把移民工作作为本乡（镇）的重点工作。基层干部坚持在现场组织引导移民搬迁安置，并做好现场服务，解决群众的困难和问题。

为确保移民有序、顺利搬迁和社会稳定，切实维护移民群众合法权益，公开、公正、公平、透明地做好移民补偿补助和搬迁安置工作，迪庆州相关部门印制了大量的移民法规和政策宣传手册，对干部进行了培训，通过各种媒体宣传政策。在搬迁安置实施阶段，迪庆州既严格按审定的规划实施搬迁安置，又实事求是地解决在实际工作中出现的各种问题，满足移民群众的合理诉求。

2. 充分尊重民意和重视移民生计

（1）保证群众监督权与知情权

调查结果由参与的调查者和被调查者等多方签字认可，并进行两榜公示，不厚亲重友。移民群众如对调查结果有异议，相关部门当场进行复核。在移民安置容量分析、安置点和集镇新址选择、论证、移民安置意愿调查和安置方式确定、专项设施改复建规划以及有关补偿标准测算等各个环节，地方政府始终积极参与和紧密配合，各级有关领导和移民干部深入现场，研究细节，并广泛听取淹没区和安置区群众的意见，让移民群众以主人翁的姿态参与搬迁安置的各个环节，保证移民群众最大化的知情权和参与权。

（2）强化住房建设和产业扶持

在移民搬迁建房过程中，迪庆州切实加强现场服务，采取统一规划、统一提供建房设计图、统一协调供应建材、严格价格控制、加强现场质量技术监督和指导、搞好现场施工环境等措施。同时，迪庆州加强基础配套设施的建设，为移民建房创造良好条件。各级党委和政府充分认识到生活性后期扶持只能解决移民基本生活保障问题，产业性后期扶持才是治本的措施，也是移民实现“稳得住”和“能致富”的关键环节。为此，迪庆州十分重视搬迁地后续产业发展规划，加大项目资金投入，明确后期扶持的各项优惠政策措施，积极培育支柱产业，大力发展符合当地的优势产业。

3. 创新工作方法和转变工作思路

（1）健全机制

地方党委、政府、项目业主、设计单位、监理单位定期或不定期召开高层会商会议、座谈会议、设计咨询会议、半年工作例会和监理例会，研究和解决实施工作中存在的问题，进一步落实和明确各方的工作责任。

（2）创新移民工作思路和方式

迪庆州创造性开展工作，妥善处理宗教设施补偿和迁建问题，考虑到少数民族聚居区的特殊性，结合少数民族聚居区的实际情况，有针对性地研究制定一些配套的政策措施；在移民安置工作中结合当地的特点，发挥在群众中有威望、有威信的宗教界人士的积极作用；在移民安置规划报告中计算必要的补偿和迁建费用，按宗教教规教义举行必要的宗教法事活动，在感情上贴近移民群众，让他们在心理上得到慰藉，消除恐惧心理，逐步得到移民及广大群众的支持、理解。

（3）采取部门和干部包村、包户办法，层层落实责任

在移民搬迁过程中，各县县委、县政府负责人亲自抓，建立了层层落实"包发动、包搬迁、包问题处理和协助安置"的工作目标责任制；在移民区进行广泛深入的思想发动和教育引导，调动了群众参与搬迁安置的主动性、自觉性和积极性，在较短时间内实现了移民的顺利搬迁。

（4）加强移民资金管理

移民资金中除后期扶持资金外，其他安置资金全都通过各项目业主直接对云南省、迪庆州移民局自上而下垂直封闭运行，各级移民部门严格按财务法规和移民资金核算规范管理移民资金；在管理中执行"三标准"（管账目凭证、账簿和查账标准）、"三专管"（专人、专账、专户管理）、"三严格"（严格管账、严格项目管资金、严格管支票），做到"五一致"（管理科目、凭证、账簿、报表和核算方法一致）。在账务处理中，相关部门充分运用移民专项资金系统软件，做到全部以计算机进行账务处理。建房户的移民资金还实行了"一卡通"和密码管理办法，保证了庞大的移民资金的安全、规范、高效运行。

4. 重视维稳工作并切实排除不稳定因素

迪庆州所属的长江上游天保工程主要实施区大部分属于涉藏地区，是长期以来西方敌对势力和分裂势力进行破坏与渗透活动的重点地区，维护地区

稳定是涉藏地区的首要政治要求。移民工作任务重、头绪多且繁杂，移民诉求多样化与移民条件和政策的相对固定化构成了一对矛盾，如处理不好，极容易被境外敌对势力利用。

为确保稳定，迪庆州分级制定了维稳预案，落实了维稳责任，加强了排查和调处等预防工作，并建立了预测预警机制、应急处理机制、协调督办机制。为从源头上防止和减少不稳定因素产生，迪庆州各级移民部门主要领导随时深入安置点开展移民不稳定因素专项排查，并对排查出的问题认真梳理，把问题和矛盾化解在萌芽状态。迪庆州对移民来信来访、电话询问以及人大代表、政协委员的提案、议案及时组织人员深入调查，及时回复，及时办理，做到件件有落实，事事有回音。

（二）凉山州会东县水电移民搬迁的主要做法与经验

凉山州会东县是水电移民大县，主要涉及乌东德水电站和白鹤滩水电站搬迁移民 32 000 余人。会东县坚持把水电移民搬迁集中安置点基层治理作为全县城乡基层治理首要政治任务，紧紧围绕“党建工作与移民工作同步跟进”的工作导向，通过“六坚持六强化”，稳步有序推进水电移民集中安置点基层治理。截至 2020 年 11 月底，乌东德水电站累计签订协议 1 002 户、4 357 人，占目标数的 94%；白鹤滩水电站累计签订协议 7 423 户、27 198 人，占目标数的 96.3%。其主要做法和经验如下：

1. 坚持党建引领，强化统筹协调管理

会东县依托“12446”党建工作模式①，制订了《全县加强水电移民搬迁集中安置点治理的实施方案》，明确了 11 个牵头部门（单位）、22 个责任部门（单位），全面分解落实 14 项重点工作、96 项工作任务。会东县建立水电移民临时党委领导下的迁入地与迁出地联席会议制度，协商重大事项 31 件，调处化解矛盾纠纷 120 余起，实现共商党建、共管事务、共解难题，同心同向推动水电移民工作。

---

① 围绕党建引领基层治理这一重大课题和重要任务，推进治理制度创新和治理能力建设两大工程，以基层治理引领改革协同、引领为民服务、引领队伍建设、引领投入保障，落实服务保障常态化疫情防控、服务保障脱贫攻坚、服务保障水电移民、服务保障高质量发展四大重点任务，实现城乡区域布局优化、农民工党建工作实效、基层支部建设质量、党员教育管理水平、集体经济培育发展、信息化平台拓展运用六大提升。

2. 坚持夯基固本，强化组织体系建设

会东县在迁入乡（镇）成立6个水电移民临时党委、10个临时党支部，党委书记由迁入地乡（镇）党委书记担任，委员由迁出地乡（镇）分管副职担任，负责协调处理迁入地、迁出地各项工作。会东县同步成立群团组织、社会组织和集体经济组织42个，着力构建“一核多元、合作共治”的治理体系。

3. 坚持选贤任能，强化过硬队伍打造

会东县严格落实村党组织书记县级备案管理制度、村干部资格县级部门联审制度，细化制定村（社区）干部人选资格条件、优先清单和负面清单，创新采取“3+2+1”工作法①，选优配强移民安置点村组干部36名，择优选拔63名移民党员进入迁入地村“两委”班子。

4. 坚持多方联动，强化各类力量整合

会东县全面延伸拓展水电移民“五个一”帮扶机制，建立健全“1+1+7+4”工作推进机制②，围绕基础设施建设、搬迁安置、后续发展等重点工作，“一对一、多对一”联系移民安置点、服务移民群众，并全部纳入记实管理信息系统，确保工作力量在一线、矛盾化解在一线、工作成效在一线。

5. 坚持智慧管理，强化信息技术运用

会东县大力实施“党建+互联网”项目，在18个移民安置点实施“雪亮工程”“慧眼工程”建设，开设党员干部学习教育、政策宣传专栏，设立法律咨询、书记信箱、留言板等7个版块，正确引导移民群众合法、理性表达诉求，有针对性地开展宣传教育和答疑解难。

6. 坚持要素保障，强化基层基础投入

会东县全面整合配置各类资源，将党群服务中心、服务点建设纳入集中安置点建设整体规划，合理配套教育、医疗、文体等建设项目。会东县配齐配强安置点教师、医生，保障安置点群众入学、就医，开展民事办理、就业培训、劳务输出等便民服务。会东县按照18个安置点人口规模、党员人数，每年分别配套7万~15万元的基层党组织活动和公共服务运行经费，第一年

---

① “迁出地党组织推荐、迁入地党组织考察、移民临时党委审定+迁出地迁入地‘两地公示’+迁入地乡（镇、街道）党委（党工委）任命”。

② 1个移民攻坚领导小组、1个两大水电站建设移民指挥部、7个专项工作组、4个攻坚工作专班。

按标准的2倍予以保障，确保全县移民群众“搬得出、稳得住、能发展”。

（三）甘孜州两河口水电站移民搬迁的主要做法与经验

甘孜州两河口水电站移民涉及4个县、7 158人。作为雅砻江流域的代表性水电站，2020年8月28日，两河口水电站高质量通过蓄水阶段移民安置省级验收。其主要做法和经验值得借鉴。

1. 建立了强有力的工作攻坚机制

党委和政府高度重视两河口水电站移民工作，为切实落实好移民工作的主体责任，从实物指标调查、移民安置规划、移民安置实施、专业项目迁改建、寺庙迁建方案到2019年制订并实施的《甘孜州雅砻江两河口水电站蓄水阶段移民安置工作攻坚方案（2019—2020年）》，高位推进、合力攻坚。甘孜州对影响移民工作、工程建设、下闸蓄水的核心问题列出清单，对标时间节点，认真研究制订工作方案，明确目标任务，层层抓落实。

2. 建立了较为完善的沟通协调机制

两河口水电站自2005年启动移民工作以来，甘孜州党委、政府建立健全了与雅砻江公司、“设监评”单位的移民工作协调推进机制，密切了工作沟通和联系，及时妥善协调处理存在的困难和问题，切实推进了两河口水电站建设和移民工作。实践证明，地企关系融洽、沟通密切，就能相互理解、相互支持、形成工作合力，水电站建设和移民工作就能顺利推进；反之，则相互指责、相互埋怨、困难重重，导致工程建设和移民工作推进不力。

3. 勇于探索新政策新方法的创新机制

两河口水电站注重政策研究和创新，勇于探索新方式新方法。甘孜州在四川省率先试点并全面贯彻落实“先移民后建设”和“逐年补偿安置方式”。两河口水电站是四川省第一个对宗教寺庙迁建、民族文化保护和传承进行专题研究、成果转化后取得实质性政策突破的涉藏地区大型水电项目，也是探索“移民工程代建+施工总承包”的示范工程。实践证明，通过各级相关部门共同努力，两河口水电站移民安置工作进展顺利。

（四）甘孜州泸定县水电移民搬迁的主要做法和经验

甘孜州泸定县是水电移民重点县，大渡河干流规划22级方案涉及泸定县的有泸定水电站、大岗山水电站、硬梁包水电站“三大电站”，建设征地涉及9个乡（镇）、39个村、9 232人，占全县总人口的11.54%。在四川省、甘孜州的坚强领导下，泸定县委、县政府把水电移民与脱贫奔康、依法治县作为“三场硬仗”的重中之重来抓，力破水电移民多年坚冰，艰难探索甘孜地区水电开发之路。

1. 紧紧依靠上级支持，合力并进、力破坚冰

在水电移民道路上，中央和四川省、甘孜州给予了泸定县有力的领导和大力的支持，为泸定县水电移民把脉会诊、排忧解难。在各级领导和上级部门的关心支持下，在示范引领下，泸定县坚定不移把移民工作作为加快经济发展、增进民生福祉、促进社会稳定的政治任务，把移民工作与相关教育实践活动等工作统筹结合、同步推进。泸定县260名党员干部与1 201户移民群众“结对认亲”，工作方法和成效得到了移民群众的理解与拥护。

2. 切实提高政治站位，攻坚克难、联动推进

泸定县委、县政府坚定不移把水电移民安置作为解决民生问题的突破口，作为甘孜地区群众工作的最前沿，科学研判“三大电站”建设实际，按照“稳步推进、行稳致远”的总基调，确定“尊重历史、合法合规、科学有序、不重不漏、妥善处理”的原则，统筹建立县委、县政府主要领导靠前指挥，县“四大家”分管领导具体负责，乡（镇）各部门一线战斗的工作体系。在县“四大家”班子及其成员的持续努力下，在各级党员干部的倾力奉献下，在全县移民群众的参与配合下，泸定县高速度完成移民安置、土地分配，高效率解决遗留问题、回应群众诉求，实现了移民群众安居、致富、发展“三大目标”。

3. 高度聚焦后期扶持，多点发力、促进发展

泸定县立足“搬得出，稳得住，能致富”的目标，“跳出移民看移民，跳出移民工作抓移民工作”，积极整合移民后扶、旅游发展、农业水利等项目资金，统筹结合脱贫奔康、乡村振兴等工作，启动“骑游小镇美食烹坝”“天路第一村”“海螺之门”等水电移民特色村镇建设，高标准举办“樱桃节”“高原苹果节”“年味节”等特色节庆，高起点打造移民库区大渡河流域乡村振兴示范点，大力推广金丝皇菊、泸定苹果等农特产品规模种植，全域发展乡村旅游，辐射带动库区贫困村脱贫奔康，带动移民群众增收致富。

4. 始终坚定法治轨道，依法治理、确保稳定

泸定县始终把维护库区稳定作为关键工作来抓，建强库区基层党组织，指导成立移民安置点自管委员会，以开展“扫黑除恶专项斗争”为契机，加

大库区法治宣传和依法治理力度，定期开展社会风险评估，积极化解各类移民矛盾隐患，严厉打击库区违法犯罪。同时，泸定县按照“领导包案+专班化解+后续跟进+舆论引导”模式，着力化解移民矛盾隐患和信访积案，移民信访总量实现连年下降，移民库区持续和谐稳定，实现移民工作依法治理、民主治理、科学治理。

三、凉山州自发移民搬迁管理的主要做法与经验

凉山州自发移民搬迁管理工作一直是个难点，凉山州委、州政府在长期的探索实践中，总结出了一些成功的经验，并形成文件，指导全州的自发移民搬迁工作。其整体思路可以概括为：全面深化自发搬迁农户基层治理工作，深入推进迁入地和迁出地两头对接、州县职能部门协调配合，切实消除社会治理和公共服务盲区，变“无序搬迁”为“有序有效管理”，促进城乡基层治理水平有效提升。

（一）自发移民搬迁管理的总体要求与措施保障

1. 自发移民搬迁管理的总体要求

（1）党建引领，依法治理

凉山州以基层党组织建设为核心，以政治优势和组织优势统筹治理资源，统领各类群团组织、社会组织和治理力量，依法依规开展基层治理，切实加强自发搬迁农户有效管理。

（2）属地管理，全面覆盖

根据《关于规范已自主搬迁农民管理工作的实施意见》（凉委办发〔2017〕39号）精神，对符合条件的自发搬迁农户，迁出地、迁入地县（市）经认定，并与公安部门数据比对后，报凉山州自发搬迁农户办公室审核备案。凉山州实行委托管理，由迁入地办理居住证，全覆盖纳入基层治理，确保管理不留盲区、工作不留空白。

（3）网格管理，分类施策

迁入地乡（镇）党委按照聚居规模，划分网格，分类管理。凉山州对达到一定规模的自发搬迁农户聚居区单独编组，建立流动党员党组织，以党建引领基层治理。凉山州对规模较小的自发搬迁农户聚居区及散居自发搬迁农

户就近编入当地村（社区），由村（社区）党组织同步管理。

2. 自发移民搬迁管理的措施保障

（1）完善责任体系

凉山州扶贫开发局（乡村振兴局）履行统筹协调职责，牵头组织相关部门，根据自发搬迁情况制订工作方案，明确管理责任和目标。各迁入县（市）党委履行治理主体职责，迁出县全力协助，全覆盖管理辖区内自发搬迁群众。各职能部门根据职能职责，履行协同配合职责，并将工作实绩纳入对相关责任单位、县（市）基层治理专项考核、党建目标考核和党组织书记抓基层党建工作述职评议考核内容。

（2）细化工作方案

凉山州在州级层面确保基本政策统一、工作协调有序。各县（市）根据凉山州部署，制订本县（市）实施方案、具体办法，对识别锁定的自发搬迁农户，逐户建立工作台账，坚持边试边干、边干边试，不断总结经验、完善举措。凉山州加强要素保障，迁入地整合项目资源，相关治理经费统一纳入迁入地县级财政预算，由迁入地乡（镇）考核、发放。凉山州强化风险防控，完善各“联村编组”聚居区、散居区技防体系建设，提高对基层治理工作各类矛盾纠纷的发现预警能力。

（3）严格纪律规矩

凉山州从严管理自发搬迁涉及的党组织，做好党员思想教育工作，确保党组织的作用得到发挥。凉山州级各部门、各县（市）的工作完成情况纳入对州级各部门、各县（市）自发搬迁工作的年度综合目标绩效考核内容之一，对不作为、乱作为的严肃追责，对不服从组织安排、工作推诿扯皮、违反党纪党规和法规政策的，从严从重从快查处，鲜明执纪执法导向，营造风清气正的良好政治生态。

（二）自发搬迁移民管理的主要做法与经验

1. 突出党建领航，织密自发搬迁治理“组织网”

（1）全面加强基层党组织覆盖

凉山州组织迁入地党组织全面摸清自发搬迁农户中的党员情况，理顺党员组织关系。凉山州根据迁入地自发搬迁农户数量、党员数量，建立健全党组织，100 户以上的自发搬迁农户聚居区，原则上单独建立流动党员党组织，接受迁入地乡（镇）党委领导；100户以下的自发搬迁农户聚居区及散居自发搬迁农户，就近纳入迁入地村（社区）党组织进行管理。凉山州引导党员充分发挥先锋模范作用，示范带动自发搬迁群众积极配合各项工作。例如，甘洛县在自发搬迁群众众多的新市坝镇、普昌镇西部两个聚居点设立临时党支部，实现党的组织和工作全面覆盖；在自发搬迁群众稀少的聚居点，就近转接自发搬迁党员组织关系，按照聚居点地缘、血缘特点划分15个聚居点并成立党小组，让党组织“根系”深植自发搬迁聚居点。

（2）全面加强党组织工作覆盖

凉山州全面实行“联村编组”网格管理，迁入地乡（镇）党委结合撤乡并镇和建制村调整工作，根据自发搬迁农户居住情况，对100户以上的自发搬迁农户聚居区单独编组，由流动党员党组织领导，对聚居区内所有居民进行统一管理；对100户以下自发搬迁农户聚居区和散居自发搬迁户实行“联村”管理，就近纳入村（社区）、组，由迁入地村（社区）党组织统一管理。例如，甘洛县从自发搬迁群众中选取政治素质好、“双带”能力强的15名党员为“点长”，定期向党支部汇报自发搬迁群众管理情况，解决管理难题。

2. 加强齐抓共管，构建自发搬迁群众“服务网”

（1）加强自发搬迁群众管理工作

凉山州健全居住证管理制度，在充分尊重群众意愿的前提下，为自发搬迁农户办理户口迁移手续，鼓励有条件的自发搬迁农户在迁入地城镇落户。在城镇居住不能或不愿落户的自发搬迁农户可以通过申领居住证的方式享有和居住地常住人口同样的基本公共服务。对在农村居住的自发搬迁农户，公安机关辖区派出所根据“一标三实”的原则登记信息，出具居住登记回执。凉山州突出抓好社会治理，积极将自发搬迁农户纳入迁入地社会治安综合治理和基层平安建设范畴、网格化管理服务和“雪亮工程”范围，推进自发搬迁农户治安管控全覆盖。

（2）构建自发搬迁群众服务网络

凉山州协同保障基本公共服务，做好自发搬迁农户参保、转移接续、医保结算等业务，确保自发搬迁农户医疗保险、养老保险等基本社保“应保尽保”。凉山州加强迁出、迁入地协作，加大对自发搬迁农户中的低保对象、特困人员救助救济力度。凉山州扩大公共医疗卫生服务覆盖面，保障自发搬迁农户在迁入地享受同等基本公共卫生服务。凉山州统筹教育资源配置，积极解决自发搬迁农户子女教育问题，积极保障自发搬迁农户子女平等享受迁入地教育惠民政策。

3. 注重机制引导，营造自发搬迁治理“优生态”

（1）规范无序搬迁行为

凉山州统筹整治乱垦乱建，加快生态修复治理，建立农村土地管理协作联动机制，加大对农村集体土地动态巡查力度，加大非法流转农村土地、占地建房等查处执行力度，严格保护基本农田，深入推进在重点区域范围内违法建设、无序开垦问题治理。凉山州加大生态治理修复力度，划定耕地、生态保护红线，严防严处违法建设、无序开垦行为。凉山州强化责任落实，迁入地和迁出地联动，加强流出地和流入地沟通，健全网格化管理机制和信息化管理平台，推进流动人口协同、跟踪管理。凉山州规范农村产权交易流转，规范农户迁出、迁入以及流转土地、买卖房屋、乱垦乱建等行为，引导有序搬迁，制止无序搬迁。

（2）营造良好人居环境

凉山州充分考虑迁入地迁入人口增加因素，科学编制规划、整合有关资源，大力推进基础设施建设，统筹加强水、电、路、学校、医院、文体、环保等公共基础设施建设，夯实自发搬迁农户人居“硬环境”。凉山州加强宣传引导，营造良好氛围，深入推进“四个好”① 创建、民族团结进步示范创建、“法律七进”② 等活动，鼓励自发搬迁移农户积极参与迁入地城乡环境治理、村组事务管理等，帮助自发搬迁农户更好地融入当地生产生活，同时全面深化城乡环境综合治理，推进乡村脏、乱、差整治，加快改善自发搬迁农户人居“软环境”。

四、本章小结与评论

（一）本章小结

本章对区域内易地扶贫搬迁安置、水电移民搬迁安置、自发移民搬迁管理中的主要做法和经验进行了梳理、提炼。本章根据区域内各地移民的分布

---

① 住上好房子、过上好日子、养成好习惯、形成好风气。

② 进机关、进乡村、进社区、进学校、进企业、进单位、进寺院。

特征，结合调研收集到的资料，考虑代表性和典型性，易地扶贫搬迁安置选取了凉山州的12个县（市）、昌都市为样本，水电移民搬迁安置选取了迪庆州、凉山州会东县、甘孜州两河口水电站、甘孜州泸定县为样本，自发移民搬迁管理选取了凉山州为样本。

在易地扶贫搬迁安置方面，凉山州易地扶贫搬迁安置的主要做法和经验可以总结为“三个重视”：重视党建引领与治理组织体系建设、重视就业帮扶与移民发展能力提升、重视移民融入问题与后勤保障服务。昌都市的主要做法和经验可以概括为“三个注重”：注重规划设计与主体责任落实、注重精准识别与规范使用安置资金、注重配套服务与产业扶贫帮扶。

在水电移民搬迁安置方面，迪庆州水电移民搬迁安置的主要做法和经验可以概括为四点：加强领导与宣传、重视民意与民生、创新方法与思路、重视安全与稳定。会东县水电移民搬迁的主要做法和经验可以概括为“六个坚持六个强化”，即坚持党建引领、夯基固本、选贤任能、多方联动、智慧管理、要素保障，强化统筹协调管理、组织体系建设、过硬队伍打造、各类力量整合、信息技术运用、基层基础投入。两河口水电站移民搬迁的主要做法和经验可以概括为“三个机制”：强有力的工作攻坚机制、完善的沟通协调机制、新政策新方法的创新机制。泸定县水电移民搬迁的主要做法和经验可以概括为四点：依靠上级、联动推进、后期扶持和依法治理。

在自发移民管理方面，凉山州自发移民搬迁管理的主要做法和经验可以概括为“三个三”：总体要求方面强调依法治理、属地管理与网格管理，措施保障方面强调责任体系、工作方案与纪律规矩，具体做法与经验方面强调织密“组织网”、构建“服务网”、营造“优生态”。

（二）本章评论

从本章对各地主要做法和经验的梳理来看，各地在移民搬迁安置工作方面都结合相关政策法规、地方特点制定了具体的措施并有一定的创新举措。正是各地丰富多彩的实践活动为宏大而艰巨的生态移民工程增添了无数亮点，在中国特色的民族地区和生态脆弱地区扶贫理论与实践方面进行了有益的探索，丰富并完善了中国的反贫困思想和反贫困实践。

对比各地的主要做法和经验，我们可以发现一些共同的特点：一是党的领导和组织建设是核心。没有党的坚强领导，相关工作就失去了方向，责权利就不清楚，就没有移民安置工作的成功。二是机制建设是关键。没有灵活有效的机制，相关工作的开展就困难重重，具体任务就很难落实，特别是在水电移民方面，机制的重要性更加突出。三是移民生计是重点。不解决移民的后续发展问题，就无法实现“稳得住”和“能致富”。在解决移民发展问题方面，各地都把就业培训和产业发展作为重点任务，投入了大量的人力、物力，增设了大量的就业岗位。四是安置点建设是基础。没有安置点建设的成功，移民就无法实现真正的搬迁。为了保证移民有良好的生活环境，在安置点建设方面，政府部门不仅配套了相关的基础设施和公共服务设施，而且对相关建设的进度和质量进行了比较严格的监督。五是基层治理是保障。移民来自四面八方，人员素质参差不齐，利益诉求五花八门，如果没有坚强的基层治理，很多大中型安置点的社会治安、公共安全就难以保证。为此，各地都采取了相关领导兼职安置点社区的做法，实行了警察、点长、栋长、楼长等“网格化”管理手段，确保了安置点和谐稳定的局面。特别是在自发移民的管理方面，各地采取了很多措施。六是宣传动员是手段。很多人对移民工作不理解不支持、认识有偏差，如果没有大量的宣传动员工作，移民工作的推进就不可能顺利。移民的搬迁不仅仅是生产生活环境的改变，而且也是陈规陋习的舍弃。没有思想观念的转变，就难以实现身份的转变，就难以破除思想贫困带来的深层次问题。因此，各地都把开展移风易俗工作纳入议事日程，事实证明这一举措取得了良好的效果。

“十三五”时期易地扶贫搬迁的特征包括安置方式以城镇化集中安置为主；生产方式以非农化为主；在劳动力转移方式方面，县内就地转移与外出异地转移并举；城镇基础设施与公共服务成为重要支撑；面临经济融入和社会融合两大命题①。本区域所有政策性移民搬迁也具有上述特征，其中的生产方式问题、融入问题等也是自发移民面临的问题。上述特征背后揭示的是移民的空间再造，移民改变的不仅是物理空间，更是精神空间，包括社会空间与主观空间。如果不解决精神空间问题，则很难实现“稳得住”和“能致富”。但是，现实中单一的行政逻辑忽视了空间再造的系统性，往往过分关注“可量化”“可考核”的物理空间再造，对社会空间和主观空间的再造着力不

① 武汉大学易地扶贫搬迁后续扶持研究调研组. 易地扶贫搬迁的基本特征与后续扶持的路径选择[J]. 中国农村经济，2020（12）：88-102.

够，难以促进农村贫困户的可持续发展[①]。这也是本区域生态移民面临的问题。在主观空间再造方面，为了提升移民的发展能力，各地在移民就业扶持方面十分注重培训，但是培训倾向于“短平快”，这种任务式培训的效果究竟如何还有待检验。

外迁移民迁入安置区，还会对安置区原居民的社会关系产生重构[②]。在平衡协调移民群体和原居民群体的利益、探索移民社区的社会治理模式方面，各地政府做出了巨大的努力，探索了很多好的经验，特别是对自发移民社区的管理，凉山州出台了相应的具体措施。研究表明，社区基础设施、社区服务、社区组织与移民社会融合具有显著的正相关性；政策环境在社区发展与移民社会融合影响关系中起部分中介效应作用；发展氛围在社区文化对移民经济融合的影响中起调节作用[③]。从各地的做法和经验中可以看出，各地在移民社区的治理上正在这样做，部分做法和经验具有明显的启示意义。

通过对各地做法和经验的梳理，我们可以更加全面地了解各地的生态移民实践情况，可以更加深入地了解针对不同移民类型的不同问题所应该采取的举措。从具体的做法和经验来看，尽管有一些共同特点，但是易地扶贫搬迁移民和水电移民、自发移民和政策性移民毕竟有一定的区别，面临的问题和困难也有所不同，因此各地的做法和经验也呈现出一定的差异。从共同的经验来看，移民问题的解决既需要充分发挥党和政府的主导作用，又需要充分发挥社会的参与作用，更需要激发个人的主观能动性。国家、社会和个人的共同努力，可以增强贫困户的内生发展动力，确保贫困户搬迁至安置点后能够就业得到保障、生活得到安心，真正达到帮助贫困户脱贫致富的目标[④]。从这个意义上说，移民社区的治理能力检验了地方政府社会综合治理的能力与水平。

---

① 王寓凡，江立华.“后扶贫时代”农村贫困人口的市民化：易地扶贫搬迁中政企协作的空间再造[J]. 探索与争鸣，2020（12）：160-166.

② 陈绍军，任毅，卢义桦.“双主体半熟人社会”：水库移民外迁社区的重构[J]. 西北农林科技大学学报（社会科学版），2018（4）：95-102.

③ 胡江霞，文传浩. 社区发展、政策环境与水电库区移民的社会融合[J]. 统计与决策，2016（16）：82-85.

④ 丁波. 新主体陌生人社区：民族地区易地扶贫搬迁社区的空间重构[J]. 广西民族研究，2020（1）：56-62.

第五章
问卷调查情况及分析

为了更深入地了解区域内生态移民状况，特别是深入了解生态移民工程给生态移民带来的影响、生态移民呈现出来的特征、自发移民和政策性移民的差异等，笔者及调研组做了有针对性的问卷调查。由于新冠病毒感染疫情、组织安排等原因，问卷调查重点针对凉山州和昌都市。区域内尽管有一定的地域差异，但是整体特征基本相同，从对问卷调查结果分析来看，基本可以反映出长江上游天保工程主要实施区的整体状况。由于两次问卷调查的方式不同，调查需要了解的内容重点不同，同时考虑到两地民众的接受度以及调研的方便性，确保调研能够顺利进行，两次调研问卷设计的内容考虑了区域差别，不完全一样。

凉山州问卷调查的时间为 2017 年 11 月底，调研组历经一周多时间，深入凉山州生态移民尤其是自发移民比较突出的几个地方进行了实地问卷发放。此次调研的主要目的是了解凉山州生态移民的特点，特别是自发移民和政策性移民的差异以及移民整体构成和基本生产生活情况。问卷发放对象的选择根据当地乡（镇）或村干部的建议名单，有针对性地发放。调研组成员当面询问并填写、回收问卷。昌都市问卷调查的时间为 2020 年 6 月，历时 11 天（同时开展了访谈、收集材料、实地查看等工作）。此次调研的主要目的是了解昌都市生态移民对政府移民搬迁工程的评价以及通过移民的感受了解生态移民工程对移民生产生活带来的影响。问卷发放和回收借助昌都市民委组织系统，由民委将问卷翻译成藏文，将藏文、汉文两种文字的问卷样本发送到各县（区），然后由各县（区）根据当地生态移民的情况，选择部分移民进行填写，统一回收后寄送到昌都市民委。各县（区）的样本数量基数为 50 个，根据各自的具体情况适当增减。

一、凉山州生态移民问卷调查及分析

（一）问卷调查基本情况

1. 调查地点——覆盖多重生活形态区

本次调查共发放调查问卷 400 份，获取有效样本 358 个，调查成功率为 89.5%。调查地点覆盖西昌市、德昌县、昭觉县、冕宁县、喜德县 5 个县（市），XS 乡、MS 镇等 15 个乡（镇），包括 SL 村、联合村等 10 个村。调研样本覆盖了凉山彝族地区以安宁河谷为代表的相对富裕地区，也选择了昭觉、喜德等相对贫困地区。具体调查地点见表5-1、表5-2、表5-3。

表5-1　调查地点——市（县）

项目		频率	百分比/%	有效百分比/%	累积百分比/%
有效	西昌市	102	28.5	28.5	28.5
	德昌县	132	36.9	36.9	65.4
	昭觉县	32	8.9	8.9	74.3
	冕宁县	52	14.5	14.5	88.8
	喜德县	40	11.2	11.2	100.0
	合计	358	100.0	100.0	

表5-2　调查地点——乡（镇）

项目		频率	百分比/%	有效百分比/%	累积百分比/%
有效	XS乡	38	10.6	10.6	10.6
	MS镇	60	16.8	16.8	27.4
	LZ镇	52	14.5	14.5	41.9
	SLDP乡	32	8.9	8.9	50.8
	回坪乡	46	12.8	12.8	63.6
	泽远乡	2	0.6	0.6	64.2
	乐跃镇	24	6.7	6.7	70.9
	博洛拉达乡	36	10.1	10.1	81.0
	荞地乡	6	1.7	1.7	82.7
	YL镇	46	12.8	12.8	95.5
	沙坝镇	4	1.1	1.1	96.6
	光明镇	4	1.1	1.1	97.7
	四合乡	2	0.6	0.6	98.3
	开元乡	4	1.1	1.1	99.4
	德州镇	2	0.6	0.6	100.0
	合计	358	100.0	100.0	

表 5-3　调查地点——村

项目		频率	百分比/%	有效百分比/%	累积百分比/%
有效	SL 村	26	7.3	8.3	8.3
	联合村	12	3.4	3.8	12.1
	MZ 村	60	16.8	19.1	31.2
	TX 村	52	14.5	16.6	47.8
	二担伍村	32	8.9	10.2	58.0
	横路村	46	12.8	14.6	72.6
	则巴村	36	10.1	11.5	84.1
	永进村	20	5.6	6.4	90.4
	CY 村	26	7.3	8.3	98.7
	新喜村	4	1.1	1.3	100.0
	合计	314	87.7	100.0	
缺失		44	12.3		
合计		358	100.0		

2. 性别——符合彝族聚居区男女社会地位现状

如表 5-4 所示，在调查样本中，266 人为男性，有效占比为 74.7%；女性为 90 人，有效占比为 25.4%。调查样本的男多女少，同彝族聚居区男性社会地位较高，女性社会地位较低的社会性别事实相关联。然而，有 90 位女性进入样本，从统计学对大样本的数量要求来说，已可以同男性进行比较分析，符合分析的基本要求。

表 5-4　调查对象的性别

项目		频率	百分比/%	有效百分比/%	累积百分比/%
有效	男	266	74.3	74.7	74.7
	女	90	25.1	25.4	100
	合计	356	99.4	100	
缺失		2	0.6		
合计		358	100.0		

3. 民族身份——以彝族和汉族为主体

如表 5-5 所示，在调查样本中，240 人为彝族，有效占比为 73.6%；84

人为汉族，有效占比为 25.8%。这表示，就生态脆弱与人的发展这一组矛盾中，并非所有的受困者均为彝族，生态移民中有相当一部分是汉族人。然而，从自发搬迁来看（见表 5-6），汉族被访者全部为政策性移民，而自发移民 100%为彝族被访者。这表示，自发移民群体主要由彝族同胞组成。

表 5-5　调查对象的民族身份

项目		频率	百分比/%	有效百分比/%	累积百分比/%
有效	彝族	240	67.0	73.6	73.6
	汉族	84	23.5	25.8	99.4
	其他民族	2	0.6	0.6	100.0
	合计	326	91.1	100.0	
缺失		32	8.9		
合计		358	100.0		

表 5-6　民族×移民类型交叉制表

项目			移民类型		合计
			政策性移民	自发移民	
民族	彝族	计数	132	108	240
		移民类型中的占比/%	60.6	100.0	73.6
	汉族	计数	84	0	84
		移民类型中的占比/%	38.5	0	25.8
	其他民族	计数	2	0	2
		移民类型中的占比/%	0.9	0	0.6
合计		计数	218	108	326
		移民类型中的占比/%	100.0	100.0	100.0

4. 政治面貌——绝大多数为普通群众

如表 5-7 所示，在调查样本中，276 人的政治面貌为群众，有效占比为 87.9%；38 人的政治面貌为党员，有效占比为 12.1%。这表示，在生态移民中，党员可以成为一支潜在的可被动员的社会治理力量。

表 5-7 调查对象的政治面貌

项目		频率	百分比/%	有效百分比/%	累积百分比/%
有效	中共党员	38	10.6	12.1	12.1
	群众	276	77.1	87.9	100.0
	合计	314	87.7	100.0	
缺失		44	12.3		
合计		358	100.0		

5. 搬迁路径——依移民类型呈分化之势

如表 5-8、表 5-9 所示，调查样本搬迁前主要来自冕宁县、西昌市、金阳县、喜德县、昭觉县、越西县、德昌县，搬迁后主要集中在西昌市、德昌县、昭觉县、冕宁县、喜德县。尽管搬迁地呈较为明显的集中趋势，但并不限于安宁河谷地区。

表 5-8 调查对象原居住地——市（县）

项目		频率	百分比/%	有效百分比/%	累积百分比/%
有效	冕宁县	72	20.1	20.1	20.1
	西昌市	18	5.0	5.0	25.1
	金阳县	60	16.8	16.8	41.9
	喜德县	112	31.3	31.3	73.2
	昭觉县	42	11.7	11.7	84.9
	越西县	8	2.2	2.2	87.2
	德昌县	46	12.8	12.8	100
	合计	358	100	100	

表 5-9 调查对象现居住地——市（县）

项目		频率	百分比/%	有效百分比/%	累积百分比/%
有效	西昌市	102	28.5	28.5	28.5
	德昌县	132	36.9	36.9	65.4
	昭觉县	32	8.9	8.9	74.3
	冕宁县	56	15.6	15.6	89.9
	喜德县	36	10.1	10.1	100.0
	合计	358	100.0	100.0	

表 5-10 向我们清晰呈现了政策性移民和自发移民的不同搬迁路径。政策性移民并没有明显朝向安宁河谷的集中趋势，而自发移民则不然，有较为明显地朝向西昌市、德昌县集中的趋势。

表 5-10　现居住地——市（县）× 移民类型交叉制表

项目			移民类型		合计
			政策性移民	自发移民	
现居住地——市（县）	西昌市	计数	38	64	102
		移民类型中的占比/%	16.7	50.8	28.8
	德昌县	计数	106	26	132
		移民类型中的占比/%	46.5	20.6	37.3
	昭觉县	计数	30	2	32
		移民类型中的占比/%	13.2	1.6	9.0
	冕宁县	计数	38	14	52
		移民类型中的占比/%	16.7	11.1	14.7
	喜德县	计数	16	20	36
		移民类型中的占比/%	7.0	15.9	10.2
合计					

（二）生态移民年限、规模与走向

1. 移民年限——自发移民呈线性逐年递增

如表 5-11、表 5-12 所示，在本次调研中，我们在生态移民的维度兼顾了横向维度与纵向维度。在横向维度上，228 名被调查者为政策性移民，即由政府统一安排，得到政府支持或资金补助的移民，有效占比为 64.4%；126 名被调查者为自发移民，即非政府安排，而是自己根据自身需要主动迁移，不确定能否得到政府相关帮助的移民，有效占比为 35.6%。在纵向维度上，224 名被调查者为 5 年以内的移民，有效占比为 62.6%；28 名被调查者为 5（含）~10 年的移民，有效占比为 7.8%；34 名被调查者为 10（含）~15 年的移民，有效占比为 9.5%；72 名被调查者为 15 年及以上的移民，有效占比为 20.1%。

如表 5-13 所示，无论是政策性移民还是自发移民，5 年以内的移民的占比都是最高的。与政策性移民在不同年份之间缺乏规律性不同，自发移民呈现由远及近逐年递增的线性趋势，而政策性移民则受政策的影响较大，规律性不明显。

表 5-11　调查对象的移民类型

项目		频率	百分比/%	有效百分比/%	累积百分比/%
有效	政策性移民	228	63.7	64.4	64.4
	自发移民	126	35.2	35.6	100.0
	合计	354	98.9	100.0	
缺失		4	1.1		
合计		358	100.0		

表 5-12　调查对象的移民年限

项目		频率	百分比/%	有效百分比/%	累积百分比/%
有效	5 年以内	224	62.6	62.6	62.6
	5（含）~10 年	28	7.8	7.8	70.4
	10（含）~15 年	34	9.5	9.5	79.9
	15 年及以上	72	20.1	20.1	100.0
	合计	358	100.0	100.0	

表 5-13　移民年限×移民类型交叉制表

项目			移民类型		合计
			政策性移民	自发移民	
移民年限	5 年以内	计数	152	72	224
		移民类型中的占比/%	66.7	57.1	63.3
	5（含）~10 年	计数	2	26	28
		移民类型中的占比/%	0.9	20.6	7.9
	10（含）~15 年	计数	10	24	34
		移民类型中的占比/%	4.4	19.0	9.6
	15 年及以上	计数	64	4	68
		移民类型中的占比/%	28.1	3.2	19.2
合计		计数	228	126	354
		移民类型中的占比/%	100.0	100.0	100.0

2. 移民规模——以整家搬迁为主

如表 5-14 所示，无论是政策性移民还是自发移民，全家整体迁移（父母随迁）都是主流。政策性移民的占比为 90.4%，自发移民的占比为 77.8%。这表示，无论是政策性移民还是自发移民，都有强烈的举家迁移的诉求与行动，但自发移民的占比低于政策性移民的占比，表明自发移民整体搬迁的难度大于政策性移民整体搬迁的难度。

表 5-14　移民规模的多项变量

项目		移民类型		合计
		政策性移民	自发移民	
全家整体迁移（父母随迁）	计数	206	98	304
	移民类型中的占比/%	90.4	77.8	85.9
父母不随迁	计数	26	18	44
	移民类型中的占比/%	11.4	14.3	12.4
周边邻居一同迁移	计数	20	20	40
	移民类型中的占比/%	8.8	15.9	11.3
周边邻居部分迁移	计数	88	34	122
	移民类型中的占比/%	38.6	27.0	34.5
周边邻居没有迁移	计数	4	4	8
	移民类型中的占比/%	1.8	3.2	2.3

3. 移民走向——自发移民流向明显更优

如表 5-15 所示，在自发移民中，76.2%的被访者选择搬迁到河谷地带。河谷地带成为自发移民的基本流向。在政策性移民中，43.0%的被访者被安置在河谷地带，57.0%的被访者并未被安置在河谷地带。河谷地带在凉山地区属于水土肥沃、相对发达、交通便捷、生活方便的区域。

表 5-15 迁入地类型 1——河谷地带×移民类型交叉制表

项目			移民类型		合计
			政策性移民	自发移民	
迁入地类型 1——河谷地带	是	计数	98	96	194
		移民类型中的占比/%	43.0	76.2	54.8
	否	计数	130	30	160
		移民类型中的占比/%	57.0	23.8	45.2
合计		计数	228	126	354
		移民类型中的占比/%	100.0	100.0	100.0

如表 5-16 所示，在自发移民中，41.3%的被访者选择搬迁到城里（县城或西昌市），15.9%的被访者选择搬迁到县城周边（城郊或附近），41.3%的被访者选择搬迁到乡（镇）。基本上，自发移民遵循着向城里、县城周边或乡（镇）搬迁的路径流动。政策性移民则多被安置在乡（镇）（79.8%），城里、县城周边的比例则相对较低。

表 5-16 迁入地类型 2——城乡×移民类型交叉制表

项目			移民类型	
			政策性移民	自发移民
迁入地类型 2——城乡	城里（县城或西昌市）	计数	34	52
		移民类型中的占比/%	14.9	41.3
	县城周边（城郊或附近）	计数	8	20
		移民类型中的占比/%	3.5	15.9
	乡（镇）	计数	182	52
		移民类型中的占比/%	79.8	41.3
	其他	计数	4	2
		移民类型中的占比/%	1.8	1.6
合计		计数	228	126
		移民类型中的占比/%	100.0	100.0

如表 5-17 所示，无论是政策性移民还是自发移民，都有 40%多的被访者并未迁移到交通沿线地区，这或许和交通沿线地区的容纳量有一定关系，不一定代表这部分人不愿意迁入交通沿线地区。

表 5-17　迁入地类型 3——交通沿线×移民类型交叉制表

项目			移民类型		合计
			政策性移民	自发移民	
迁入地类型 3——交通沿线	是	计数	126	74	200
		移民类型中的占比/%	55.3	58.7	56.5
	否	计数	102	52	154
		移民类型中的占比/%	44.7	41.3	43.5
合计		计数	228	126	354
		移民类型中的占比/%	100.0	100.0	100.0

如表 5-18 所示，旅游景区附近并非移民的主要迁入地。对于政策性移民而言，旅游景区附近并非适合的安置地；对于自发移民而言，旅游景区附近并非自发迁移的目的地。这或许与旅游景区附近安置条件紧张导致的安置成本偏高有关。

表 5-18　迁入地类型 4——旅游景区附近×移民类型交叉制表

项目			移民类型		合计
			政策性移民	自发移民	
迁入地类型 4——旅游景区附近	是	计数	2	0	2
		移民类型中的占比/%	0.9	0	0.6
	否	计数	226	126	352
		移民类型中的占比/%	99.1	100.0	99.4
合计		计数	228	126	354
		移民类型中的占比/%	100.0	100.0	100.0

如表 5-19 所示，自发移民多半不会选择高半山地区作为迁入地，而政策性移民则难以选择自己的迁移方向。在自发移民中，仅有 1.6%的被访者迁入地为高半山区；在政策性移民中，有 35.1%的被访者迁入地为高半山区。这

和政策性移民政府主导、自发移民自己主导有关。在一定程度上，政策性移民选择的机会少，而自发移民选择的机会多。

表 5-19　迁入地类型 5——高半山区×移民类型交叉制表

项目			移民类型		合计
			政策性移民	自发移民	
迁入地类型 5——高半山区	是	计数	80	2	82
		移民类型中的占比/%	35.1	1.6	23.2
	否	计数	148	124	272
		移民类型中的占比/%	64.9	98.4	76.8
合计		计数	228	126	354
		移民类型中的占比/%	100.0	100.0	100.0

如表 5-20 所示，自发移民的跨区域外迁趋势十分明显。在自发移民中，有高达 78.3%的被访者为跨县域迁移，有 20%的被访者为跨乡（镇）迁移，而乡（镇）内迁的比例仅为 1.7%。在政策性移民中，乡（镇）内迁移的比例高达 41.2%，和跨县域迁移的比例相同，成为主要的搬迁类型。自发移民的跨县域迁移的特征，给实施属地管理的体制带来了治理困境。

表 5-20　迁入地类型 6——跨地域×移民类型交叉制表

项目			移民类型		合计
			政策性移民	自发移民	
迁入地类型 6——跨地域	跨县域迁移	计数	94	94	188
		移民类型中的占比/%	41.2	78.3	54.0
	跨乡(镇)迁移	计数	40	24	64
		移民类型中的占比/%	17.5	20.0	18.4
	乡(镇)内迁移	计数	94	2	96
		移民类型中的占比/%	41.2	1.7	27.6
合计		计数	228	120	348
		移民类型中的占比/%	100.0	100.0	100.0

（三）生态移民生产生活情况

1. 居住模式——标准化与多样化

数据显示，在居住模式方面，政策性移民呈现明显的标准化、单一化的模式，而自发移民的居住方式多种多样。

如表 5-21 所示，政策性移民的集中居住比例较高。在政策性移民中，有高达 61.4%的被访者为集中居住，有 38.6%的被访者为非集中居住。在自发移民中，仅有 33.3%的被访者为集中居住。

表 5-21　移民居住模式 1——集中定居×移民类型交叉制表

项目			移民类型		合计
			政策性移民	自发移民	
移民居住模式 1——集中定居	是	计数	140	42	182
		移民类型中的占比/%	61.4	33.3	51.4
	否	计数	88	84	172
		移民类型中的占比/%	38.6	66.7	48.6
合计		计数	228	126	354
		移民类型中的占比/%	100.0	100.0	100.0

如表 5-22 所示，仅有 1.8%的政策性移民为分散定居，而有 19.0%的自发移民为分散定居。这和政府选择的安置点本身就是聚居点有关，集中安置的，自然为集中定居。自发移民不存在固定的安置点，基本上自己决定去向，是否能够集中居住不完全取决于自己的意愿，还和自身的经济条件好坏等有关。

表 5-22　移民居住模式 2——分散定居×移民类型交叉制表

项目			移民类型		合计
			政策性移民	自发移民	
移民居住模式 2——分散定居	是	计数	4	24	28
		移民类型中的占比/%	1.8	19.0	7.9
	否	计数	224	102	326
		移民类型中的占比/%	98.2	81.0	92.1
合计		计数	228	126	354
		移民类型中的占比/%	100.0	100.0	100.0

如表 5-23 所示，无论是自发移民还是政策性移民，彝族聚居的比例都超过 40%。一方面，凉山州为彝族聚居区，大部分居住点有大量彝族同胞；另一方面，调研的样本里生态移民中大部分为彝族同胞，与本民族人口聚居是一种十分自然的选择。

表 5-23 移民居住模式 3——彝族聚居×移民类型交叉制表

项目			移民类型		合计
			政策性移民	自发移民	
移民居住模式 3——彝族聚居	是	计数	94	56	150
		移民类型中的占比/%	41.2	44.4	42.4
	否	计数	134	70	204
		移民类型中的占比/%	58.8	55.6	57.6
合计		计数	228	126	354
		移民类型中的占比/%	100.0	100.0	100.0

如表 5-24 所示，政策性移民中多民族混居的比例更高。这表明，政策性移民更倾向于促成多民族混居（30.7%）；在自发移民中，选择多民族混居的比例则相对较低（14.3%）。政策导向与民众诉求之间存在一定差距。

表 5-24 移民居住模式 4——多民族混居×移民类型交叉制表

项目			移民类型		合计
			政策性移民	自发移民	
移民居住模式 4——多民族混居	是	计数	70	18	88
		移民类型中的占比/%	30.7	14.3	24.9
	否	计数	158	108	266
		移民类型中的占比/%	69.3	85.7	75.1
合计		计数	228	126	354
		移民类型中的占比/%	100.0	100.0	100.0

2. 生计获得——“相对依赖”与“积极谋生”

数据显示，在生计获得方面，相对于自发移民，政策性移民有较强的对党委、政府的生计依赖，而自发移民则更为积极地自主谋得生计。

如表 5-25 所示，务农依然是生态移民的主要生计来源。有 90.4%的政策性移民和 84.1%的自发移民都以务农作为家庭主要收入来源。这表明，无论是政策性移民，务农都是他们还是自发移民并未丢弃的基础性生计方式。

表 5-25 家庭主要收入来源 1——务农×移民类型交叉制表

项目			移民类型		合计
			政策性移民	自发移民	
家庭主要收入来源 1——务农	是	计数	206	106	312
		移民类型中的占比/%	90.4	84.1	88.1
	否	计数	22	20	42
		移民类型中的占比/%	9.6	15.9	11.9
合计		计数	228	126	354
		移民类型中的占比/%	100.0	100.0	100.0

如表 5-26 所示，自发移民选择打工的比例远远高于政策性移民选择打工的比例。在政策性移民中，以外出务工（打工）为家庭主要收入来源的比例为 47.4%。在自发移民中，以外出务工（打工）为家庭主要收入来源的比例高达 73.0%。自发移民在外出务工谋得生计方面比政策性移民更加积极主动。

表 5-26 家庭主要收入来源 2——打工×移民类型交叉制表

项目			移民类型		合计
			政策性移民	自发移民	
家庭主要收入来源 2——打工	是	计数	108	92	200
		移民类型中的占比/%	47.4	73.0	56.5
	否	计数	120	34	154
		移民类型中的占比/%	52.6	27.0	43.5
合计		计数	228	126	354
		移民类型中的占比/%	100.0	100.0	100.0

如表 5-27 所示，有 28.6%的自发移民通过做生意获得家庭收入，而这一比例在政策性移民中仅为 6.1%。这表明，自发移民在经商能力方面明显强于政策性移民，这或许和自发移民主要靠自己谋生才能生存的压力有关。

表 5-27 家庭主要收入来源 3——做生意×移民类型交叉制表

项目			移民类型		合计
			政策性移民	自发移民	
家庭主要收入来源 3——做生意	是	计数	14	36	50
		移民类型中的占比/%	6. 1	28. 6	14. 1
	否	计数	214	90	304
		移民类型中的占比/%	93. 9	71. 4	85. 9
合计		计数	228	126	354
		移民类型中的占比/%	100. 0	100. 0	100. 0

政策性移民和自发移民其他家庭主要收入来源情况见表 5-28。

表 5-28 家庭主要收入来源 4——其他×移民类型交叉制表

项目			移民类型		合计
			政策性移民	自发移民	
家庭主要收入来源 4——其他	是	计数	8	0	8
		移民类型中的占比/%	3. 5	0	2. 3
	否	计数	220	126	346
		移民类型中的占比/%	96. 5	100. 0	97. 7
合计		计数	228	126	354
		移民类型中的占比/%	100. 0	100. 0	100. 0

3. 旧资产处置——旧资产“纠缠”与“干净”搬迁

数据显示，在旧资产处置方面，政策性移民并未彻底放弃过去的生计与产业，而自发移民则与过去的产业“了断”得更加干脆、彻底。

如表 5-29 所示，在旧有土地中，有 37. 5%的政策性移民仍然在自营，而这一比例在自发移民中仅为 5. 0%；有 9. 6%的政策性移民将土地流转，而这一比例在自发移民中高达 81. 7%；有 30. 8%的政策性移民退耕，而这一比例在自发移民中为 0。

表 5-29　迁出地耕地处理方式×移民类型交叉制表

项目			移民类型	
			政策性移民	自发移民
迁出地耕地处理方式	自营	计数	78	6
		移民类型中的占比/%	37.5	5.0
	流转（承包给别人）	计数	20	98
		移民类型中的占比/%	9.6	81.7
	退耕	计数	64	0
		移民类型中的占比/%	30.8	0
	抛荒	计数	10	16
		移民类型中的占比/%	4.8	13.3
	被淹没	计数	24	0
		移民类型中的占比/%	11.5	0
	修水库占用	计数	12	0
		移民类型中的占比/%	5.8	0
合计		计数	208	120
		移民类型中的占比/%	100.0	100.0

如表 5-30 所示，同土地的情况十分类似，在旧有林地中，有 52.5%的政策性移民仍然在自营，而这一比例在自发移民中为 23.3%；有 2%的政策性移民将林地流转，而这一比例在自发移民中高达 65.1%；有 24.8%的政策性移民将林地退给集体。

表 5-30　迁出地林地处理方式×移民类型交叉制表

项目			移民类型	
			政策性移民	自发移民
迁出地林地处理方式	自营	计数	106	20
		移民类型中的占比/%	52.5	23.3
	流转（承包给别人）	计数	4	56
		移民类型中的占比/%	2.0	65.1

表5-30(续)

项目			移民类型	
			政策性移民	自发移民
迁出地林地处理方式	退回集体	计数	50	2
		移民类型中的占比/%	24.8	2.3
	放任不管	计数	8	6
		移民类型中的占比/%	4.0	7.0
	被淹没	计数	24	0
		移民类型中的占比/%	11.9	0
	无林地	计数	0	2
		移民类型中的占比/%	0	2.3
	修水库占用	计数	10	0
		移民类型中的占比/%	5.0	0
合计		计数	202	86
		移民类型中的占比/%	100.0	100.0

如表 5-31 所示，关于迁出地财产处理方式，有 42.3%的政策性移民选择抛弃，而这一比例在自发移民中为 23.7%；有 20.6%的政策性移民选择将旧有财产变卖，而这一比例在自发移民中高达 71.2%；还有 8.2%的政策性移民选择复耕。

表 5-31　迁出地财产（房产等）处理方式×移民类型交叉制表

项目			移民类型	
			政策性移民	自发移民
迁出地财产（房产等）处理方式	送人	计数	0	2
		移民类型中的占比/%	0	1.7
	抛弃	计数	82	28
		移民类型中的占比/%	42.3	23.7
	变卖	计数	40	84
		移民类型中的占比/%	20.6	71.2

表5-31(续)

项目			移民类型	
			政策性移民	自发移民
迁出地财产（房产等）处理方式	留给没有随迁的父母	计数	18	4
		移民类型中的占比/%	9.3	3.4
	被淹没	计数	24	0
		移民类型中的占比/%	12.4	0
	复耕	计数	16	0
		移民类型中的占比/%	8.2	0
	修水库占用	计数	10	0
		移民类型中的占比/%	5.2	0
	暂未处理	计数	4	0
		移民类型中的占比/%	2.1	0
合计		计数	194	118
		移民类型中的占比/%	100.0	100.0

（四）生态移民获得的帮扶与诉求

1. 住房帮扶——“相对剥离感”与“无剥离感”并存

数据显示，政府在住房帮扶方面，并未对政策性移民形成全覆盖的政策关照，以至于政策性移民可能存在着“相对剥离感”；而自发移民因为得到政府帮扶较少，反而存在一定的“无剥离感”。

如表5-32所示，仅有24.6%的政策性移民获得了按人头补贴建房的帮扶，而这一比例在自发移民中仅为3.2%。

表 5-32　按人头补贴建房×移民类型交叉制表

<table>
<tr><td colspan="3" rowspan="2">项目</td><td colspan="2">移民类型</td><td rowspan="2">合计</td></tr>
<tr><td>政策性移民</td><td>自发移民</td></tr>
<tr><td rowspan="4">获得政府的住房帮扶情况 1——按人头补贴建房</td><td rowspan="2">是</td><td>计数</td><td>56</td><td>4</td><td>60</td></tr>
<tr><td>移民类型中的占比/%</td><td>24. 6</td><td>3. 2</td><td>16. 9</td></tr>
<tr><td rowspan="2">否</td><td>计数</td><td>172</td><td>122</td><td>294</td></tr>
<tr><td>移民类型中的占比/%</td><td>75. 4</td><td>96. 8</td><td>83. 1</td></tr>
<tr><td colspan="2" rowspan="2">合计</td><td>计数</td><td>228</td><td>126</td><td>354</td></tr>
<tr><td>移民类型中的占比/%</td><td>100. 0</td><td>100. 0</td><td>100. 0</td></tr>
</table>

如表 5-33 所示，有 52. 6%的政策性移民获得了按家庭获得建房的帮扶，与获得按人头补贴建房的比例相加尚未到 80%，表示有政策性移民的被访者并未获得建房补贴。根据政策，所有政策性移民都应该能够获得建房补贴。出现这种情况，或许和政策执行的进度、信息统计的不及时等因素有关。

表 5-33　按家庭补贴建房×移民类型交叉制表

<table>
<tr><td colspan="3" rowspan="2">项目</td><td colspan="2">移民类型</td><td rowspan="2">合计</td></tr>
<tr><td>政策性移民</td><td>自发移民</td></tr>
<tr><td rowspan="4">获得政府的住房帮扶情况 2——按家庭补贴建房</td><td rowspan="2">是</td><td>计数</td><td>120</td><td>0</td><td>120</td></tr>
<tr><td>移民类型中的占比/%</td><td>52. 6</td><td>0</td><td>33. 9</td></tr>
<tr><td rowspan="2">否</td><td>计数</td><td>108</td><td>126</td><td>234</td></tr>
<tr><td>移民类型中的占比/%</td><td>47. 4</td><td>100. 0</td><td>66. 1</td></tr>
<tr><td colspan="2" rowspan="2">合计</td><td>计数</td><td>228</td><td>126</td><td>354</td></tr>
<tr><td>移民类型中的占比/%</td><td>100. 0</td><td>100. 0</td><td>100. 0</td></tr>
</table>

如表 5-34 所示，有 60. 5%的政策性移民的住房由政府统一规划、自己建设；而这一比例在自发移民中为 15. 9%。这和易地扶贫搬迁政策相对统一有关，政府对自发移民的住房，仅仅是指导而非主导，但是对政策性移民的住房，则是主导。大部分地区在政策性移民住房方面都采取的是统规自建模式。

表 5-34　住房统规自建×移民类型交叉制表

项目			移民类型		合计
			政策性移民	自发移民	
获得政府的住房帮扶情况 3——住房由政府统一规划、自己建设（住房统规自建）	是	计数	138	20	158
		移民类型中的占比/%	60.5	15.9	44.6
	否	计数	90	106	196
		移民类型中的占比/%	39.5	84.1	55.4
合计		计数	228	126	354
		移民类型中的占比/%	100.0	100.0	100.0

如表 5-35 所示，有 20.2%的政策性移民的住房由自己规划、自己建设；而这一比例在自发移民中为 39.7%。在住房模式的选择上，政府提供了几种方案，尽管以统规自建为主，但是也允许民众选择自己规划、自己建设。调查统计得出的这一比例基本符合当地的现实。

表 5-35　住房自规自建×移民类型交叉制表

项目			移民类型		合计
			政策性移民	自发移民	
获得政府的住房帮扶情况 4——住房由自己规划、自己建设（住房自规自建）	是	计数	46	50	96
		移民类型中的占比/%	20.2	39.7	27.1
	否	计数	182	76	258
		移民类型中的占比/%	79.8	60.3	72.9
合计		计数	228	126	354
		移民类型中的占比/%	100.0	100.0	100.0

如表 5-36 所示，仅有 1.8%的政策性移民的住房由政府统一规划、统一建设；而这一比例在自发移民中为 0。这与易地扶贫搬迁中不主张统规统建有关系，统规统建不仅增加了政府的工作量，而且并不受民众欢迎。很多移民都希望能够参与住房建设。对于自发移民而言，其住房建设并非政府的任务，更不存在统规统建的问题。

表 5-36　住房统规统建×移民类型交叉制表

项目			移民类型		合计
			政策性移民	自发移民	
获得政府的住房帮扶情况 5——住房由政府统一规划、统一建设（住房统规统建）	是	计数	4	0	4
		移民类型中的占比/%	1.8	0	1.1
	否	计数	224	126	350
		移民类型中的占比/%	98.2	100.0	98.9
合计		计数	228	126	354
		移民类型中的占比/%	100.0	100.0	100.0

如表 5-37 所示，无论是政策性移民还是自发移民，都没有发生土地比原来多的情况。这与国家政策的硬性规定有关。国家的土地政策具有一定的连续性，地方政府基本无权改变土地承包经营权，迁入地的土地基本上“名花有主”，除了个别地方有一定的机动指标外，绝大多数地方基本上没有多余的土地，自然无法为移民提供更多的土地。大部分的安置基本上是无土安置。

表 5-37　获得土地是否比原来多×移民类型交叉制表

项目			移民类型		合计
			政策性移民	自发移民	
获得政府的土地安置情况 1——土地比原来多	否	计数	226	126	352
		移民类型中的占比/%	100.0	100.0	100.0
合计		计数	226	126	352
		移民类型中的占比/%	100.0	100.0	100.0

如表 5-38 所示，有 59.3%的政策性移民认为自己的土地比原来少了；而这一比例在自发移民中仅为 3.2%。这表明，在政策性移民中，有较多的被访者存在因为土地比原来少而产生相对剥离感。由于土地政策的相对刚性，而且无土安置占了很高比例，因此政策性移民认为土地减少十分正常。相反，由于监管的缺失，自发移民中私下买卖土地或流转土地的情况比较普遍，但是这种情况不受法律保护，并不能带来法定经营权的土地增多。

表 5-38　获得土地是否比原来少×移民类型交叉制表

项目			移民类型		合计
			政策性移民	自发移民	
获得政府的土地安置情况 2——土地比原来少	是	计数	134	4	138
		移民类型中的占比/%	59. 3	3. 2	39. 2
	否	计数	92	122	214
		移民类型中的占比/%	40. 7	96. 8	60. 8
合计		计数	226	126	352
		移民类型中的占比/%	100. 0	100. 0	100. 0

如表 5-39 所示，仅有 9. 7%的政策性移民认为现在的土地比原来肥沃；而这一比例在自发移民中高达 31. 7%。肥沃的土地是稀缺资源，即便是有土安置的移民，也无法满足都能够获得肥沃的土地的愿望。自发移民获取土地的方式与其经济条件有关，相对灵活。

表 5-39　土地是否比原来肥沃×移民类型交叉制表

项目			移民类型		合计
			政策性移民	自发移民	
获得政府的土地安置情况 3——土地比原来肥沃	是	计数	22	40	62
		移民类型中的占比/%	9. 7	31. 7	17. 6
	否	计数	204	86	290
		移民类型中的占比/%	90. 3	68. 3	82. 4
合计		计数	226	126	352
		移民类型中的占比/%	100. 0	100. 0	100. 0

如表 5-40 所示，有 15. 9%的政策性移民认为现在的土地比原来贫瘠；而这一比例在自发移民中仅为 1. 6%。这仍然与土地的稀缺性有关，各地不可能放着肥沃的土地等到移民的到来然后分配给移民。即便是土地流转，肥沃的土地大多早已被流转。对于自发移民而言，其一般不会选择贫瘠的土地。因此，调查中统计出的这一比例属于正常比例。

表 5-40　土地是否比原来贫瘠×移民类型交叉制表

项目			移民类型		合计
			政策性移民	自发移民	
获得政府的土地安置情况 4——土地比原来贫瘠	是	计数	36	2	38
		移民类型中的占比/%	15.9	1.6	10.8
	否	计数	190	124	314
		移民类型中的占比/%	84.1	98.4	89.2
合计		计数	226	126	352
		移民类型中的占比/%	100.0	100.0	100.0

2. 保障获得——自发移民的公共服务获得较少

数据显示，政策性移民比自发移民获得了更加丰富的社会保障，享受了基础性公共服务，而自发移民的公共服务却难以得到保障。

如表 5-41 所示，在政策性移民中，有 76.3%的被访者解决了迁入地户口问题，而这一比例在自发移民中仅为 3.2%。易地扶贫搬迁政策中有解决政策性移民的户籍问题的规定，而自发移民的户籍问题并无相应的政策规定。“人户分离”是自发移民问题中的顽疾。

表 5-41　获得迁入地户口×移民类型交叉制表

项目			移民类型		合计
			政策性移民	自发移民	
问题得到了解决 1——获得迁入地户口	是	计数	174	4	178
		移民类型中的占比/%	76.3	3.2	50.3
	否	计数	54	122	176
		移民类型中的占比/%	23.7	96.8	49.7
合计		计数	228	126	354
		移民类型中的占比/%	100.0	100.0	100.0

如表 5-42 所示，在政策性移民中，有 62.3%的被访者解决了子女就学问题同时不交高价，而这一比例在自发移民中为 36.5%。同样，易地扶贫搬迁政策中对政策性移民的子女就学问题有相关规定，在安置点建设方面也对教

育等公共服务设施进行了配套建设，但是自发移民可能并不享有当地的惠民政策。尽管近年来各地在陆续解决自发移民的这些问题，但是目前并无统一的政策规定。

表 5-42　子女就读当地学校不交高价×移民类型交叉制表

项目			移民类型		合计
			政策性移民	自发移民	
问题得到了解决 2——子女就读当地学校不交高价	是	计数	142	46	188
		移民类型中的占比/%	62.3	36.5	53.1
	否	计数	86	80	166
		移民类型中的占比/%	37.7	63.5	46.9
合计		计数	228	126	354
		移民类型中的占比/%	100.0	100.0	100.0

如表 5-43 所示，在政策性移民中，仅有 5.3%的被访者通过政府帮助解决了就业问题，而这一比例在自发移民中高达 25.4%。这同政策性移民并无强烈的外出务工的诉求直接相关，并非该政策没有覆盖到政策性移民，而是很多政策性移民将这一福利放弃了。

表 5-43　政府在就业方面提供帮助×移民类型交叉制表

项目			移民类型		合计
			政策性移民	自发移民	
问题得到了解决 3——政府在就业方面提供帮助	是	计数	12	32	44
		移民类型中的占比/%	5.3	25.4	12.4
	否	计数	216	94	310
		移民类型中的占比/%	94.7	74.6	87.6
合计		计数	228	126	354
		移民类型中的占比/%	100.0	100.0	100.0

如表 5-44 所示，在政策性移民中，有 55.3%的被访者认为自己在其他权利方面与当地居民一样，而这一比例在自发移民中仅为 6.3%。这仍然和易地扶贫搬迁政策的规定有关，政策性移民基本上户籍同迁，而户籍联系着一系列权利。

表 5-44　其他权利方面与当地居民一样×移民类型交叉制表

项目			移民类型		合计
			政策性移民	自发移民	
问题得到了解决——其他权利方面与当地居民一样	是	计数	126	8	134
		移民类型中的占比/%	55.3	6.3	37.9
	否	计数	102	118	220
		移民类型中的占比/%	44.7	93.7	62.1
合计		计数	228	126	354
		移民类型中的占比/%	100.0	100.0	100.0

3. 诉求分化——政策性移民与自发移民的差异化“关切”

数据显示（见表 5-45），自发移民的搬迁满意度明显高于政策性移民。

首先，生态移民对基础条件改善的评价普遍较高。“交通等基础设施条件改善”（高于 4 分）、“子女上学条件改善”（高于 4 分）、“医疗、金融等服务更加丰富”（接近 4 分）等选项的得分率均普遍较高。

其次，在生计获得上，自发移民的评价明显高于政策性移民的评价。“家庭收入增加”选项上，政策性移民得分仅为 2.62 分，而自发移民的得分为 3.23 分；“生活水平提高”选项上，政策性移民得分为 3.49 分，而自发移民的得分为 3.79 分。政策性移民对“住房条件改善”的评价明显高于自发移民，政策性移民的得分为 4.15 分，而自发移民的得分为 3.69 分。

最后，自发移民感受到的政策关照相对较少，而政策性移民感受到的政策关照相对较多。例如，在负向指标中（得分越低表明评价越高），政策性移民对几乎所有指标的评价都高于自发移民。

表 5-45　移民的诉求差异（满分 5 分）

项目		政策性移民	自发移民
正向指标	就业机会增多	3.20	3.62
	创业机会增多	3.19	3.25
	家庭收入增加	2.62	3.23
	商品经济意识增强	3.57	3.42
	消费水平升级	3.57	3.48
	生活水平提高	3.49	3.79
	住房条件改善	4.15	3.69
	交通等基础设施条件改善	4.36	4.22
	消费购物便利	3.83	3.75
	接收新信息便利	3.64	3.85
	个人的视野更加开阔	3.63	3.57
	子女上学条件改善	4.05	4.07
	医疗、金融等服务更加丰富	3.93	3.92
	文化娱乐更加丰富	3.50	3.65
	社交圈层得以扩大	3.41	3.53
	邻里关系更加和睦	3.31	3.65
负向指标	社区不安定因素增多	2.80	3.13
	对新的生产生活方式不适应	2.72	3.38
	对新社区的心理归属感较弱	2.92	3.38
	对原居住地比较留恋	3.28	3.24
	移民政策考虑居民利益少	3.02	3.46
	移民政策有失公平	2.97	3.35
	后期生产扶持措施不够深入	3.07	3.48
	移民保障体系不够完善	2.96	3.74
总体指标	总体上对本次移民满意	3.19	3.66

4. 政策关注——移民对政策的不同关注度

数据显示，在政策关注方面，政策性移民对政策有较高的关注度，而自发移民则不太关注政府政策。易地扶贫搬迁政策涉及政策性移民的方方面面，各种惠民政策、各种补贴以及搬迁的相关规定都和移民的利益密切相关。移民为了自身的利益，自然对政策十分关注。而政府并无关于自发移民的特别政策，易地扶贫搬迁政策又基本不涉及自发移民，自发移民自然不关心这些政策。

如表 5-46 所示，在政策性移民中，有 33.3%的被访者认为政府对所建的住房有监管，而这一比例在自发移民中为 19.2%，比例均不高。

表 5-46　政府对所建的住房是否监管×移民类型交叉制表

项目			移民类型		合计
			政策性移民	自发移民	
政府对所建的住房有监管吗?	有	计数	14	10	24
		移民类型中的占比/%	33.3	19.2	25.5
	无	计数	28	42	70
		移民类型中的占比/%	66.7	80.8	74.5
合计		计数	42	52	94
		移民类型中的占比/%	100.0	100.0	100.0

如表 5-47 所示，在政策性移民中，有 28.6%的被访者认为政府对所建的住房有质量要求，而这一比例在自发移民中为 16.0%，比例均较低。

表 5-47　政府对所建的住房质量是否有要求×移民类型交叉制表

项目			移民类型		合计
			政策性移民	自发移民	
政府对所建的住房有质量要求吗?	有	计数	12	8	20
		移民类型中的占比/%	28.6	16.0	21.7
	无	计数	30	42	72
		移民类型中的占比/%	71.4	84.0	78.3
合计		计数	42	50	92
		移民类型中的占比/%	100.0	100.0	100.0

如表 5-48 所示，在政策性移民中，有 50.0%的被访者了解政府对移民的政策，而这一比例在自发移民中为 11.1%。

表 5-48 对移民政策的了解情况×移民类型交叉制表

<table>
<tr><td colspan="3" rowspan="2">项目</td><td colspan="2">移民类型</td><td rowspan="2">合计</td></tr>
<tr><td>政策性移民</td><td>自发移民</td></tr>
<tr><td rowspan="4">你了解政府对移民的相关政策吗?</td><td rowspan="2">有</td><td>计数</td><td>14</td><td>6</td><td>20</td></tr>
<tr><td>移民类型中的占比/%</td><td>50.0</td><td>11.1</td><td>24.4</td></tr>
<tr><td rowspan="2">无</td><td>计数</td><td>14</td><td>48</td><td>62</td></tr>
<tr><td>移民类型中的占比/%</td><td>50.0</td><td>88.9</td><td>75.6</td></tr>
<tr><td colspan="2" rowspan="2">合计</td><td>计数</td><td>28</td><td>54</td><td>82</td></tr>
<tr><td>移民类型中的占比/%</td><td>100.0</td><td>100.0</td><td>100.0</td></tr>
</table>

（五）凉山州问卷调查结果分析

凉山州问卷调查结果鲜明地呈现出了自发移民和政策性移民的差异，这种差异主要源于政策支持力度的不同，但是也反映出了两种移民群体自身素质、生产生活能力等多方面的差异。

为什么凉山州的自发移民主要为彝族同胞？这和彝族同胞长期以来善于利用环境、相对喜欢迁移的历史传统有关。更主要的是，在凉山地区，生活在高半山区和二半山上区的绝大多数人口为彝族同胞，汉族的生活地域大多为河谷或城镇。从环境吸引力产生的“推拉效应”来说，主动迁移的人口基本上为生活在高半山区和二半山区的生产生活环境较差的地区的人口，自然基本上均为彝族同胞。

为什么近几年的移民数量较多？政策性移民集中在“十三五”时期，和国家的移民搬迁任务息息相关。自发移民逐年增多，和近年来全国人口迁移的“乡—城”流动特征基本一致，赚钱、交通、教育是影响自发移民迁移的三大主要因素。从这个趋势来看，未来凉山地区自然条件较差的部分高半山区和二半山区的农村很可能会成为“空心村”。

搬迁地点的差异鲜明地反映出政策性移民和自发移民的“政策”与“自发”的特点。政策性移民受限于“政策规定”，安置在安宁河谷的不多，城镇安置的比例也远远少于自发移民。有 79.8%的被调研的政策性移民被安置在乡（镇），有35.1%的被访者迁入地为高半山区，集中居住比例高达61.4%，反映出就近安置和符合条件的安置点有限的现实。自发移民遵从个人自愿，跨县搬迁、选择河谷地带和城镇的比例很高，集中居住的比例低。可以预计，其给地方政府管理带来的潜在问题也更多。同时，从政策导向来看，政府希望“嵌入式”安置，但彝族同胞却喜欢彝族聚居区，特别是自发移民，选择多民族混居的比例不到15%。今后，引导“嵌入式”安置的措施需要继续强化。

从举家迁移的不同比例来看，在政策性移民中，仍有9.6%的被访者没有父母随迁，实际上反映了这部分人暂时没有接受政府的移民搬迁政策，表明政策宣传和执行方面仍然有改善的空间。在自发移民中，有22.2%的被访者没有父母随迁。其原因显然无关政策，应该是暂时不具备全家搬迁能力，也反映了自发移民的搬迁与自身经济条件和能力相关。

从生计来看，仍然体现出多元谋生方式，务农、务工、经商为主要方式。但是，在务工和经商方面，政策性移民明显不如自发移民，也体现了政策性移民谋生手段和能力相对比较欠缺。从对旧资产的处置来看，政策性移民中有37.5%的被访者仍然在自营土地，有52.5%的被访者仍然在自营林地，其所占比重远远高于自发移民。但是，在土地和林地的流转以及对旧资产的变卖方面，自发移民旧资产流转和变卖的比例远远高于政策性移民。这很明显地反映出自发移民和政策性移民对未来的信心不同，政策性移民的“藕断丝连”在一定程度上反映了其对未来的信心不足。

从获得的支持来看，自发移民没有办法与政策性移民相比。但是，正因为如此，政策性移民带来的问题反而比自发移民少。无论是政策性移民还是自发移民，都是为了追求更美好的生活。从这一点来看，自发移民也应该纳入整体的反贫困体系中去，在相对贫困治理时期，将自发移民问题和相对贫困治理衔接，宏观上统一引导，或许是凉山州问卷调研带给我们的启示之一。

二、昌都市生态移民问卷调查及分析

本次调查有效问卷样本704份，涵盖了11个县（区）。信度分析采用Chronbach'α系数来估算。SPSS分析结果表明，移民对生态移民感知的Cronbach'α系数为0.944，说明量表的信度较好。效度分析采用结构效度分析的KMO值来判断。SPSS分析结果表明，四个量表的KMO值均大于0.893，说明量表的结构效度较好。

调查问卷（问卷作为附件附后）中第25~48题为移民对生态移民搬迁工程的感知调查量表，总分为120分。其中，第25~40题为正向计分，非常同意=5，比较同意=4，一般=3，不太同意=2，很不同意=1；41~48题为负向计分，非常同意=1，比较同意=2，一般=3，不太同意=4，很不同意=5。

（一）移民对生态移民搬迁工程的总体感知情况

1. 分县（区）的移民对生态移民搬迁工程的感知

从分县（区）的移民对生态移民搬迁工程的感知得分（见表5-49）来看，昌都全市的感知得分均值为114.5；丁青县的感知度最高，得分为120，达到100%的非常同意，即对生态移民搬迁工程完全认可；洛隆县的感知度相对最低，得分为110.7。

表5-49　昌都市分县（区）的移民对生态移民搬迁工程的感知得分

县（区）	实际感知得分	百分制得分	样本量
江达县	115.3	96.08	104
贡觉县	114.9	95.75	18
左贡县	119.5	99.58	40
八宿县	116.2	96.83	48
边坝县	117.5	97.92	60
类乌齐县	110.8	92.33	52
洛隆县	110.7	92.25	70
丁青县	120.0	100	60
卡若区	110.8	92.33	64
察雅县	116.5	97.08	88
芒康县	110.9	92.42	100
全市均值	114.5	95.42	—

2. 分区域的移民对生态移民搬迁工程的感知

从分区域的生态移民感知情况来看，东部地区（江达、贡觉、左贡、八宿、芒康、察雅）的生态移民感知度最高，得分均值为 115.0；西部地区（边坝、类乌齐、洛隆、丁青）次之，得分均值为 114.7；卡若区的得分最低，只有 110.8，说明该区生态移民的感知度最低。可见，东部地区居民对生态移民的认可度最高，其中江达县的感知度最高，得分为 115.3。

江达、贡觉、芒康 3 个县地处长江上游，这里单独统计。3 个县平均感知得分为 113.3，低于全市的平均水平（114.5），说明 3 个县的移民对生态移民工程的整体认可度较全市偏低。其主要原因是芒康县的感知度得分拉低了 3 个县的平均水平，江达县和贡觉县的感知度得分均高于全市平均水平。

表 5-50　昌都市分区域的移民对生态移民搬迁工程的感知得分

区域	实际感知得分	百分制得分	样本量
江达县	115.3	96.08	104
贡觉县	114.9	95.75	18
芒康县	110.9	92.42	100
江达县、贡觉县、芒康县	113.3	94.42	222
东部地区	115.0	95.83	398
西部地区	114.7	95.58	242
卡若区	110.8	92.33	64
全市均值	114.5	95.42	704

（二）移民对生态移民搬迁工程带来的具体效应感知情况

1. 就业机会和创业机会

从具体问题来看，在就业机会增多的感知调查中，非常同意的比重达到 100%的县（区）有左贡县、边坝县、丁青县，非常同意的比重最低的为芒康县，只有 54.0%，比较同意的比重为 46.0%。在创业机会增多的感知调查中，非常同意的比重达到 100%的县（区）有左贡县、丁青县，非常同意的比重最低的为芒康县，只有 54.0%，比较同意的比重为 20.0%（见表 5-51）。

表 5-51　昌都市就业机会增多和创业机会增多的感知统计　　单位:%

县（区）	就业机会增多			创业机会增多		
	一般	比较同意	非常同意	一般	比较同意	非常同意
江达县	0	42.3	57.7	0	30.8	69.2
贡觉县	0	11.1	88.9	0	11.1	88.9
左贡县	0	0	100.0	0	0	100.0
八宿县	0	25.0	75.0	0	37.5	62.5
边坝县	0	0	100.0	0	13.3	86.7
类乌齐县	7.7	23.1	69.2	11.5	19.2	69.2
洛隆县	0	20.0	80.0	11.4	17.1	71.4
丁青县	0	0	100.0	0	0	100.0
卡若区	0	21.9	78.1	0	50.0	50.0
察雅县	0	4.5	95.5	2.3	11.4	86.4
芒康县	0	46.0	54.0	26.0	20.0	54.0
全市均值	0.7	16.9	82.5	2.6	20.5	76.8

2. 家庭收入和商品经济意识

在家庭收入增加的感知调查中，非常同意的比重达到100%的县（区）有左贡县、丁青县，非常同意的比重最低的为芒康县，只有54.0%，比较同意的比重为46.0%。在商品经济意识增强的感知调查中，非常同意的比重达到100%的县（区）有左贡县、丁青县，非常同意的比重最低的是卡若区，只有50.0%，比较同意的比重为40.6%（见表5-52）。

表 5-52　昌都市家庭收入增加和商品经济意识增强的感知统计　　单位:%

县（区）	家庭收入增加			商品经济意识增强		
	一般	比较同意	非常同意	一般	比较同意	非常同意
江达县	0	21.2	78.8	0	34.6	65.4
贡觉县	0	22.2	77.8	0	11.1	88.9
左贡县	0	0	100.0	0	0	100.0
八宿县	4.2	25.0	70.8	0	33.3	66.7

表5-52(续)

县（区）	家庭收入增加			商品经济意识增强		
	一般	比较同意	非常同意	一般	比较同意	非常同意
边坝县	3.3	10.0	86.7	0	6.7	93.3
类乌齐县	3.8	34.6	61.5	11.5	19.2	69.2
洛隆县	11.4	11.4	77.1	5.7	17.1	77.1
丁青县	0	0	100.0	0	0	100.0
卡若区	0	43.8	56.2	9.4	40.6	50.0
察雅县	0	13.6	86.4	4.5	15.9	79.5
芒康县	0	46.0	54.0	0	46.0	54.0
全市均值	2.3	18.2	79.5	3.3	19.9	76.8

3. 消费水平和生活水平

在消费水平升级的感知调查中，非常同意的比重达到100%的县（区）有左贡县、丁青县，非常同意的比重最低的是卡若区，只有46.9%，比较同意的比重为50.0%，一般的比重为3.1%。感知一般比重最高的是洛隆县，达到11.4%。在生活水平提高的感知调查中，非常同意的比重达到100%的县（区）有左贡县、丁青县，非常同意的比重最低的是卡若区，只有75.0%，比较同意的比重为25.0%。感知一般的比重最高的是边坝县，达到10%（见表5-53）。

表5-53 昌都市消费水平升级和生活水平提高的感知统计 单位:%

县（区）	消费水平升级			生活水平提高		
	一般	比较同意	非常同意	一般	比较同意	非常同意
江达县	0	26.9	73.1	0	3.8	96.2
贡觉县	0	33.3	66.7	0	22.2	77.8
左贡县	0	0	100.0	0	0	100.0
八宿县	0	20.8	79.2	0	16.7	83.3
边坝县	0	10.0	90.0	10.0	0	90.0
类乌齐县	7.7	15.4	76.9	7.7	11.5	80.8
洛隆县	11.4	20.0	68.6	0	17.1	82.9

表5-53(续)

县（区）	消费水平升级			生活水平提高		
	一般	比较同意	非常同意	一般	比较同意	非常同意
丁青县	0	0	100.0	0	0	100.0
卡若区	3.1	50.0	46.9	0	25.0	75.0
察雅县	2.3	6.8	90.9	0	9.1	90.9
芒康县	0	20.0	80.0	0	18.0	82.0
全市均值	2.6	18.2	79.1	1.7	9.6	88.7

4. 住房条件和交通等基础设施条件

在住房条件改善的感知调查中，非常同意的比重达到100%的县（区）有左贡县、丁青县，非常同意的比重最低为芒康县，只有54.0%，比较同意的比重为46.0%。感知不太同意的只有洛隆县，比重为2.9%。在交通等基础设施条件改善的感知调查中，非常同意的比重达到100%的县（区）有左贡县、丁青县，非常同意的比重最低的是江达县，只有76.9%，比较同意的比重为23.1%。感知不太同意的只有洛隆县，比重为5.7%（见表5-54）。

表5-54　昌都市住房条件改善和交通等基础设施条件改善的感知统计

单位:%

县（区）	住房条件改善				交通等基础设施条件改善			
	不太同意	一般	比较同意	非常同意	不太同意	一般	比较同意	非常同意
江达县	0	0	3.8	96.2	0	0	23.1	76.9
贡觉县	0	0	11.1	88.9	0	0	11.1	88.9
左贡县	0	0	0	100.0	0	0	0	100.0
八宿县	0	0	12.5	87.5	0	0	4.2	95.8
边坝县	0	0	3.3	96.7	0	0	10.0	90.0
类乌齐县	0	0	7.7	92.3	0	0	11.5	88.5
洛隆县	2.9	2.9	8.6	85.7	5.7	0	14.3	80.0
丁青县	0	0	0	100.0	0	0	0	100.0
卡若区	0	0	15.6	84.4	0	0	18.8	81.3

表5-54(续)

县（区）	住房条件改善				交通等基础设施条件改善			
	不太同意	一般	比较同意	非常同意	不太同意	一般	比较同意	非常同意
察雅县	0	2.3	15.9	81.8	0	0	11.4	88.6
芒康县	0	0	46.0	54.0	0	0	16.0	84.0
全市均值	0.3	0.7	7.9	91.1	0.7	0	11.9	87.4

5. 消费购物和接收新信息

在消费购物便利的感知调查中，非常同意的比重达到100%的县（区）有左贡县、丁青县，非常同意的比重最低的是卡若区，只有53.1%，比较同意的比重为46.9%。感知不太同意的只有八宿县，比重为4.2%。在接收新信息的感知调查中，非常同意的比重达到100%的县（区）有左贡县和丁青县，比重最低的是卡若区，仅为56.2%，比较同意的比重为43.8%。感知不太同意的只有洛隆县，比重为2.9%（见表5-55）。

表5-55　昌都市消费购物便利和接收新信息便利的感知统计　　单位:%

县（区）	消费购物便利				接收新信息便利			
	不太同意	一般	比较同意	非常同意	不太同意	一般	比较同意	非常同意
江达县	0	0	7.7	92.3	0	0	5.8	94.2
贡觉县	0	0	33.3	66.7	0	0	22.2	77.8
左贡县	0	0	0	100.0	0	0	0	100.0
八宿县	4.2	0	8.3	87.5	0	0	20.8	79.2
边坝县	0	0	16.7	83.3	0	0	10.0	90.0
类乌齐县	0	7.7	23.1	69.2	0	7.7	26.9	65.4
洛隆县	0	5.7	20.0	74.3	2.9	8.6	11.4	77.1
丁青县	0	0	0	100.0	0	0	0	100.0
卡若区	0	0	46.9	53.1	0	0	43.8	56.2
察雅县	0	0	9.1	90.9	0	0	9.1	90.9
芒康县	0	0	20.0	80.0	0	0	20.0	80.0
全市均值	0.3	1.3	15.2	83.1	0.3	1.7	13.9	84.1

6. 个人的视野和子女上学条件

在个人的视野更加开阔的感知调查中，非常同意的比重达到 100%的县（区）有左贡县、丁青县，非常同意的比重最低的为芒康县，只有 56.0%，比较同意的比重为 44.0%。在子女上学条件改善的感知调查中，非常同意的比重达到 100%的县（区）有左贡县、边坝县、丁青县，非常同意的比重最低的是贡觉县，只有 44.4%，比较同意的比重为 55.6%（见表 5-56）。

表 5-56　昌都市个人的视野更加开阔和子女上学条件改善的感知统计

单位:%

县（区）	个人的视野更加开阔			子女上学条件改善		
	一般	比较同意	非常同意	一般	比较同意	非常同意
江达县	0	38.5	61.5	0	11.5	88.5
贡觉县	0	22.2	77.8	0	55.6	44.4
左贡县	0	0	100.0	0	0	100.0
八宿县	0	4.2	95.8	0	12.5	87.5
边坝县	3.3	6.7	90.0	0	0	100.0
类乌齐县	3.8	26.9	69.2	7.7	23.1	69.2
洛隆县	5.7	11.4	82.9	5.7	17.1	77.1
丁青县	0	0	100.0	0	0	100.0
卡若区	0	28.1	71.9	0	28.1	71.9
察雅县	0	4.5	95.5	0	4.5	95.5
芒康县	0	44.0	56.0	0	20.0	80.0
全市均值	1.3	15.6	83.1	1.3	12.3	86.4

7. 医疗、金融等服务和文化娱乐

在医疗、金融等服务更加丰富的感知调查中，非常同意的比重达到 100%的县（区）有左贡县、丁青县，非常同意的比重最低的是江达县，只有 53.8%，比较同意的比重为 46.2%。不太同意的只有洛隆县，比重为 5.7%。在文化娱乐更加丰富的感知调查中，非常同意的比重达到 100%的县（区）有左贡县、丁青县，非常同意的比重最低的是江达县，只有 53.8%，比较同意的比重为 46.2%。感知不太同意的只有洛隆县，比重为 5.7%（见表 5-57）。

表 5-57 昌都市医疗、金融等服务更加丰富和文化娱乐更加丰富的感知统计

单位:%

县（区）	医疗、金融等服务更加丰富				文化娱乐更加丰富			
	不太同意	一般	比较同意	非常同意	不太同意	一般	比较同意	非常同意
江达县	0	0	46.2	53.8	0	0	46.2	53.8
贡觉县	0	0	11.1	88.9	0	0	11.1	88.9
左贡县	0	0	0	100.0	0	0	0	100.0
八宿县	0	0	16.7	83.3	0	0	4.2	95.8
边坝县	0	0	3.3	96.7	0	0	6.7	93.3
类乌齐县	0	7.7	26.9	65.4	0	0	34.6	65.4
洛隆县	5.7	0	28.6	65.7	5.7	5.7	22.9	65.7
丁青县	0	0	0	100.0	0	0	0	100.0
卡若区	0	0	21.9	78.1	0	6.3	25.0	68.8
察雅县	0	0	6.8	93.2	0	0	9.1	90.9
芒康县	0	0	20.0	80.0	0	0	20.0	80.0
全市均值	0.7	0.7	18.9	79.8	0.7	1.3	18.9	79.1

8. 社交圈层和邻里关系

在社交圈层得以扩大的感知调查中，非常同意的比重达到100%的县（区）有左贡县、丁青县，非常同意的比重最低的是芒康县，只有54.0%，比较同意的比重为20.0%，一般的比重为26.0%。感知不太同意的只有洛隆县，比重为2.9%。在邻里关系更加和睦的感知调查中，非常同意的比重达到100%的县（区）有左贡县、丁青县，非常同意的比重最低的是卡若区，只有43.8%，比较同意的比重为50.0%，一般的比重为6.2%。感知不太同意的只有洛隆县，比重为2.9%（见表5-58）。

表 5-58 昌都市社交圈层得以扩大和邻里关系更加和睦的感知统计 单位:%

县（区）	社交圈层得以扩大				邻里关系更加和睦			
	不太同意	一般	比较同意	非常同意	不太同意	一般	比较同意	非常同意
江达县	0	0	36.5	63.5	0	0	46.2	53.8
贡觉县	0	0	22.2	77.8	0	0	22.2	77.8

表5-55(续)

县（区）	社交圈层得以扩大				邻里关系更加和睦			
	不太同意	一般	比较同意	非常同意	不太同意	一般	比较同意	非常同意
左贡县	0	0	0	100.0	0	0	0	100.0
八宿县	0	0	20.8	79.2	0	0	29.2	70.8
边坝县	0	0	13.3	86.7	0	0	3.3	96.7
类乌齐县	0	7.7	23.1	69.2	0	7.7	26.9	65.4
洛隆县	2.9	2.9	31.4	62.9	2.9	11.4	28.6	57.1
丁青县	0	0	0	100.0	0	0	0	100.0
卡若区	0	6.3	25.0	68.8	0	6.2	50.0	43.8
察雅县	0	0	18.2	81.8	0	2.3	20.5	77.3
芒康县	0	26.0	20.0	54.0	0	0	46.0	54.0
全市均值	0.3	1.7	20.9	77.2	0.3	3.0	25.2	71.5

9. 社区稳定和新生产生活方式适应性

在社区不安定因素增多的感知调查中，很不同意的比重达到100%的县（区）只有丁青县，很不同意的比重最低的是芒康县，只有56.0%，不太同意的比重为44.0%。在对新生产生活方式不适应的感知调查中，很不同意的比重达到100%的县（区）有江达县、丁青县，很不同意的比重最低的是卡若区，只有53.1%，不太同意的比重为46.9%（见表5-59）。

表5-59　昌都市社区不安定因素增多和对新生产生活方式不适应的感知统计

单位:%

县（区）	社区不安定因素增多			对新生产生活方式不适应		
	一般	不太同意	很不同意	一般	不太同意	很不同意
江达县	0	1.9	98.1	0	0	100.0
贡觉县	0	11.1	88.9	0	11.1	88.9
左贡县	0	5.0	95.0	10.0	0	90.0
八宿县	0	8.3	91.7	0	4.2	95.8
边坝县	0	6.7	93.3	0	13.3	86.7
类乌齐县	11.5	30.8	57.7	19.2	19.2	61.5

表5-59(续)

县（区）	社区不安定因素增多			对新生产生活方式不适应		
	一般	不太同意	很不同意	一般	不太同意	很不同意
洛隆县	2.9	34.3	62.9	11.4	40.0	48.6
丁青县	0	0	100.0	0	0	100.0
卡若区	3.1	6.3	90.6	0	46.9	53.1
察雅县	0	9.1	90.9	4.5	4.5	90.9
芒康县	0	44.0	56.0	0	44.0	56.0
全市均值	1.7	10.9	87.4	4.3	13.9	81.8

10. 心理归属和怀旧情绪

在对新社区心理归属感较弱的感知调查中，很不同意的比重达到100%的县（区）只有丁青县，很不同意的比重最低的是卡若区，只有56.3%，不太同意的比重为40.6%，一般的比重为3.1%。在对原居住地比较留恋的感知调查中，很不同意的比重达到100%的县（区）也只有丁青县，很不同意的比重最低的是类乌齐县，只有53.8%，不太同意的比重为42.3%，一般的比重为3.8%（见表5-60）。

表5-60　昌都市对新社区心理归属感较弱和对原居住地比较留恋的感知统计

单位:%

县（区）	对新社区心理归属感较弱			对原居住地比较留恋		
	一般	不太同意	很不同意	一般	不太同意	很不同意
江达县	0	3.8	96.2	0	19.2	80.8
贡觉县	0	11.1	88.9	0	22.2	77.8
左贡县	0	10.0	90.0	0	5.0	95.0
八宿县	0	8.3	91.7	0	12.5	87.5
边坝县	6.7	0	93.3	6.7	3.3	90.0
类乌齐县	7.7	34.6	57.7	3.8	42.3	53.8
洛隆县	14.3	25.7	60.0	14.3	37.1	48.6
丁青县	0	0	100.0	0	0	100.0
卡若区	3.1	40.6	56.3	12.5	25.0	62.5

表5-60(续)

县（区）	对新社区心理归属感较弱			对原居住地比较留恋		
	一般	不太同意	很不同意	一般	不太同意	很不同意
察雅县	4.5	4.5	90.9	0	6.8	93.2
芒康县	0	42.0	58.0	0	44.0	56.0
全市均值	4.0	13.2	82.8	4.0	17.2	78.8

11. 移民政策的关怀度与公平性

在移民政策考虑居民利益少的感知调查中，很不同意的比重达到100%的县（区）只有丁青县，很不同意的比重最低的是类乌齐县，只有57.7%，不太同意的比重为23.1%，一般的比重为19.2%。感知比较同意的只有洛隆县，比重为2.9%。在移民政策有失公平的感知调查中，很不同意的比重达到100%的县（区）有左贡县、丁青县，很不同意的比重最低的是类乌齐县，只有65.4%，不太同意的比重最高的是贡觉县，为33.3%（见表5-61）。

表5-61　昌都市移民政策考虑居民利益少和移民政策有失公平的感知统计

单位:%

县（区）	移民政策考虑居民利益少				移民政策有失公平		
	比较同意	一般	不太同意	很不同意	一般	不太同意	很不同意
江达县	0	0	5.8	94.2	0	1.9	98.1
贡觉县	0	0	44.4	55.6	0	33.3	66.7
左贡县	0	0	5.0	95.0	0	0	100.0
八宿县	0	0	4.2	95.8	0	8.3	91.7
边坝县	0	6.7	0	93.3	3.3	6.7	90.0
类乌齐县	0	19.2	23.1	57.7	3.8	30.8	65.4
洛隆县	2.9	11.4	25.7	60.0	2.9	25.7	71.4
丁青县	0	0	0	100.0	0	0	100.0
卡若区	0	6.3	31.3	62.5	3.1	15.6	81.3
察雅县	0	4.5	11.4	84.1	0	27.3	72.7
芒康县	0	0	40.0	60.0	0	22.0	78.0
全市均值	0.3	5.0	12.9	81.8	1.3	13.9	84.8

12. 后期扶持措施和移民保障体系

在后期生产扶持措施不够的感知调查中，很不同意的比重达到100%的县（区）只有丁青县，很不同意的比重最低的是卡若区，只有56.3%，不太同意的比重为37.5%，一般的比重为6.3%。在移民保障体系不够完善的感知调查中，很不同意的比重达到100%的县（区）有左贡县、丁青县，很不同意的比重最低的是芒康县，只有56.0%，不太同意的比重为24.0%，一般的比重为20.0%（见表5-62）。

表5-62 昌都市后期生产扶持措施不够和移民保障体系不够完善的感知统计

单位：%

县（区）	后期生产扶持措施不够			移民保障体系不够完善		
	一般	不太同意	很不同意	一般	不太同意	很不同意
江达县	0	1.9	98.1	0	5.8	94.2
贡觉县	0	22.2	77.8	0	22.2	77.8
左贡县	0	10.0	90.0	0	0	100.0
八宿县	0	8.3	91.7	0	12.5	87.5
边坝县	0	13.3	86.7	0	13.3	86.7
类乌齐县	3.8	15.4	80.8	0	26.9	73.1
洛隆县	0	22.9	77.1	5.7	20.0	74.3
丁青县	0	0	100.0	0	0	100.0
卡若区	6.3	37.5	56.3	6.3	37.5	56.3
察雅县	2.3	18.2	79.5	6.8	20.5	72.7
芒康县	0	42.0	58.0	20.0	24.0	56.0
全市均值	1.3	14.2	84.4	2.3	15.6	82.1

（三）分类别的生态移民感知情况

1. 性别对生态移民感知的影响

从性别对生态移民感知的影响来看，昌都市女性对生态移民的感知度得分均值为115.5，高于男性1.9。从江达县、贡觉县、芒康县合计的情况来看，也是女性感知度得分高于男性，且高出3.6（见表5-63）。这说明，女性对生态移民的认可度更高，且江达县、贡觉县、芒康县的差距更明显。

表 5-63　昌都市分性别的移民生态移民搬迁工程的感知统计

区域	性别	实际感知得分	百分制得分	标准差	有效样本量
江达县、贡觉县、芒康县	男	112.3	93.58	8.7	160
	女	115.9	96.58	6.6	54
	均值	113.2	94.33	8.3	—
全市	男	113.6	94.67	8.3	438
	女	115.5	96.25	7.6	206
	均值	114.2	95.17	8.1	—

2. 年龄对生态移民感知的影响

从年龄对生态移民感知的影响来看，18～39 岁青年组的感知得分最高，为 114.5；40～59 岁中年组的得分最低，为 114.1。从江达县、贡觉县、芒康县合计的情况来看，也是青年组得分最高，且明显高于其他年龄组（见表 5-64）。这说明，青年组对生态移民的认可度更高。

表 5-64　昌都市分年龄段的移民对生态移民搬迁工程的感知统计

区域	年龄段	实际感知得分	百分制得分	标准差	有效样本量
江达县、贡觉县、芒康县	18～39 岁	114.3	95.25	7.7	78
	40～59 岁	112.5	93.75	8.6	96
	60 岁及以上	112.4	93.67	9.4	32
	均值	113.1	94.25	8.3	—
全市	18～39 岁	114.5	95.42	8.5	276
	40～59 岁	114.1	95.08	8.0	294
	60 岁及以上	114.2	95.17	7.3	74
	均值	114.3	95.25	8.1	—

3. 受教育程度对生态移民感知的影响

从受教育程度对生态移民感知的影响来看，小学及以下的人群感知得分更高，为 114.4；初中及以上的人群感知得分较低，为 114.0。从江达县、贡觉县、芒康县合计的情况来看，反而是小学及以下的人群感知度得分较低，但是初中及以上的样本量较少，缺乏一定的代表性（见表 5-65）。总体而言，这说明，昌都市小学及以下的人群对生态移民的认可度更高。

表 5-65　昌都市分学历的移民对生态移民搬迁工程的感知统计

区域	受教育程度	实际感知得分	百分制得分	标准差	有效样本量
江达县、贡觉县、芒康县	小学及以下	113.2	94.33	8.4	194
	初中及以上	117.2	97.67	5.7	10
	均值	113.4	94.50	8.3	—
全市	小学及以下	114.4	95.33	7.7	564
	初中及以上	114.0	95.00	10.3	80
	均值	114.4	95.33	8.1	—

4. 月收入对生态移民感知的影响

从月收入对生态移民感知的影响来看，月收入在 0~999 元的人群感知得分最高，为 114.7；月收入在 3 000 元及以上的群体感知得分最低，为 114.1。从江达县、贡觉县、芒康县合计的情况来看，反而是月收入在 3 000 元及以上的群体得分最高，月收入在 1 000~2 999 元的群体得分最低（见表 5-66）。

表 5-66　昌都市分收入的移民对生态移民搬迁工程的感知统计

区域	月收入段	实际感知得分	百分制得分	标准差	有效样本量
江达县、贡觉县、芒康县	0~999 元	114.4	95.33	6.1	72
	1 000~2 999 元	111.5	92.92	9.4	94
	3 000 元及以上	114.8	95.67	8.2	56
	均值	113.3	94.42	8.2	—
全市	0~999 元	114.7	95.58	6.8	198
	1 000~2 999 元	114.6	95.50	7.5	262
	3 000 元及以上	114.1	95.08	9.2	236
	均值	114.5	95.42	7.9	—

5. 政治面貌对生态移民感知的影响

从政治面貌对生态移民感知的影响来看，中共党员的感知得分更高，为 115.6；非中共党员的感知得分相对较低，为 113.3。从江达县、贡觉县、芒康县合计的情况来看，也是中共党员的得分更高（见表 5-67）。这说明，中共党员对生态移民的认可度相对更高。

表 5-67　昌都市分政治面貌的移民对生态移民搬迁工程的感知统计

区域	政治面貌	实际感知得分	百分制得分	标准差	有效样本量
江达县、贡觉县、芒康县	中共党员	115.4	96.17	5.8	120
	非中共党员	109.3	91.08	10.0	86
	均值	112.8	94.00	8.3	—
全市	中共党员	115.6	96.33	6.2	240
	非中共党员	113.3	94.42	8.9	398
	均值	114.2	95.17	8.0	—

6. 移民类型对生态移民感知的影响

从移民类型对生态移民感知的影响来看，政策性移民的感知得分更高，为 114.0。自发移民的感知得分相对较低，为 112.9。从江达县、贡觉县、芒康县合计的情况来看，均是政策性移民（见表 5-68）。总体而言，这说明，政策性移民对生态移民的认可度相对更高。

表 5-68　昌都市分类型的移民对生态移民搬迁工程的感知统计

区域	移民类型	实际感知得分	百分制得分	标准差	有效样本量
江达县、贡觉县、芒康县	政策性移民	110.6	92.17	10.1	102
	自发移民	—	—	—	—
	均值	110.6	92.17	10.1	—
全市	政策性移民	114.0	95.00	8.6	506
	自发移民	112.9	94.08	7.4	24
	均值	113.9	94.92	8.5	—

7. 移民年限对生态移民感知的影响

从移民年限对生态移民感知的影响来看，移民年限在 3 年以内的感知得分更高，为 115.5。移民年限在 3 年及以上的感知得分较低，为 108.7。从江达县、贡觉县、芒康县合计的情况来看，也是移民年限在 3 年以内的感知得分更高（见表 5-69）。这说明，移民年限在 3 年以内的群体对生态移民搬迁工程的认可度相对更高。

表 5-69　昌都市分搬迁年限的移民对生态移民搬迁工程的感知统计

区域	移民年限	实际感知得分	百分制得分	标准差	有效样本量
江达县、贡觉县、芒康县	3 年以内	118.2	98.50	4.3	56
	3 年及以上	105.6	88.00	9.7	64
	均值	111.5	92.92	9.9	—
全市	3 年以内	115.5	96.25	7.1	436
	3 年及以上	108.7	90.58	11.0	104
	均值	114.2	95.17	8.4	—

（四）昌都市问卷调查结果分析

从总体感知情况来看，昌都市各县（区）的感知情况有一定的差异，特别是洛隆县，感知度明显偏低。东部地区的感知度整体上高于西部地区的感知度，卡若区的感知度最低。为什么出现这样的结果？一方面，昌都市发展整体不平衡，各县（区）在政策执行过程中的力度和效果有差异；另一方面，被调查对象的个体认知存在差异，不能因此得出洛隆县的生态移民工作不佳的结论。事实上，调研组现场调研过洛隆县多处易地扶贫搬迁安置点，也听取了时任县委 W 书记对该县易地扶贫搬迁安置情况的详细介绍。整体上，该县易地扶贫搬迁安置工作值得肯定。出现移民感知度偏低可能和 W 书记谈及的几个现实有关：一是全县易地扶贫搬迁群众文化水平偏低；二是产业配套与就业专业选择面窄；三是基础设施和服务设施配套有难度；四是很多移民短期内不适应新居生活，不愿意迁户籍，也不愿意拆旧复垦复绿。由此导致部分移民暂时不理解、不愿意配合政府工作。卡若区的得分偏低可能和卡若区整体条件偏好，部分移民在对比中感觉有落差所致（与区内非移民比较）。其他得分偏低的地方，背后的原因估计也和部分移民的短期不理解和认知偏差有关。

从具体效应感知情况来看，虽然整体上移民对各项指标的具体感知较好，但是各县（区）的差异相对更加明显。在就业创业机会增多方面，芒康县感知度偏低；在家庭收入增加和商品经济意识增强方面，芒康县和卡若区感知度相对较差。这说明，芒康县在就业创业机会方面需要加强。从调研了解的情况来看，芒康县尽管做出了很大努力，但是仍有困难，基本上只能尽量保证每个贫困家庭有 1 人就业，就业不足，自然影响家庭收入增长。但是，为什么卡若区也出现移民对家庭收入增长的感知度较低呢？这或许和卡若区相对发达，移民前后就业带来的收入增加变化不大有关。与此相关，在消费和生活水平提高的感知中，卡若区的移民依然表现出相对不太满意。交通和住房的感知差异和各县（区）的条件具有相关性，江达县感知度最低，这或许和江达县处于横断山区，相对而言交通基础条件更差、安置点选择困难等有关。在其他几项指标感知中，芒康县、卡若区、洛隆县、类乌齐县等都在不同指标中感知度偏低，一方面反映了当地相关方面的工作仍然需要继续努力，感知度差的方面可能恰好是当地工作的薄弱环节；另一方面也反映了各地移民的诉求重点可能有一定差异。洛隆县邻里关系比较差，与 W 书记介绍的部分移民短期内不适应新居、融入困难相关。芒康县安置点治安环境不太好，或许和当地移民安置点规模不大（最大的曲孜卡乡安置点也不到 900 人），相应的管理体系不健全、管理缺位有关。总之，从各县（区）移民对不同指标的感知差异来看，昌都市各县（区）移民工作并不平衡，应多听取移民心声，破解移民群众的急难愁盼问题。

从分类别的生态移民感知情况来看，性别、年龄、学历、收入水平、政治面貌、移民类型、移民年限不同，相应的感知度也不同，但是并非呈现出明显的线性关系。整体上，女性、青年组、小学及以下人群、共产党员、政策性移民、移民年限短的移民对生态移民的认可度更高，月收入高低对感知度的影响不明显。小学及以下人群认可度更高，或许和这部分人自身素质不高、生活质量不高、对移民生活抱有憧憬有关，并且事实上移民安置点比原先居住条件更好，政府还帮忙解决就业等。移民搬迁前后的差异影响移民感知度。相对高文化素质的移民（尽管人数不多），本身生活质量偏高，移民搬迁前后的反差不明显，且自身有更多的思考或顾虑。青年人更认可移民搬迁或许和青年人希望改变环境、希望出去寻求新生活的愿景有关。移民年限短的群体更认可移民搬迁可能和“十三五”时期后几年，各地加大了移民安置点建设，投入更多精力，移民感受明显、获得更多有关。这种分类别的生态移民感知差异，或许给今后的移民工作指出了一个方向，在做思想工作的时候，尽量先做通女性群众的思想工作，发挥青年人和党员的带头作用，或许更有利于相关工作的推进。

三、本章小结与评论

（一）本章小结

由于凉山州和昌都市的条件不同，调研的难度不同，本书的研究希望获得的信息不同，因此问卷设计内容存在差异。

凉山州的问卷调查主要是希望弄清楚生态移民的基本情况、总体特征，特别是自发移民和政策性移民的差异。调研地点覆盖了多重生活形态区，调研对象主要针对彝族和汉族群众，男女占比与凉山州男女社会地位性别差异的事实相关联。绝大部分被调研对象为普通群众。本书通过对凉山州部分具有代表性地方的问卷调查分析，可以从总体上对凉山州生态移民的情况进行把握。

从问卷调研反映的情况来看，凉山州的政策性移民和自发移民呈现出明显不同的特点。政策性移民与政府的规划有关，其搬迁由政府主导，移民年限不具有规律性；自发移民则体现出明显的逐年增加趋势。无论是政策性移民还是自发移民，家庭整体搬迁都是主流，但是由于缺乏政策性移民背后的国家支持力量，自发移民基本上依靠自身能力搬迁，家庭整体搬迁的比例低于政策性移民。很多自发移民的家庭一开始只有部分家庭成员迁出，待在外面落脚或稳定后再设法将家庭其他成员陆续迁出。这表明，自发移民整体搬迁的难度大于政策性移民，搬迁方式也有一定差别。从移民的流向来看，自发移民的流向相对更集中，大多数选择河谷地带或城镇周边，政策性移民的流向与政府的移民规划、安置点的设置有关，移民自己不能完全把控。总体上，自发移民的流向优于政策性移民。与易地扶贫搬迁的相对规范化一致，政策性移民的居住模式相对标准化，自发移民的居住模式则呈现出多样化的特色。在生计获得方面，政策性移民对党和政府有较强的“生计依赖”，自发移民则更加积极主动，大多自力更生，谋生手段和方式更多。在对旧资产的处置方面，政策性移民大多“藕断丝连”，未彻底放弃过去的生计与产业，部分移民经常回原居住地继续从事农业生产；自发移民与过去的产业基本很少有“瓜葛”“了断”得更加干脆、彻底。在诉求满足方面，部分移民在对比中存在“失落感”或“被剥离感”。在公共服务获得和社会保障方面，政策性移民安置点有公共服务设施配套建设，公共服务获得感更强。总体上，自发移民感受到的政策关照相对较少，政策性移民感受到的政策关照相对较多。相应地，自发移民不太关心政府的相关政策，而政策性移民比较关注政府的相关政策。

昌都市的问卷调查主要是为了了解移民对搬迁工程的评价和移民工程对生产生活带来的影响。调查地点涵盖了昌都市 11 个县（区），主要针对普通移民户（包括易地扶贫搬迁移民和水电移民，问卷中没有做区分），涵盖不同年龄层、学历层和收入层。

从对昌都市问卷调查结果的分析来看，昌都市 11 个县（区）被调查的生态移民对政府的生态移民工程都比较满意，表明昌都市生态移民工程整体上深得民心。从对生态移民感知度或认可度的具体统计数据来看，东部地区优于西部地区，最低的是卡若区。从生态移民对相关具体问题的感知来看，被调查对象普遍反映，就业机会和创业机会明显增多，家庭收入增多，商品经济意识增强，消费水平、生活水平明显提高，住房条件、交通等基础设施条件明显改善，消费购物更方便，更容易接收到新信息，个人视野更开阔，子女上学条件更好，医疗、金融等服务和文化娱乐生活更加丰富，社交圈层扩展，邻里关系更加和睦，社会环境安全，比较适应新生活，政府对移民很关心，移民制度比较公平，后期扶持和社会保障体系比较健全等。从具体的分类别人群的感知度来看，在性别方面，女性对生态移民工程的感知度优于男性；在年龄方面，青年人对生态移民工程的感知度最优；从受教育程度来看，小学及以下的人群对生态移民工程的感知度更优；从收入水平来看，月收入最低的人群的感知度最优；从被调查对象的身份来看，党员身份的人感知度更优；从移民类别来看，政策性移民的感知度更优；从移民年限看，移民年限越短的群体感知度越优。调查统计结果在一定程度上揭示出了昌都市生态移民的以下特征：女性似乎更容易满足；年轻人更容易接受改变，更容易接受新鲜事物；文化水平低的群体自身发展能力偏低，对国家给予的扶持政策等更容易感到满足；收入最低的人群也一样，其本身处于极度贫困，易地扶贫搬迁工程对于他们而言是实实在在的国家关怀；党员群众认识水平更好，更容易理解和认可国家的政策；移民年限越短，对前后发生的变化感受越明显，越容易认可这种向好的变化。

（二）本章评论

凉山州和昌都市的问卷调查结果从不同侧面验证了以易地扶贫搬迁工程

为主的移民工程在脱贫攻坚中发挥了巨大的作用，使得贫困的移民群众彻底摆脱了绝对贫困，促进了移民的自身发展。同时，问卷调查结果也将区域内生态移民的地域特征呈现了出来，将政策性移民和自发移民的差异呈现了出来，有利于我们更加全面地了解和认识区域内的生态移民状况。

凉山州问卷调查反映出政策性移民的三大问题：一是较强的“生计依赖”，二是对旧资产的留念，三是存在“失落感”或“被剥离感”。“生计依赖”在一定程度上反映了政策性移民的自我发展能力、适应能力仍然相对欠缺，能力扶贫仍然任重道远。但是，自发移民没有明显的“生计依赖”。自愿搬迁农户在应对外界环境变化时更为积极主动，从而更容易构建非资源依赖型生计模式，实现“高福祉-低依赖”的模式①。对旧资产处置的“藕断丝连”，其合理的解释可能是政策性移民具有“半自愿”性质，心中仍有故土情怀。同时，土地承包经营权30年不变的政策以及易地扶贫搬迁政策中仍然允许移民在一定程度上保留土地、林地等生产资料。随着土地及其附属权益的日益增加，耕地地力保护补贴等各项强农惠农政策的不断出台，加之户口是否迁移由搬迁农户自愿选择而不强制迁移，不少贫困户不愿意放弃原有的耕地、宅基地②。自发移民之所以移民，本身就是希望追求新的谋生方式，因此对旧资产并不太留恋。至于“失落感”或“被剥离感”，往往源于公平感。政策性移民有社会保障的政策支持，有政府一系列的帮扶措施，公共服务和社会保障的获得与政府密切相关。但是，相关政策在具体执行中可能存在一定的偏差，导致了部分政策性移民的心理落差。自发移民并不具有这种身份，缺乏类似力度的政策帮扶，其公共服务和社会保障的获得途径主要靠自己，反而没有这方面的忧虑。这在一定程度上也对相关部门尤其是政策执行部门的工作人员提出了公平、公开、公正的工作要求。

昌都市的问卷调查结果整体上呈现出移民对政府政策的认可和对移民后新生活的满意。昌都市尽管属于西藏自治区的人口大市，但是整体上人口密度仍然很低，自然条件相对较差，在生态脆弱的原居住地，就业基本局限于农牧业，领域十分狭窄。新的移民安置点通过扶贫工厂、公益岗位、特色企

① 李聪，郭嫚嫚，李萍. 破解“一方水土养不起一方人”的发展困境？易地扶贫搬迁农户的“福祉-生态”耦合模式分析［J］. 干旱区资源与环境，2019（11）：97-105.

② 董运来，王艳华. 易地扶贫搬迁后续社区治理与社会融入［J］. 宏观经济管理，2021（9）：81-90.

业等创造了较多就业岗位，整体上提升了移民的收入水平。政府搭建更宽广的就业平台、创造更多就业机会以及提高搬迁户就业质量，都对易地扶贫搬迁政策的满意度形成了正向拉力效应[①]。问卷调查结果中反映出来的部分信息也值得关注，如卡若区相对经济条件最好，为什么反而出现其境内的移民对移民工程的认可度偏低呢？这可能和被调查对象的认知有关，也可能是卡若区是相对富裕的地方，移民前后的生产生活条件变化不大；而相对贫困的地方，移民前后生产生活条件变化更明显。一般来说，越向好的方面变化认可度越高。从年龄分组来看，青年人和老年人对移民工程的感知度最优，在一定程度上反映了青年人对新生活的渴望和较强的适应性。青年人的社会文化适应性较强，在一定程度上有利于移民群体的后续性发展[②]。对于老年人而言，户主年龄越大，经历的贫困过程越复杂，对易地扶贫搬迁政策的满意度就越高[③]。这些感知充分反映了生态移民工程带给昌都市移民群众的巨大变化，再次验证了生态移民工程特别是易地扶贫搬迁工程在改善贫困群众生产生活条件、提升群众素质方面所发挥的巨大作用。

---

① 常晓鸣. 产业发展、就业质量对易地扶贫搬迁政策满意度的影响机理：基于对凉山彝区易地扶贫搬迁户的田野调查［J］. 民族学刊，2021（4）：18-24.

② 祁进玉，陈晓璐. 三江源地区生态移民异地安置与适应［J］. 民族研究，2020（4）：74-86.

③ 常晓鸣. 产业发展、就业质量对易地扶贫搬迁政策满意度的影响机理：基于对凉山彝区易地扶贫搬迁户的田野调查［J］. 民族学刊，2021（4）：18-24.

第六章 访谈情况及分析

不同的研究方法所要直接达到的目的有所不同，文献研究和问卷调查要实现的目的就有明显区别。以本书的研究为例，文献研究更多是梳理出生态移民的基本情况、了解基本问题等。问卷调查更多的是通过移民之口证实生态移民的效应，并从中发现生态移民的特征等。尽管文献研究和问卷调查中涉及部分问题，但是不全面、不系统，而且需要进一步验证。访谈是调查的重要组成部分，面对面访谈也是田野调查的重要方法。通过访谈，我们可以更细致和全面地了解生态移民工作中存在的问题和困难，同时与文献研究、问卷调查的相关结论互相印证，确保研究的科学性，进而为发现真问题、提出真建议奠定基础。

笔者及调研组在调研中采取了三种访谈方式：一是在实地调研中面对面地和移民群众、当地干部正式的交流（包括少部分座谈会）；二是和被调研地区的相关人员预约，并告知需要了解的内容，然后在约定的时间通过电话进行有针对性的交流（主要是问题咨询）；三是在其他调研特别是实地走访中，随机和当地民众以及预先联系好的当地相关人员进行非正式的交流。

需要说明的是，没有熟人的牵线和帮忙联系，调研工作很难开展，整个调研过程都离不开当地熟人的牵线和联系。由于在各地的熟人资源和渠道不同，对不同地方的调研方式（包括访谈方式）也不同。笔者及调研组在调研中无法做到对每一个地方都进行同等程度的调研或访谈，只能根据可以利用的调研资源情况，有重点地选择部分地区开展调研。但是，由于区域具有一定的共性，笔者选择的调研地区和调研方式基本上可以满足研究需要。

另外，访谈的内容根据访谈情况整理而得，访谈对象讲述的部分内容或许和相关事实、政策有细微出入，本章对此不做纠正，而是如实梳理（部分以注释方式说明）。

一、来自凉山州的访谈情况

2017 年 11 月底，调研组先后到凉山州相关政府部门以及西昌市、德昌县和昭觉县相关乡（镇）有针对性地对易地扶贫搬迁移民、水电移民、地灾避险移民和自发移民等情况进行了深入访谈。访谈对象涉及相关政府部门人员，相关乡镇干部、相关移民代表和部分教师。

（一）州级相关部门负责人访谈情况

1. 来自发展和改革部门的访谈

针对凉山州“十三五”时期的精准扶贫工作总体安排，凉山州提出“七个一批”① 扶贫攻坚行动计划，其中“移民搬迁安置一批”为关键内容。根据工作计划，凉山州在2020年前要完成超过230 554 人的扶贫搬迁②。四川省和国家的补贴标准基本确定，但是各地区具体的执行有所差异。在具体政策文件方面，凉山州主要是以《关于凉山州“十三五”移民扶贫搬迁工作的指导意见》（凉府发〔2016〕16 号）和《关于进一步完善自发移民建档立卡识别工作的通知》（川脱贫办发〔2016〕56 号）等文件为指导。凉山州易地扶贫搬迁补贴标准如表 6-1 所示。

表 6-1　凉山州易地扶贫搬迁补贴标准

资金类别	补偿金额	偿还方式	备注
中央预算内资金	高原涉藏地区人均 10 000 元，其他地区人均 8 000 元	中央补助、地方无偿使用	主要用于建档立卡贫困户住房建设
地方债务资金	涉藏地区约 13 300 元；涉彝地区约 12 000 元；秦巴乌蒙片区约 9 180 元；其他片区约 7 300 元	省政府负责还款	70% 用于住房建设，30% 用于基础设施建设
专项建设资金	国家专项建设资金人均约 5 000 元，年利率为 1.2%	由县级地方政府还款，不超过 20 年	—
长期低息贷款	人均不超过 3.5 万元，国家贴息为 90%	—	—
农户自筹	—	—	户均不超过 10 000 元

公共设施基本上为统规统建，政策性移民安置住房基本上为统规统建和统规自建，统建的提供几种户型由村民自由选择。由于自发移民不允许自行

---

① 发展特色产业带动一批、创业就业致富一批、移民搬迁安置一批、低保政策兜底一批、医疗保障扶持一批、治毒治病救助一批、灾后重建帮扶一批。

② 此为《四川省“十三五”易地扶贫搬迁实施方案》中确定的建档立卡搬迁人口数。“十三五”时期，凉山州完成的易地扶贫搬迁人口达到了 353 200 人。

建房，因此其住房解决方式主要为购买和租赁。移民选择搬迁地点考虑的主要因素有气候条件、交通条件、教育条件以及是否是彝族聚居区（彝族移民有此要求）。

2. 来自自然资源部门的访谈

避灾移民是指泥石流隐患区等自然灾害隐患地区居民通过转移居住地的方式消除灾患的移民方式。凉山州的避灾移民工作自2006年陆续开展，主要通过补贴、以工代赈的方式，帮助灾患地区的居民搬迁至安全区域。历年来，凉山州的避灾移民工作有序开展，并且补贴资金力度不断加大。2006年，每户移民补贴标准为8 000元；2008年，每户移民的补贴标准提高到10 000元；2010年，每户移民的补贴标准提高到16 000元；2015年，每户移民的补贴标准提高到40 000元，其中30 000元用于补贴移民建房，10 000元统一用于移民点的路、水、电等公共设施的建设。

3. 来自扶贫移民部门的访谈

水电移民在凉山州移民中占有重要比例，移民工作压力巨大。水电移民的补偿标准如下：凉山州采用的是一库一策的方式，根据国家和四川省的水电移民政策，结合具体的项目制定具体的补偿标准。早期和后期的政策依据分别来自1991年、2006年和2017年的《大中型水利水电工程建设征地补偿和移民安置条例》。在早期，水电移民的补偿标准较低；近几年，水电移民的补偿标准大幅度提高，但仍然存在各种争议问题。国家级大型项目的补偿标准较高，而凉山州公益性项目的补偿标准较低，大桥水库移民的利益牺牲是比较大的。水电移民的安置大体有以下几种方式：农业安置是主要方式，即在条件相对优越的地方调剂土地安置移民，移民分得的土地一般在1亩/人；集镇安置，即将移民安置到集镇；自行安置，主要是自行农业安置、投亲靠友、自谋职业。

（二）几个访谈乡（镇）的移民基本情况

1. 德昌县MS镇MZ村

MZ村位于108国道边，设立了两个移民村民小组，移民全部为来自金阳县溪洛渡水电移民，2011年集中迁至德昌县。当时，政府提供了9个移民点让移民自愿选择，该批移民共112户选择了德昌县MS镇移民点，主要考虑因素为气候条件、交通条件以及教育条件。112户移民户籍统一迁到德昌县，其中汉族105户，彝族6户，苗族1户。移民的住房及公共设施统规统建，政府为移民提供A、B、C三种户型，由移民自由选择。另外，移民分得人均1亩的土地。总体上看，移民的出行、医疗、子女教育等条件都得到了改善。但是，其面临的主要问题是土地太少、没有致富产业、劳动力大量闲置。采访中好几个移民都反映："日子很好过，就是挣不了钱。以前在金阳县有青花椒，一年至少挣好几万元。现在土地少，而且土地质量差，挣不了钱。""大部分钱都投到房子里去了，现在没有钱。""房子倒是很好，有车库、有阳台，像城镇的房子，但是不能喂猪喂鸡，不一定适合我们农村人啊。"

2. 德昌县AY镇

一共有20户金阳县溪洛渡水电移民安置于德昌县AY镇的两个移民点，安置点属于二半山地区，移民都是彝族。移民的户籍已经集中迁至AY镇，房子统规统建，每名移民分得1亩土地。关于为什么选择条件相对比较差的AY镇而不选择河谷地带，移民的回答是他们更愿意居住于彝族聚居的AY镇。AY镇移民反映的主要问题有四个：一是部分未被淹没的土地尚没有赔偿，处于撂荒状态；二是搬迁后不能享受原先的相关惠民政策；三是迁入地的土地太少，难以增收致富；四是担心成昆铁路复线即将开建，到时候会占用移民的土地，可能面临二次搬迁问题。

3. 德昌县YL镇CY村

德昌县YL镇CY村的移民共30户，主要为地质灾害移民，移民点位于安宁河流域近郊。YL镇政府统筹地灾避险搬迁补贴资金（2014年标准为每户1.6万元，2015年标准为每户3万元）、彝家新寨补贴资金（每户1.6万元）、危房改造补贴资金（每户0.75万元）、扶贫移民建房补贴（移民中的贫困户享受），为移民建设别墅式房屋；统筹精准扶贫资金，建设公路、自来水、电网等基础设施。移民的建房资金每户18万元，部分来自多项惠民补贴，部分来自每户5万元的小额贷款，余下部分由村民自筹。房屋的建设采用统规统建的方式，由业主委员会招标建筑商，统一标准、统一户型的方式建设。在移民的后期发展增收方面，政府允许移民在原居住地的耕地上种植核桃、板栗等经济林木，并鼓励移民外出打工。我们在访谈中了解到，移民对搬迁安置方式总体满意，认为消除了灾患隐患，移民住房条件、交通条件、教育条件都大大改善。移民反映的问题主要有两个：一是在建房方面，对部分家庭来说成本有些高，建房款的自筹和小额贷款部分数额不小，另外移民还得自已装修；二是在后续收入方面，原有土地离安置点20分钟左右的摩托车行程，移民后只能发展经济林木，短期内收入少，并且部分移民由于自身素质的问题，面临打工难的问题。

4. 昭觉县SLDP乡

昭觉县SLDP乡有一处居民居住点有泥石流隐患，县、乡政府利用避险搬迁政策，将移民集中搬迁至安全区域。移民每户建房补贴4万元，其中3万元用于建房，1万元统一用于修建道路等公共设施。新居住地进行统规自建，原居住地房屋推倒复耕，确保该村耕地数量不减少。我们在访谈中得知，移民对避害移民政策非常支持，有移民说："政府政策对人民太好了，给我们修这么好的房子，自己的父母都没有这么好。"每户补贴3万元建房款基本足够，部分家庭还有剩余。

5. 西昌市LZ镇TX村

西昌市LZ镇TX村本地居民只有70多户，但是移民有90多户。移民从2006年开始陆续搬来，主要采取投亲靠友的方式，主要来自昭觉县、越西县、喜德县等周边县，搬出原因主要是原居住地条件差、生存环境不好，同时交通等基础设施和教育等公共服务差。移民迁入LZ镇后，有租地的，有打工的，各种就业形式都有，普遍反映发展条件变好。在住房方面，由于不允许自建房屋，有的移民购买房屋，也有的移民租赁房屋。由于本地户有办法建房，在当地催生了住房产业链（本地户修好房子，高价卖给外来户）。在户籍方面，移民的户籍保留在原籍。移民的耕地有抛荒的，有退耕还林的，也有租赁的，各种形式都有。原籍的惠民政策，移民基本享受不到。在生活用电方面，移民电费更高，原居民为0.808元/度，移民为1.08元/度。移民子女在本地入学，需要缴纳捐资助校费。原住户与移民曾经发生过一些对立，当地政府无法管理移民。移民内部形成了自我管理组织，主要依靠亲戚关系组织起来。例如，解决治安问题，移民每天自发派人维护治安。

6. 西昌市XS乡SL村

西昌市XS乡SL村有一大桥水库配套水利枢纽工程浸泡区和淹没区的移民安置点。该安置点建于2001年，移民主要源于冕宁县漫水湾镇。当时一同迁来的移民为24户，如今已经发展到33户。大桥水库项目对移民原居住地的财产进行了赔偿，但是当时的赔偿标准较低，主要原因是大桥水库为凉山州公益性项目，项目资金无法与大型水电项目相比。移民的户籍统一迁入西昌市 XS 乡，移民每人分得 1 亩土地，每户根据人口分得宅基地进行自规自建。10 多年过去，移民逐渐适应了新环境，但是普遍反映土地少，难以发家致富。

7. 西昌市 LZ 镇溪洛渡水电移民

余某某，原居住地为金阳县派来镇，因溪洛渡水电站水库移民搬出原居住地。家有五口人，夫妻两人带着一老母亲和两个小孩。2009 年，余某某一家五口搬离原居住地，因参与政府集中安置成本高，认为不划算，于是选择一次性补偿 10 万元，自行搬迁。LZ 镇给了余某某一家接受证，但是没能提供入户，其户口保留在原籍。在住房方面，余某某花了 1.5 万元买了块耕地，在村社的同意下，修建起现有的住房。在经济收入方面，余某某原来在派来镇有花椒等经济收入，每年收入 7 万元左右；现在在 LZ 镇，没有土地，租种土地不划算（土地承包金 1 000 元/亩左右，还需要必要的投入，如果遇上好年景，出租方会收回土地），主要靠打工和养羊为生。打工一天收入 100 元左右，但是合适的打工机会不多（有一次跑去新疆，最后没有找到工作，来回路费白白花了 3 000 多元）。新住处的好处是治安好，教育条件好，孩子上学方便。但是，由于户籍不在 LZ 镇，余某某每年需缴纳 6 000 元左右捐资助校费。本地修路等公共费用，余某某参与出资。

（三）访谈中发现的问题综述

在访谈中，移民总体上对搬迁安置方式比较满意，认为住房条件、交通条件、教育条件、医疗条件等都大大改善，尤其是避害移民，满意度最高。移民对避害移民政策非常支持，很多人甚至说："政府政策对人民太好了，给我们修这么好的房子，自己的父母都没有这么好。"但是，无论是政策性移民还是自发移民，都反映了一些问题，而且自发移民反映的问题更加突出。

1. 政策性移民反映的问题

政策性移民反映的问题主要集中在以下几个方面：一是土地问题。土地太少，难以增收致富，劳动力大量闲置；部分未被淹没的土地尚未赔偿，而移民已经搬迁，无法再去耕种。二是补贴问题。移民以前享受的退耕还林补偿，搬迁后被取消。三是房屋问题。房屋设计没有考虑农村人的生产生活实际，不一定适合农村人。对部分家庭来说，建房成本有些高，建房款的自筹和小额贷款部分数额不小，移民还需自己负责装修。四是后续收入问题。移民没有致富产业，原有土地离安置点太远，只能发展经济林木，短期内收入少；部分移民由于自身素质的原因，面临打工难的问题。

2. 自发移民反映的问题

自发移民反映的问题主要集中在以下几个方面：一是户籍问题。户籍保留在原籍，可原籍的惠民政策移民基本享受不到，原户籍所在地的耕地有抛荒的、有退耕还林的、有租赁的，各种形式都有。二是住房与土地问题。自发移民无法获得安置住房，也不能分配土地和宅基地，导致土地非法买卖、房屋乱搭乱建，而且催生了“住房产业链”。同时，非法土地交易形成地下交易链条，导致土地价格不断推高、移民在耕地上非法搭建房屋以及诸多房屋存在安全隐患问题。三是公共服务享有缺失问题。大部分自发移民不能平等享受本地教育、医疗等公共服务，子女上学不仅需要缴纳捐资助校费等额外费用，自发移民的电费也比原居民高，每度大约高 0.2 元。四是管理水平有待提升。由于对自发移民管理的相对缺位或困难，基层矛盾时有发生。在敏感问题上，移民与政府之间甚至出现对立，移民内部形成了自我管理组织，主要依靠亲戚关系组织起来。

3. 政府相关部门反映的问题

移民补偿方面的主要争议来自以下几个方面：不同项目移民的补偿标准不同导致争议，省内省外移民的补偿政策不同导致争议，同一项目不同时期的补偿标准不同导致争议，移民的开荒地和未淹地得不到合理补偿导致争议，移民在原居住地享受的退耕还林等政策被取消导致争议。从政府的移民工作来看，大型水电项目的周期长，相关政策变动大，给基层移民工作开展带来困难；由于水电项目追求效率，部分地区最终搬迁方案没有确定即开展移民工作，政策不确定性给移民工作带来困难；移民规模大，不同项目、不同人群之间的补偿标准和后期安置方式差异大，给基层带来了相当大的维稳压力。

（四）案例聚焦：西昌市 YH 乡自发移民相关问题特别调研

1. GH 小学校长与州委党校教师反映的问题

GH 小学学生总人数 433 人，其中就有 290 人为移民子女。GH 小学每年只能招收 50 多名小学生，而“报考”人数达到 150 人左右，很大部分儿童不能顺利接受义务教育。大部分自发移民群众没有加入本地户籍，不接受本地乡、村、社区基层组织的管理，不能平等享受本地教育、医疗等公共服务。

州委党校教师认为，自发移民是贫困地区彝族群众主动追求美好生活、逃避贫穷落后状态的理性选择，符合经济社会发展的客观规律。自发移民问题关系到凉山州同步全面小康目标的实现，为凉山州各级党委和政府的管理智慧与改革勇气提出了挑战。解决这个问题既需要州级层面的顶层设计来总揽全局，为基层具体工作提供制度支持，也需要基层干部迎难而上，灵活化解各种矛盾，更需要不同民族之间互相尊重和包容，共同建设多彩和谐的美丽凉山。

2. YH 乡党委书记和原住居民代表反映的问题[①]

（1）自发移民整体情况

“自发移民”是贫困地区彝族群众改变生存状态、向往美好生活的现实体现，呈现出不可抗拒和逆转的发展趋势。YH 乡的“自发移民”始于 1996 年左右，起初周边贫困县的群众通过亲戚关系，零星向地处安宁河谷的 YH 乡搬迁。到 2001 年，喜德县、冕宁县、越西县彝族群众的迁入速度加快。至今，YH 乡自发移民已经达到 10 748 人，而 YH 乡户籍人口只有 17 000 多人。这种情况在西昌市各乡（镇）均不同程度存在，初步估计通过这种方式迁入西昌市的人口在 15 万人以上，接近占全市人口的 23%，且全部集中在城市周边，市、乡（镇）均存在同样问题。

（2）自发移民非法买卖土地修建房屋问题

由于搬迁农民在 YH 乡和西昌市没有居住地，基本上都是通过非法买卖土地的方式获得建房及生产用地，形成了不同利益链条非法买卖的各级市场。

主要情况如下：迁入农民将房产、土地、林产等家庭资产全部变卖，举全家之力、倾全家之财到迁入地买地建房谋生。除户口外，其在原居住地已经一无所有。因此，他们必然将迁入地视为生存地、生命地、繁衍地，拼尽全力买地建房生活。迁入地农民在巨大的利益诱惑下，非法将土地私自高价（远高于当地农民相互买卖置换的价格）卖给外来人员，一次性获得承包土地十几年甚至几十年的收益。搬迁进入的农民形成了一条利益链：先期搬迁入住的农民花钱买地建房后，又引进自己的亲戚朋友，将剩余的土地倒卖给他

① 调研组在采访西昌市 YH 乡党委书记 Y 书记的过程中发现其对西昌市的自发移民情况也比较了解，遂请其对 YH 乡和西昌市的自发移民情况进行了全面介绍。本部分根据 Y 书记的介绍和原住在此群众的反映情况整理而得。

们，赚取差价。本地农民高价卖地给自发搬迁户，先期搬迁户又通过各种手段自行组织引进其他农民入住，赚取一定土地差价，层层加码形成了庞大的非法交易的市场和利益共同体。本地农民也形成了一条利益链：卖地卖房，甚至出现了专门从事倒卖土地、建房卖房的中介。

主要问题如下：有了这些发财捷径，本地不少人又利用这些卖地的钱改善自己的住房和生产生活条件，形成了农村外来人员买地建房、本地人员卖地建房的情况，即使在最严格的土地管理执法环境下，仍不能有效控制和依法打击处理，造成乡（镇）乱修乱建现象十分严重。

（3）自发移民带来的社会管理矛盾突出问题

由于自发移民缺乏合理的规范与引导，政府的管理体系无法延伸到移民户，基层矛盾不能得到及时化解，产生了诸多社会问题，YH 乡明显感觉到了这种压力。西昌市的地理位置、医疗卫生、文化教育、基础设施优势，必然吸引大量的外来人员，有限的公共资源无法承受巨大的人口压力，使流入地社会管理失控，各种问题突出。

一是造成教育资源紧张。急剧膨胀的人口使流入地的小学、初中（义务教育阶段）根本无力接收如此众多的适龄学生，教室不够、寝室不够、教师不够（特别是懂彝汉双语的教师）、食堂和厕所不够。

二是造成生产生活资源紧张。本地农民生活了上百年的地方，自然选择留存的资源根本无法在短时间内满足迁入人口的供给，争水、争电、争开荒、争道路、争生存空间的情况必然长期存在。

三是造成环境卫生恶劣。由于生活习惯和自然条件的限制，多数迁入农民形成了一定的聚居规模，10 户、50 户、100 户、200 户等，大量垃圾、生活污水、牲畜粪便等无法有效治理，造成人居环境差，疾病隐患大。

四是造成人员管理混乱。迁入地农民选择混居，一个聚居点可能有来自凉山州不同县域的移民，打乱了原有的村组管理体制。没有组长、没有村主任、没有党组织，仅仅以亲戚、朋友关系维持区域社会格局必然造成人员管理的诸多弊端，产生的矛盾得不到合法的处理，很多利益得不到有效的维护，成为社会管理的盲区。

五是造成社会治安问题突出。由于绝大部分迁入农民只解决了住房问题，没有合理的生产资料（如土地），造成了其流动性大、无法全面掌握其基本情况、管理十分困难的局面。同时，这些聚居点通常成为违法犯罪分子的目标，赌博、吸毒等违法犯罪行为易在这里滋生。

六是民族无序融合造成矛盾突出。自发搬迁是无组织、无政府、无计划、无门槛的，人的融合必然是民族习惯、社会意识等方方面面的融合，自发搬迁农民在流入地的“吃喝拉撒衣食住行”都不可能和原居民一模一样。在各级政府没有积极出台相关政策界定自发搬迁行为的情况下，难免会出现一些矛盾纠纷，处理不好就涉及民族问题、人权问题，极端的还会造成群体性事件或暴力事件。

以上问题只是自发搬迁存在的一部分问题，但这些问题使该乡干部在工作中面临巨大的困难。目前虽然这些问题在逐渐被解决，但如果各级党委和政府不引起足够重视，不专门成立机构组织人员研究解决，这些问题的影响可能将会长期存在。这些问题如果得不到有效解决，将是发展中一个巨大隐患。

3. 基层政府解决问题面临的困境：一个实务案例

案由：乡里一座修建了 32 年的灌溉渠通行桥桥面出现断裂痕迹，已成危桥，急需重建，以解决 500 多人的出行安全问题。

解决过程：

8 月 1 日，包村乡干部在“下村”时接到群众反映：该桥年久失修，过往车辆增多，桥面出现裂痕，存在极大安全隐患。包村乡干部及时将此情况反映给了乡领导。了解全面情况后，乡政府立即电话报告交通、水务、安全等部门。安监局要求立刻采取措施禁止车辆人员通行，防止发生任何安全事故；水务局答复该桥修建时属于简易通行桥，是修建渠道时应群众要求修建的方便桥，现在水务局无修建桥梁项目；交通局及时派员到现场查看并要求乡政府形成报告上交解决。

8 月 3 日，乡政府砌墙堵断该桥，设置警示标语，告知群众该桥全部禁行，必须从 1 000 米外绕行。群众意见大，开始到乡政府了解危桥修建情况。乡政府形成紧急报告报交通局。

8 月 4 日，交通局回答，本年度项目资金安排结束，暂时不能立项建设。

8 月 5 日，乡政府形成紧急报告报市政府，市政府将报告批转相关部门。相关部门均不能答复重建具体事宜（能否重建、重建时间等）。

8 月 7 日，群众大规模到乡政府上访。8 月 9 日，群众大规模到市政府上访，并引发小规模冲突。当天，市政府分管领导接待上访群众代表，答复群众及时解决，疏导群众息访。当晚，市领导召集发展与改革、财政、交通、安全、水务、乡（镇）等相关部门协调，交通部门立刻安排技术人员设计、预算造价，发展与改革部门启动立项，财政部门追加资金，水务部门协调渠道断水，安全部门负责危桥检测和封桥后群众绕行安全等事宜，乡政府负责协调落实相关工作，市领导限定各单位职责、工作任务、完成时限等。

8 月 10 日，乡政府将重建事宜进行公告，事态平息，群众自发送锦旗感谢各级领导，事情基本解决。

思考：以上是基层政府解决问题的一般程序和规则，各单位、部门都按规矩和流程办事，事情最后虽然解决了，但是能否再快一些？能否在矛盾冲突爆发之前予以化解？能否最后不是上级领导来敲定解决方案？各职能部门能否配合、联动得更有效快捷？这些问题都值得我们思考。基层的问题和矛盾纷繁复杂，我们在解决群众困难、服务群众方面仍然存在诸多问题，还存在体制机制的原因。为有效发现、及时解决出现的问题，基层政府执政水平仍需要提高。

尽管此案例不是针对生态移民，但是移民过程中产生的问题很多，特别是自发移民产生的问题，由于缺乏相应机制，很多问题得不到解决，或者解决中面临与此次修桥一样面临的困境。另外，水电移民工作中也有很多类似问题，曾有部分地方水电移民搬迁导致的群体性事件在一定程度上和此次修桥导致的上访事件有某些共同的深层次的原因。通过此案例的类比，我们可以深刻地感知政府在解决移民相关问题中的困境，也更容易理解移民工作中存在的诸多不足，更加明白在生态移民工作中做好群众工作的重要性。

二、来自其他地区的访谈情况

（一）乐山市峨边县的访谈情况

2020 年 11 月和 12 月，我们就峨边县生态移民情况对峨边县扶贫移民部门相关干部进行了访谈。

1. 基本情况

近年来，峨边县政策性移民数据如下：峨边县主要是水电移民以及接受部分凉山州的易地扶贫搬迁移民。水电移民从 20 世纪 60 年代兴修水电站开始，至今有大约 2 000 户、8 000 人。峨边县县城接受外地易地扶贫搬迁移民上千户（来了两个村子）、几千人，移民主要来自凉山州。关于上述移民的去处统计如下：乐山市市内搬迁占 90%，峨边县县内搬迁占 80%以上，移民主要考虑工作和生活来源，以及投亲等。关于移民与扶贫的关系问题，移民与精准脱贫之间是一个相辅相成、互相作用的过程。民众如果同时符合迁入地和迁出地双边的条件，可以在水利移民（按人头分钱）和精准扶贫的彝家新寨（按户补贴）之间选择对自己更有利的政策。基础设施的建设迁入地和迁出地双边都在进行。产业帮扶主要是靠精准扶贫政策支持。

2. 工作中面临的主要困难

国家政策越来越好，执行标准越来越统一，办事人员严格执行标准，不敢乱来，因此出现的矛盾越来越少。极个别的上访人员属于来自搬迁地临近的村民，他们希望享受搬迁政策，但是不符合标准。此外，有时候搬迁的村民可以在移民搬迁（建新房）和彝家新寨（建新房）等优惠政策之间选择对自己更有利的，这需要相关工作人员对政策更熟悉，讲解更到位，否则容易导致民众不了解对自己最有利的政策。此外，有些民众对工作人员不信任，进行不利于自己的反向选择。这类人虽然不多，但是仍有一定数量。有时候在基础设施建设中，比如安一个路灯，或者联户路的修建，占用了一点移民的自留地，移民都不愿意，或者要求赔偿。对于民众而言，他们肯定希望搬迁的人头费越高越好。对于政策执行的工作人员而言，他们希望政策更统一、持续，更有利于基层工作的开展。

3. 移民的生产生活情况

移民的就业安置、家庭收入来源情况如下：就业基本上看各家情况，愿意外出打工的，政府不阻拦；留在本地的，符合精准扶贫标准的，由政府进行项目支持。移民办更多通过基础设施建设进行间接帮扶，比如联户道路的修建。移民迁入后的资产获取情况如下：不管哪一类移民，都没有政策性划拨土地（因为分产到户后，集体已没有多余土地），移民入户后，根据自己的经济情况购买当地的土地（村民间自行流转）。移民移入后在当地的社会融入情况如下：不管哪一类移民，都没有融入的问题，没有民族矛盾（县城大约 1/3 为彝族），没有区域矛盾，大家都为了好好生活。例如，凉山州易地搬迁移民，来了峨边县有房住、子女有学上，生活安定。

（二）迪庆州和丽江市的访谈情况

2018 年 11 月和 2020 年 10 月，我们就易地扶贫搬迁与水库移民搬迁过程中的困难与问题对丽江市和迪庆州相关工作人员进行了访谈。

1. 易地扶贫搬迁过程中存在的困难和问题

在人员识别方面，部分已补助中央预算内投资的对象不属于农村建档立卡贫困人口，部分需搬迁的建档立卡贫困人口未纳入全国扶贫开发建档立卡信息系统，部分地方将已经实施易地扶贫搬迁的对象重复纳入。在住房建设方面，部分搬迁户在村落内部换了宅基地，部分地方的易地扶贫搬迁成了变相的建造新农居；部分安置住房建设超过人均 25 平方米的标准，与国家和四川省的规定有冲突；部分搬迁户在修建新房后未拆除旧房、宅基地也未复垦，甚至出现在同一地方“占有两处宅基地”的情况。在安置点选择方面，部分安置点的设置地点不符合要求，一是存在安全隐患，二是离原居住地太近，简单地“从山上搬到山下”，生产方式和发展条件没有得到根本改善；部分安置点配套设施不完善，影响居住和生活。在后续发展方面，就业问题仍然是大问题，重搬迁、轻就业现象仍然存在，部分搬迁工作没有能够实现脱贫目标。

2. 水库移民搬迁过程中存在的困难和问题

“十二五”至“十四五”期间，迪庆州需要搬迁安置和生产安置大中型水利水电建设工程移民 76 644 人，任务繁重而艰巨，征地补偿和移民安置工作中情况错综复杂。其主要存在以下问题：补偿中对宗教设施包含的精神价值的考虑不够；由于耕地资源十分有限，人地矛盾高度集中，土地流转困难，符合条件的集中安置点很难找，使得移民工作开展困难；部分移民比较贫穷，在享受国家政策规定的补偿后仍然难以承担基本住房修建的费用，移民往往将自身积蓄或其他补偿费用于房屋建设，存在移民返贫风险；各地条件不一样，不同集中安置点移民建房标准不统一，给安置工作增加了难度。

（三）甘孜州的访谈情况

2019 年 12 月，我们就水电移民搬迁工作中存在的困难与问题对甘孜州相关人员进行了访谈。

1. 移民搬迁执行工作中存在的困难与问题

移民工作管理、监督和执行难度大。甘孜州移民工作起步较晚，有 15 个县成立了移民局（办），一些县还成立了水电开发协调办。但是，移民专业人才缺乏，很多移民干部都是抽调，大多数来自发展和改革、民政、国土、林业等部门，部分移民干部对移民工作缺乏深入了解，对相关的政策法规不熟悉，把握不准，工作中不能正确处理移民、业主、地方、国家等有关各方的利益。

生产安置容量有限。由于区域地理环境限制，符合安置条件的地点不多，高山、半高山区域几乎没有可供开发用于安置移民的耕地，导致农业生产安置容量有限，很难采取传统移民安置方式。由于基础设施相对落后，建设环境差、建设成本高等原因，生产和生活性配套设施建设存在较多困难，很难确保“移民达到或超过原有水平”的目标。

政策不统一。大型、中型、小型水电工程移民政策“同县不同策”，政策执行起来存在一定困难。

后期扶持难度较大。目前国家主要实行的“直补到人，每人每月 50 元，后扶 20 年”的政策，无论是扶持标准，还是扶持方式，都显得力不从心。

政策和执行存在一定差异。移民工程实施过程中存在混淆生产安置和搬迁安置的情况，导致财政负担过重。

水电工程周期长短不一。很多水电工程建设周期长，移民临时过渡时间长，随着时间的变化，带来一系列问题。

2. 水电移民搬迁对象担忧的困难与问题

移民对未来有担忧。甘孜州的区域环境独特，库区淹没的基本是河谷地区，库区群众人居条件原本就较为艰苦，很多移民群众普遍对离开河谷地区到其他地区（条件可能不如河谷地区）的未来存在担忧，对改变生计方式、宗教活动等问题也感到担忧。

对宗教设施补偿价值存在争议。宗教活动费用等的计列尚无定论，寺庙等宗教设施的补助费用偏低，不能满足寺庙正常开展宗教活动，影响搬迁工作。

移民对新的生产生活方式不太适应。移民的生产生活方式与甘孜州半农半牧区和牧区的特点有关，水库淹没后，移民原有的熟悉的生产资料丧失，失去了最重要的收入来源，生活方式可能面临改变，很多人不适应。社会宗教关系复杂，部分搬迁打破了原来的社会宗教关系，导致一些社会问题。

移民对林下经济的补偿不太满意。移民很大一部分林下收益是在国有林地中实现的，而国有林地的补偿全部交给国家，移民的这部分收益未获得补偿。集体林地上的补偿与移民的预期存在差异，特别是对珍稀菌类和药材等的补偿，部分移民认为补偿价格偏低而不满意。

（四）调研过程中的零星访谈情况

2019 年 7~8 月、2020 年 5~7 月，我们先后前往阿坝州、甘孜州、昌都市 10 余个县（区）进行调研，调研过程中随机与当地民众、部分工作人员和部分移民进行了交谈。鉴于零星访谈内容相对零散、不集中，因此本书将所有访谈内容进行了整理，做分类综述。

1. 移民群众反映的问题综述

移民群众反映的问题主要集中在以下几个方面：

一是新的居住点距离偏远。部分易地扶贫搬迁点的移民反映，搬迁安置点距离偏远，如昌都市类乌齐县桑多镇一大型移民安置点的移民反映，他们从几十千米，最远的有 100 多千米的地方搬迁过来，但是搬过来没有土地；原居住地的土地和财产一般是进行流转，但是有的没有流转成功，去耕种又十分麻烦；有部分财产难以舍弃，他们感到有些困惑。

二是部分牧区群众不适应新居固定生活模式。在石渠县等牧区县，搬迁户普遍反映，通过易地搬迁，生产生活条件明显改善，但是由于传统的游牧生活习惯，固定的居住点难以满足放牧需求，特别是到夏季牧场放牧的时候，往往是老年人和孩子留在新搬迁点，青壮年劳动力到远方去放牧，一家人两地分居。

三是部分地方配套设施不完善。由于地理条件等限制，部分移民点的配套设施建设没有跟上。在牧区的移民点，一般新建住房里面没有厕所，但是公共厕所数量又不足，很多移民点只有 1~2 个公共厕所，上厕所要走一段距离，特别是冬日的夜晚，如厕不方便。很多人选择了房前屋后就地“方便”，影响了生活环境。

四是就业情况不太理想。尽管政府提供了多种就业岗位和各种技能培训，但是仍然无法满足移民需求，移民增收渠道有限。

2. 工作人员反映的问题综述

工作人员反映的问题主要集中在以下几个方面：

一是具体搬迁对象数据不确定。由于建档立卡贫困人口数据不断调整或搬迁对象意愿发生变化，同步搬迁也在不断调整，因此造成易地扶贫搬迁数据迟迟不能锁定，部分已锁定数据不断发生变化，打乱工作计划。

二是旧房拆除及复垦难度大。部分群众在新房建好后，对原拆除旧房的承诺反悔，想两边都占有，增加了旧房拆除和宅基地复垦工作难度。

三是安置点选址难度大。搬迁所在县基本没有成规模的工业、农业园区和旅游开发区，县城和小集镇也无法提供足够的就业渠道，具备较强资源承载能力的安置区少，安置方式和安置点选择渠道单一。同时，大多数安置区的土地都已经承包到农户，安置点建设用地往往需要县级财政出资征收征用，而大多数县（市）财政收入水平过低，资金筹集困难。

四是“稳得住、能脱贫”难度大。由于建设任务过重，很多地方的工作重心在项目建设上，多数安置点后续帮扶措施较为单一，多以传统种植业和劳务输出为主，没有从根本上解决搬迁群众自身“造血能力”的提升问题。

五是专业技术人才缺乏。搬迁任务重，工程进度紧，工程建设质量监管和技术指导等需要大量专业技术人员，但是当地相关业务部门技术人员有限，难以有效对搬迁工作进行指导和督促。

三、本章小结与评论

（一）本章小结

笔者和调研组在凉山州采取了现场实地调研、面对面访谈的方式，主要访谈了州级相关部门以及德昌县、昭觉县、西昌市部分乡（镇）的相关人员。移民类型涉及易地扶贫搬迁移民、水电移民、地灾移民、自发移民等不同类型[①]。笔者和调研组对峨边县的调研采取的是与扶贫和移民工作局相关人员电话交流的方式，主要针对的是水电移民。笔者和调研组对迪庆州和丽江市的调研也主要采取的是和相关人员电话交流的方式，主要针对易地扶贫搬迁移民与水电移民。笔者和调研组对甘孜州的调研采取了面谈和电话访谈相结合的方式，主要针对水电移民搬迁。零星访谈主要是调研过程中与当地百姓聊天，针对的是移民生产生活的基本情况。

① 访谈时，相关人员将这些移民类型称呼为扶贫移民、水电移民、地灾移民、自发移民、水库移民、水利移民、避害移民等，只是称呼不同而已。

从访谈的情况来看，相关人员反映的问题很多和问卷调查反映出来的问题具有一致性。除了自发移民以外，国家对政策性移民有相对明确的政策，各地也根据当地的实际情况制定了具体的落实政策。从政策的统一性上看，易地扶贫搬迁政策相对更统一；水电移民政策根据水电工程的不同而不同，采取“一库一策”办法；地灾移民由于灾害情况不同，各地政策具有一定差异。就相关补贴的标准而言，水电移民和地灾移民有所提高，尤其是地灾移民的补贴标准逐年提高。但是，水电移民（含纯水库移民）政策因工程规模、业主等的不同，补贴标准差距较大，特别是地方中小型水利工程与国家大型水利水电工程相比，补偿标准明显偏低。

各地公共设施建设基本上为统规统建，但是政策性移民的住房建设以统规统建、统规自建和统规代建为主。昌都市的统规统建或统规代建较多，四川省的统规自建较多，主要根据具体的建房情况和移民的意愿决定，移民还可以在一定范围内选择移民点。大多数彝族移民倾向于选择彝族聚居区，汉族移民则优先考虑迁入地条件。大多数移民为市（州）内安置，跨县安置的多为临近县，比如峨边县迁入的水电移民多为凉山州的水电移民。

易地扶贫搬迁移民整体上对政策比较满意，反映的问题主要是部分迁入地离原居住地偏远，原有财产不好处置。部分牧区移民反映，定居生活方式和游牧生活方式之间有一定的矛盾，在没有改变游牧生产生活方式之前，移民无法完全在定居点居住。同时，公共基础设施还需要完善。水电移民普遍反映的问题是致富产业不足、挣钱难；新修建的住房对移民生计方式的考虑不足，不太适合农村人口的生产生活方式；对财产的补偿不足，有部分土地撂荒；搬迁前后享受到的惠民政策有差异，无法继续享有原先的政策；宗教设施迁建难度大。有水库移民反映，由于项目建设的主体单位不同、项目资金不同，部分地方中小水库的补偿与大型水电工程的补偿之间差距明显。地灾移民整体上对政策满意，大多数表示感恩，但是有少部分地灾移民反映建房成本偏高、负担较重；搬迁点离原有土地距离过远，不太方便。自发移民反映的问题最多，归纳起来主要集中在没有户籍带来的一系列问题，特别是生产生活资料和公共服务的获得相对困难，社会融入问题和管理问题复杂，导致部分地方矛盾频发。另外，易地扶贫搬迁工作人员反映，具体搬迁对象数据不断调整，打乱了工作计划；拆旧复垦、安置点建设、产业扶持等都面临一定困难；缺乏专业人员，部分民众对政府的政策不理解、对移民工作的支持度不够、贪图小便宜等，造成部分地方移民工作推进难度大。

（二）本章评论

可以看出，不同类型的移民、不同地区的移民面临的问题和困难具有一定的差异，同样的政策、同样的移民类型，由于地域不同，比如牧区和农耕区，移民的要求也不同，导致政策执行产生的效果有一定差异。区域内问题最多的是凉山州的自发移民，区域内问题最普遍的是水电移民，涉及因素最复杂的也是水电移民。

部分群众反映，迁入地与迁出地之间距离过远，这和整个区域自然地理条件受限有关，根据“三不选”和“五靠近”原则①，区域内满足安置点建设要求的土地十分有限，难以规划出符合要求的土地。牧区和农耕区的差异也是客观存在的，改变生产生活方式并非一朝一夕之事，但是能否针对牧区的特殊性出台特殊的安置政策，值得思考。至于移民的后续发展困难等问题，是移民问题的核心，相关部门必须要长远谋划。

产业发展困难是区域的共性问题，“经济落后、产业空虚一直是‘三区三州’等深度贫困地区最为棘手的问题，很多地方难以坚持移民搬迁安置和产业建设‘两条腿走路’。”② 在任务压力下，部分地方政府在产业扶持上也往往趋向“急功近利”。“部分地方政府在扶贫产业选择上未经过充分论证，盲目跟风，造成产业发展高度同质化，脱贫人口极易因市场波动等因素返贫，既浪费了大量人力、物力、财力，又使得贫困人口对脱贫致富失去信心。”③同时，移民自身能力的提升也并非短期可以完成，进一步限制了移民的就业机会。“形式上的合理并没有完全促进水库移民社区发展和贫困移民可持续发展能力的提升，导致部分水库移民社区发展和贫困移民脱贫存在‘水分’。”④诸多主客观原因导致移民后续发展仍然存在诸多问题，政府尽管多方设法解

---

① “三不选”指集中安置区的选址要避开国家主体功能区、限制开发区、地质灾害多发区等资源环境承载量小的地区，且不能占据或破坏永久基本农田和生态公益林土地。“五靠近”指集中安置点要尽量靠近周边县、乡（镇）、产业园区、中心村或行政村、旅游景区。

② 李俊杰，郭言歌．“三区三州”易地扶贫搬迁政策执行机制优化探究［J］．黑龙江民族丛刊，2019（5）：30-37.

③ 郭俊华，赵培．西部地区易地扶贫搬迁进程中的现实难点与未来重点［J］．兰州大学学报（社会科学版），2020（2）：134-144.

④ 孙良顺．“内”“外”联动：水库移民社区发展与移民脱贫的实现路径［J］．求索，2018（5）：71-78.

决移民就业问题，但是也无法做到完全包办。迫于压力，部分地方政府往往流于形式。“实践证明，在过去的几年里，‘政府帮找工作’效果一直不佳，当地干部说‘形式大于效果’‘政府一头热’。”①

从自发移民和水电移民集中反映的问题来看，水电移民和自发移民的政策体系急需完善，特别是需要针对其中突出的共性问题制定相应的解决措施，否则移民难以融入迁入地，必将滋生新的矛盾，这应当是今后相关移民工作的重点。政府工作人员反映的移民数据不断变化问题表明，在移民对象的识别上，既有标准难以做到“精准”，相关识别标准和程序还需要优化。至于部分民众对移民工作的不理解不支持，政府工作人员需要付出更多耐心去解释。

本章呈现出来了民众和相关政府工作人员对生态移民工程的真实认知，其中反映出来的问题值得思考，表明移民工作必须要结合地方的具体情况开展，既要有原则性，又要有灵活性，同时还需要做大量的沟通疏导工作。这既对地方相关工作人员提出了要求，也为相关部门制定政策提供了参考，有利于指导今后相关移民工作的开展。事实上，移民工作千头万绪，已经成为区域基层社会治理工作的重要组成部分。长江上游天保工程主要实施区在社会治理体系和治理能力现代化方面还有待提升，区域生态移民中的诸多矛盾和问题也使得区域社会治理呈现出鲜明的特殊性，既对区域地方政府的治理能力提出了挑战，也为其治理手段的创新提供了机会和舞台。

---

① 郑秉文.“后2020”时期建立稳定脱贫长效机制的思考［J］.宏观经济管理，2019（9）：17-25.

第七章
生态移民实践的效应及评价

生态移民实践的效应关系生态移民工程的价值，也涉及对生态移民工作本身的评判。生态移民不仅仅是人口空间地理的改变，更是与之相连的生产生活方式的整体时空转化，涉及社会生活的方方面面，具有复杂性、综合性特征。民众的感受是生态移民效应最直接的体现，从这个角度上看，研究问卷调查分析部分已经呈现出生态移民实践的综合效应，只是尚缺乏提炼、总结。但是，我们需要了解的不仅仅是民众的感受，而是感受背后的，或者说形成那样的感受的基础是什么。这正是本章需要进一步分析和提炼的内容。由于效应本身包罗万象，不可能全面展开分析，本章只对主要的效应进行分析与评价。

需要说明的是，由于资料提供的差异性和调研中的地域选择不同，本章主要基于收集到的相关资料、调查问卷和访谈的分析结果以及调研的整体情况进行梳理、分析和提炼。由于凉山州的资料相对完整，因此本章将凉山州的易地扶贫搬迁实践作为单独一部分进行分析。同时，评价生态移民工程效应必须以生态移民工程的目的为参照，根据目的论，不同移民工程的评价指标有一定差异。由于很难完全按照确定的指标匹配数据和材料，在具体评价中，本书选择了将确定的指标内容融入相关的材料分析之中。

一、区域生态移民效应评价的标准及说明

（一）生态移民效应评价标准的确定原则

如何评价生态移民搬迁成效，国内外并无统一的标准，现有研究大多从微观和宏观选取不同角度进行评价。陈胜东等（2016）① 认为，以农户生计资本为评估标准能够反映出易地扶贫搬迁政策的实际减贫成效。鲁能和何昊（2018）② 从经济、政治、社会、文化、生态“五位一体”视角来衡量易地扶贫搬迁政策成效。李晓园和陈颖（2019）③ 认为，应该从经济基础、政策保

① 陈胜东，蔡静远，廖文梅．易地扶贫搬迁对农户减贫效应实证分析：基于赣南原中央苏区农户的调研［J］．农林经济管理学报，2016（6）：632-640.

② 鲁能，何昊．易地移民搬迁精准扶贫效益评价：理论依据与体系初探［J］．西北大学学报（哲学社会科学版）2018（4）：75-83.

③ 李晓园，陈颖．基于模糊综合评价法的易地扶贫搬迁绩效评价及政策建议：以修水县“进城入园”扶贫搬迁工程为例［J］．江西师范大学学报（哲学社会科学版），2019（3）：130-137.

障和社会融入3个方面评估易地扶贫搬迁政策成效。熊升银和王学义（2019）[①] 认为，生态移民搬迁成效的评价整体上应融入经济状况、基础设施和公共服务三个宏观维度。在具体的评价指标方面，李媛媛等（2014）[②] 围绕着经济、社会和生态效益以及包容性发展指标设计了11个二级指标和27个三级指标。孔凡斌等（2017）[③] 以生计资本为核心选取了19个指标。陈颖（2019）[④] 围绕精准科学搬迁、经济基础、文化心理、后续扶持、公共服务与基础设施5个维度设计了24个二级指标。朱永甜和余劲（2020）[⑤] 围绕自然、物质、金融、人力和社会资本5个维度选取了15个指标。可以看出，目前的相关评价指标并无统一的标准，也没有明确的相关概念的价值高低排序。事实上，不同移民对相关指标或概念的认识度不一，关注点不一样，很难有一个大家都认可的价值排序。

但是，从相关研究来看，其关注的内容整体上是明确的，无外乎移民的生产生活环境、后续生计、文化心理适应、社会融入、公共服务设施配套等方面，而且大部分相关研究都将移民的生计问题列为核心指标。

本书认为，生态移民效应评价的标准离不开生态移民工程的目的，偏离了目的的评价是不客观和不恰当的。易地扶贫搬迁的目的是解决“一方水土养不起一方人”的问题，首先就是生活环境的改变，其次才是改变环境后移民的后续发展问题，包括造血能力的提升，最后才是配套服务等其他问题（地灾移民与此类似）。水电移民搬迁的目的是换一个整体条件不低于原居住地条件的生活环境，且保证生活水平不降低。自然，移民的发展问题更为重要，其次才是环境问题，最后才是其他问题。自发移民搬迁的目的是寻求更好的发展条件，包括子女教育、家庭就医等条件。自然，发展机会即后续发展是第一位的，教育、医疗等配套服务其次，最后才是其他问题。确定长江

---

① 熊升银，王学义．易地扶贫搬迁政策实施效果测度及影响因素分析［J］．统计与决策，2019（13）：101-105.

② 李媛媛，盖志毅，白云霞．少数民族地区扶贫移民微观效益评价分析［J］．统计与决策，2014（24）：111-114.

③ 孔凡斌，陈胜东，廖文梅．基于双重差分模型的搬迁移民减贫效应分析［J］．江西社会科学，2017（4）：52-59.

④ 陈颖．易地扶贫搬迁绩效指标体系构建及评价研究［D］．南昌：江西师范大学，2019：19-20.

⑤ 朱永甜，余劲．陕南易地扶贫搬迁减贫效应研究：基于分阶段的讨论［J］．干旱区资源与环境，2020（5）：64-69.

上游天保工程主要实施区的生态移民效应评价指标也应该遵循不同移民工程的目的论，从各自的目的探寻不同指标及其重要性。

（二）区域生态移民效应评价标准的确定

从对长江上游天保工程主要实施区的调研情况来看，无论是政策性移民还是自发移民，无论是易地扶贫搬迁移民、水电移民还是地灾移民，核心都是移民的后续发展问题，即生计问题。从凉山州问卷调查的情况来看，生计问题、旧资产处置问题和文化心理适应问题比较突出。昌都市问卷调查的12类信息大致可以归为3类：经济问题、生产生活环境问题、文化心理适应问题。从感知度的数值来看，经济问题最重要，文化心理适应问题其次，最后才是生产生活环境问题。从访谈反映的问题来看，移民最关心的是后续发展问题，其次是社会融入与社区管理问题，最后是安置点生产生活环境问题、教育和医疗等公共服务配套问题，其中水电移民还特别关注宗教活动场所问题。笔者参考其他研究的指标设计，结合长江上游天保工程主要实施区的特殊性，通过对问卷、访谈情况的对比和梳理认为，长江上游天保工程主要实施区生态移民的成效评价指标大致可以从以下几个方面考虑：移民后续发展（包括就业、经济收入增长、自身技能提升等）、移民心理适应性或者说社会融入情况（包括邻里关系、社区治安环境、政策公平度、社会交往等）、迁入地整体环境（包括住房建设情况、交通情况、生活便利程度等）、迁入地公共服务配套（包括教育、医疗、文化娱乐等）、特殊需求满足（包括宗教活动场所、生产生活方式等）。

因为评价的是生态移民工程的效应，而非生态移民的满意度，所以不同指标重要性程度的确定必须回归到不同移民工程的目的上来。笔者根据不同移民的差异，结合不同移民工程的目的，兼顾区域的特征，从整体上将相关指标重要性程度大致做如下排列：

易地扶贫搬迁与地灾移民：安置点建设（新环境）、后续发展、社会融入、配套服务、其他功能（特殊需求，如生态保护、民族团结等）。水电移民：后续发展、安置点建设（新环境）、社会融入、配套服务、其他功能（特殊需求，如宗教氛围、林下经济等特殊补偿等）。自发移民：后续发展、配套服务、新安置点建设（新环境）、社会融入、其他功能（特殊需求）。对于易地扶贫搬迁和地灾移民工程来说，安置点建设最重要，其次才是移民的后续发展，最后是其他。但是，对于水电移民工程和自发移民而言，后续发展最重要，水电移民工程第二重要的是安置点建设，自发移民第二重要的是配套服务。区域生态移民工程评价指标重要性排序见表 7-1。

表 7-1　区域生态移民工程评价指标重要性排序　　单位：%

类别	安置点建设（新环境）	后续发展	社会融入	配套服务	其他功能（特殊需求）
易地扶贫搬迁与地灾移民	28	26	19	15	12
水电移民	22	30	18	16	14
自发移民	20	40	10	25	5

需要说明的是，上述权重是基于前面的调查和访谈情况，结合不同移民工程的目的而大致赋予的权重。例如，自发移民十分关注搬迁后是否能够有更好的发展、子女是否有更好的上学条件、家庭是否有更好的就医条件等，因此这些指标赋权更高。但是，对于易地扶贫搬迁移民和地灾移民而言，“换空间”是首要且直接的目的，其他都是等换了空间后才会面临的，因此安置点建设赋权最高。同时，易地扶贫搬迁的重要目的就是脱贫，因此其精准脱贫效应也很重要，赋权接近安置点建设，主要体现在后续发展指标中。水电移民虽然也换空间，但是有“被迫”的因素，确保水电移民搬迁后生活质量不降低更重要，否则必然引发相关矛盾，因此水电移民的后续发展赋权最高。在特殊需求方面，水电移民表现出对宗教活动环境、林下经济补偿等的重视，其特殊需求赋权相对更高。

生态移民工程的效应是多方面的，前面所列五大方面并不能涵盖全部，只是因为本书认为这五方面相对更重要而已，并不代表只有这五方面，相关赋权也仅仅是对这五方面的重要性的大致比较。另外，本书尽管给出了指标和价值排序，但是在具体的评价中，相关数据难以精准地对应这五方面，且社会融入和特殊需求难以量化和统计，因此在具体分析的时候，本书只能依据调研情况将相关的内容分散呈现，通过数值的前后对比和对访谈对象的陈述整理，定性结合定量，整体体现生态移民实践的成效。

二、凉山州“十三五”时期易地扶贫搬迁实践效应分析

本部分数据源于凉山州发展和改革委员会《“十三五”易地扶贫搬迁统计表》，统计时间截至2020年5月底。根据四川省发展和改革委员会《易地搬迁铺就幸福路 安居乐业开启新生活：凉山州易地扶贫搬迁专题报告》，最终实现的数据有较大幅度的增长，表明在“十三五”时期最后几个月，凉山州在完成易地扶贫搬迁项目上进一步取得了成效。由于缺乏完整的最终数据，本部分仍然采用截至2020年5月底的数据。本部分的主要目的是呈现易地扶贫搬迁工作具体做了哪些事、建设了哪些项目、在哪些方面取得了成就，展现出易地扶贫搬迁带来的综合效应。至于具体每个方面完成数据的精准度，不影响对综合效应的定性评价。

需要说明的是，尽管本书给出了生态移民工程成效评价的5个维度和相应的权重，但是地方的具体统计口径和指标主要围绕建设工程展开，且无法给出社会融入与特殊需求的统计数据。因此，本部分只能将既有统计结果朝廷分类、归纳和整理。其中的生产生活建设方面包含了指标中的安置点建设和配套服务，后续发展主要体现在精准脱贫措施与后续发展方面、人口结构与就业信息方面的指标中，其他功能主要是拆旧复垦与土地增减方面，体现的是生态效应。

（一）生产生活环境建设方面

“十三五”期间，凉山州易地扶贫搬迁计划建设配套基础设施和公共服务设施包括：饮水管道3 881.97千米、电网3 063.614千米，道路硬化4 331.984千米、饮水设施150个、学校11个、幼儿园205个、卫生院所249个、活动室395个、其他设施1 465项（见表7-2）。截至2020年5月，实际完成情况如下：饮水管道3 718.23千米、电网2 907.634千米，道路硬化4 156.514千米、饮水设施145个、学校7个、幼儿园201个、卫生院所243个、活动室379个、其他设施1 460个（见表7-3）[①]。

可以看出，在“十三五”期间，凉山州在配套基础设施和公共服务设施

① 根据四川省发展和改革委员会《易地搬迁铺就幸福路 安居乐业开启新生活——凉山州易地扶贫搬迁专题报告》的数据，最终实现：饮水管道3 876千米、电网3 157千米，道路硬化4 335千米、饮水设施150个、学校7个、幼儿园204个、卫生院所247个、活动室395个。

建设方面，完成率比较高。大量的配套基础设施和公共服务设施建设优化了易地扶贫搬迁点的生产生活环境，使得移民的生活质量明显提升。另外，各县（市）的完成情况具有一定的差异，这或许与各地的执行力度有关，也同时反映出各地在实际工作中面临不同的困难。但是，无论如何，凉山州各县（市）在改善易地扶贫搬迁人口的生产生活环境方面，做出了巨大的努力，成效比较明显。

表 7-2　凉山州计划建设配套基础设施和公共服务设施情况

地区	“十三五”时期计划建设配套基础设施和公共服务设施								
	饮水管道/千米	电网/千米	道路硬化/千米	饮水设施/个	学校/个	幼儿园/个	卫生院所/个	活动室/个	其他设施/项
凉山州	3 881.97	3 063.614	4 331.984	150	11	205	249	395	1 465
西昌市	33.33	20.3	143.97	0	1	0	0	1	3
木里县	101	7	60	0	1	0	0	0	6
盐源县	231.1	185	141.9	5	0	0	0	0	16
德昌县	22	2.13	8	0	0	0	1	0	0
会东县	6.03	2.98	0	0	0	0	0	0	3
会理市	5.55	1.51	3.07	0	0	0	0	0	0
宁南县	40.3	18.2	43.43	0	0	0	0	0	2
普格县	519.48	154	210	5	0	25	25	28	13
布拖县	801.3	607.95	666.25	0	1	1	1	43	0
金阳县	365	0	313.6	140	0	14	61	61	140
昭觉县	189.64	672.46	965	0	1	0	0	38	110
喜德县	950	800	1 050	0	5	71	71	71	475
冕宁县	55.1	35.23	23.76	0	0	1	0	1	1
越西县	278.94	242.76	333.92	0	0	92	88	86	267
甘洛县	3	42.73	50.8	0	0	1	0	1	150
美姑县	151.5	124.404	284.684	0	2	0	2	60	278
雷波县	128.7	146.96	33.6	0	0	0	0	5	1

表 7-3　凉山州已建设完成配套基础设施和公共服务设施情况

地区	"十三五"时期已建设完成配套基础设施和公共服务设施								
	饮水管道/千米	电网/千米	道路硬化/千米	饮水设施/个	学校/个	幼儿园/个	卫生院所/个	活动室/个	其他设施/项
凉山州	3 718.23	2 907.634	4 156.514	145	7	201	243	379	1 460
西昌市	33.33	20.3	143.97	0	1	0	0	1	3
木里县	101	7	60	0	1	0	0	0	6
盐源县	231.1	185	141.9	5	0	0	0	0	16
德昌县	22	2.13	8	0	0	0	1	0	0
会东县	6.03	2.98	0	0	0	0	0	0	3
会理市	5.55	1.51	3.07	0	0	0	0	0	0
宁南县	40.3	18.2	43.43	0	0	0	0	0	2
普格县	519.48	154	210	5	0	25	25	28	13
布拖县	658.56	451.97	507.18	0	0	0	0	32	0
金阳县	344	0	305.8	135	0	11	58	58	135
昭觉县	189.64	672.46	965	0	0	0	0	38	110
喜德县	950	800	1 050	0	5	71	71	71	475
冕宁县	55.1	35.23	23.76	0	0	1	0	1	1
越西县	278.94	242.76	333.92	0	0	92	88	86	267
甘洛县	3	42.73	50.8	0	0	1	0	1	150
美姑县	151.5	124.404	276.084	0	0	0	0	58	278
雷波县	128.7	146.96	33.6	0	0	0	0	5	1

（二）精准脱贫措施与后续发展方面

"十三五"期间，凉山州易地扶贫搬迁精准脱贫措施与后续发展情况如下：技能技术培训 65 677 人次；产业发展解决就业 229 077 人，其中发展特色农林业就业 198 704 人，发展现代服务业就业 29 302 人，发展加工业就业 717 人，发展其他产业就业 354 人（见表 7-4）；就业扶持 67 444 人，其中就近就地就业 20 583 人，转移就业 38 814 人，自主创业 276 人，公益性岗位 1 858 人，其他 5 913 人；社会保障兜底方式解决 30 628 人，资产收益方式解决11 238人，其他方式解决14 813人，已脱贫人口202 059人（见表7-5）①。

可以看出，凉山州在解决易地搬迁人口脱贫所采取的措施方面，采取了多措并举方式，重点是通过技术培训和产业发展解决就业问题，产业发展解决的就业人口占了绝大部分。就业扶持人口达到67 444人，也占有相当的比例。各县（市）在解决搬迁人口就业方面重点不同，反映出各县(市）具体条件的差异。

表7-4 凉山州精准脱贫主要措施与后续发展情况表（1）

地区	“十三五”时期搬迁任务/人	技术技能培训/人次	合计/人	产业发展				
				小计/人	发展特色农林业/人	发展现代服务业/人	发展加工业/人	发展其他产业/人
凉山州	353 200	65 677	353 200	229 077	198 704	29 302	717	354
西昌市	3 291	0	3 291	2 159	2 159	0	0	0
木里县	4 911	890	4 911	4 108	2 626	477	692	313
盐源县	28 577	4 843	28 577	25 064	23 417	1 637	10	0
德昌县	156	0	156	21	21	0	0	0
会东县	123	0	123	43	37	6	0	0
会理市	93	0	93	93	93	0	0	0
宁南县	1 499	0	1 499	1 256	1 256	0	0	0
普格县	23 529	2 280	23 529	12 673	7 532	5 141	0	0
布拖县	38 910	13 392	38 910	16 106	15 141	965	0	0
金阳县	41 256	7 760	41 256	23 145	22 614	531	0	0
昭觉县	54 505	7 910	54 505	45 559	36 788	8 771	0	0
喜德县	25 565	950	25 565	9 689	7 580	2 094	15	0
冕宁县	2 386	1 140	2 386	1 913	1 913	0	0	0
越西县	32 282	5 888	32 282	12 217	8 428	3 789	0	0
甘洛县	21 362	4 800	21 362	15 746	12 421	3 325	0	0

① 根据四川省发展和改革委员会《易地搬迁铺就幸福路 安居乐业开启新生活——凉山州易地扶贫搬迁专题报告》的数据，最终实现：发展特色农林业等产业17.6万人，发展现代服务业1.8万人，就业扶持7.3万人，社会保障兜底6.5万人，资产收益1.2万人。

表7-4(续)

地区	“十三五”时期搬迁任务/人	技术技能培训/人次	合计/人	产业发展				
				小计/人	发展特色农林业/人	发展现代服务业/人	发展加工业/人	发展其他产业/人
美姑县	53 223	10 938	53 223	45 001	44 482	519	0	0
雷波县	21 532	4 886	21 532	14 284	12 196	2 047	0	41

表 7-5　凉山州精准脱贫主要措施与后续发展情况表（2）　　单位：人

地区	就业扶持						社保兜底方式	资产收益方式	其他	已脱贫人口
	小计	就近就地就业	转移就业	自主创业	公益性岗位	其他				
凉山州	67 444	20 583	38 814	276	1 858	5 913	30 628	11 238	14 813	202 059
西昌市	555	0	555	0	0	0	495	0	82	3 291
木里县	803	338	100	178	117	70	0	0	0	4 128
盐源县	3 477	1 779	1 479	13	0	206	0	0	36	28 486
德昌县	16	0	16	0	0	0	119	0	0	156
会东县	64	0	64	0	0	0	16	0	0	123
会理市	0	0	0	0	0	0	0	0	0	93
宁南县	0	0	0	0	0	0	226	0	17	1 499
普格县	8 676	0	8 578	0	98	0	2 180	0	0	8 795
布拖县	8 766	5 474	0	0	445	2 847	14 038	0	0	7 744
金阳县	4 863	670	3 193	85	257	658	3 469	7 668	2 111	20 073
昭觉县	8 946	0	8 946	0	0	0	0	0	0	29 595
喜德县	4 035	1 465	2 520	0	50	0	4 354	1 650	5 837	11 914
冕宁县	355	355	0	0	0	0	118	0	0	2 386
越西县	11 236	6 580	4 183	0	473	0	4 089	932	3 808	29 317
甘洛县	5 412	2 710	2 702	0	0	0	204	0	0	21 276
美姑县	7 490	233	4 863	0	285	2 109	567	165	0	18 833
雷波县	2 750	979	1 615	0	133	23	753	823	2 922	14 350

（三）拆旧复垦与土地增减方面

“十三五”期间，凉山州拆旧复垦与土地增减情况如下：在拆旧复垦方面，应拆除旧房（签订拆除协议）户数 74 426 户，已拆除户数 48 625 户，已复垦户数 47 743 户；在宅基地复垦方面，已复垦面积 622 万平方米，已生态修复面积 267 万平方米；在土地增减挂钩指标交易方面，产生节余指标面积 677 亩，已完成交易指标面积 1 387 亩，土地增减挂钩指标交易金额 42 307 万元（见表 7-6）[①]。同时，不同年份执行力度具有明显差异，这和易地扶贫搬迁的进度有关，也和越到后期难度越大的现实有关。

可以看出，通过拆旧复垦及土地增减挂钩指标交易，凉山州宅基地复垦面积达到了 951 万平方米，土地节余指标达到了 676 亩，充分表明了易地扶贫搬迁带来的生态保护效应。同时，还有较高比例的搬迁户虽然签订了协议，但是没有拆除旧房，表明了拆旧复垦工作的难度。各县（市）具体的拆旧复垦及土地增减挂钩指标交易情况差异明显，土地增减钩挂钩指标交易和生态修复只在少部分县（市）发生，大多数县（市）的这两项指标为 0。这表明，凉山州的相关工作还不完全到位，需要继续努力。各县（市）2016—2019 年拆旧复垦及土地增减挂钩指标交易情况见表 7-6 至表 7-11。

表 7-6　凉山州拆旧复垦及土地增减挂钩指标交易情况汇总

年份	“十三五”时期拆旧复垦及土地增减挂钩指标交易情况							
	旧房拆除/户			宅基地复垦/万平方米		土地增减挂钩指标交易情况		
	签订拆除协议户数	已拆除户数	已复垦户数	已复垦面积	已生态修复面积	产生节余指标面积/亩	已完成交易指标面积/亩	土地增减挂钩指标交易金额/万元
汇总	74 426	48 625	47 743	622	267	677	1 387	42 307
2016 年	12 051	12 051	12 051	184	81	138	212	5 119
2017 年	11 139	10 891	10 891	152	68	130	632	16 683
2018 年	28 060	20 641	20 233	225	85	409	543	20 505
2019 年	23 176	5 042	4 568	61	33	0	0	0

① 根据四川省发展和改革委员会《易地搬迁铺就幸福路 安居乐业开启新生活——凉山州易地扶贫搬迁专题报告》数据，最终实现：拆除旧房 7.35 万套，土地复垦复绿 1 896 万平方米，生态修复 1 160 万平方米。

表 7-7　凉山州拆旧复垦及土地增减挂钩指标交易情况分表（1）

年份	“十三五”时期拆旧复垦及土地增减挂钩指标交易情况							
	拆旧复垦情况/户			宅基地复垦复绿情况/万平方米		土地增减挂钩指标交易情况		
	应拆除旧房户数	已拆除旧房户数	已复垦复绿户数	已复垦面积	已生态修复面积	产生节余指标面积/亩	已完成交易指标面积/亩	土地增减挂钩指标交易金额/万元
凉山州	74 426	48 625	47 743	683	268	677	1 388	42 308
西昌市	819	819	819	26	0	0	0	0
木里县	1 013	1 013	1 013	23.99	2	0	198	593
盐源县	6 275	6 275	6 275	36.779	0	378	378	10 200
德昌县	56	56	56	0.9	1	9	23	1 200
会东县	24	24	24	0.513 3	0	3	0	0
会理市	24	24	24	0.394	0	0	0	0
宁南县	308	308	308	8.86	0	0	0	0
普格县	4 697	4 329	3 968	41.71	0	0	0	0
布拖县	7 279	2 048	2 048	12.46	0	0	0	0
金阳县	7 593	4 277	4 277	31.86	0	0	502	13 000
昭觉县	12 239	4 963	4 537	242.02	190	5	5	1
喜德县	5 429	4 930	4 930	62	0	0	0	0
冕宁县	528	528	528	2.9	1.96	0	0	0
越西县	7 527	6 579	6 484	78.93	0	0	0	0
甘洛县	4 977	4 194	4 194	41	0	0	0	0
美姑县	10 694	3 314	3 314	49.64	50	0	0	0
雷波县	4 944	4 944	4 944	23.07	23	282	282	17 314

表 7-8　凉山州拆旧复垦及土地增减挂钩指标交易情况分表（2）

地区	2016 年拆旧复垦及土地增减挂钩指标交易情况							
	旧房拆除/户			宅基地复垦/万平方米		土地增减挂钩指标交易情况		
	签订拆除协议户数	已拆除户数	已复垦户数	已复垦面积	已生态修复面积	产生节余指标面积/亩	已完成交易指标面积/亩	土地增减挂钩指标交易金额/万元
凉山州	12 051	12 051	12 051	184	81	138	212	5 119
西昌市	325	325	325	10.5	0	0	0	0

表7-8(续)

地区	2016 年拆旧复垦及土地增减挂钩指标交易情况							
	旧房拆除/户			宅基地复垦/万平方米		土地增减挂钩指标交易情况		
	签订拆除协议户数	已拆除户数	已复垦户数	已复垦面积	已生态修复面积	产生节余指标面积/亩	已完成交易指标面积/亩	土地增减挂钩指标交易金额/万元
木里县	209	209	209	3	0. 83	0	62. 782 5	188. 347 5
盐源县	1 235	1 235	1 235	7. 47	0	0	0	0
德昌县	56	56	56	0. 9	0. 7	9	23	1 200
会东县	24	24	24	0. 513 3	0	2. 59	0	0
会理市	24	24	24	0. 394	0	0	0	0
宁南县	70	70	70	2. 34	0	0	0	0
普格县	710	710	710	11. 8	0	0	0	0
布拖县	865	865	865	3. 4	0	0	0	0
金阳县	975	975	975	7. 81	0	0	0	0
昭觉县	1 482	1 482	1 482	70. 27	60	0	0	0
喜德县	1 142	1 142	1 142	15. 98	0	0	0	0
冕宁县	74	74	74	0. 4	0. 26	0	0	0
越西县	1 570	1 570	1 570	16. 78	0	0	0	0
甘洛县	1 098	1 098	1 098	12. 8	0	0	0	0
美姑县	940	940	940	14. 1	14. 1	0	0	0
雷波县	1 252	1 252	1 252	5. 6	5. 6	126. 46	126. 46	3 730. 86

表 7-9　凉山州拆旧复垦及土地增减挂钩指标交易情况分表（3）

地区	2017 年拆旧复垦及土地增减挂钩指标交易情况							
	旧房拆除/户			宅基地复垦/万平方米		土地增减挂钩指标交易情况		
	签订拆除协议户数	已拆除户数	已复垦户数	已复垦面积	已生态修复面积	产生节余指标面积/亩	已完成交易指标面积/亩	土地增减挂钩指标交易金额/万元
凉山州	11 139	10 891	10 891	167	68	130	632	16 683
西昌市	140	140	140	4. 7	0	0	0	0
木里县	189	189	189	5	0. 66	0	0	0

表7-9(续)

地区	2017年拆旧复垦及土地增减挂钩指标交易情况							
	旧房拆除/户			宅基地复垦/万平方米		土地增减挂钩指标交易情况		
	签订拆除协议户数	已拆除户数	已复垦户数	已复垦面积	已生态修复面积	产生节余指标面积/亩	已完成交易指标面积/亩	土地增减挂钩指标交易金额/万元
盐源县	1 259	1 259	1 259	6.623	0	0	0	0
德昌县	0	0	0	0	0	0	0	0
会东县	0	0	0	0	0	0	0	0
会理市	0	0	0	0	0	0	0	0
宁南县	69	69	69	1.45	0	0	0	0
普格县	647	647	647	5.5	0	0	0	0
布拖县	803	803	803	1.86	0	0	0	0
金阳县	959	959	959	7.71	0	0	502	13 000
昭觉县	1 427	1 427	1 427	74.4	50	5	5	1
喜德县	1 072	1 072	1 072	15	0	0	0	0
冕宁县	86	86	86	0.8	0.6	0	0	0
越西县	1 409	1 409	1 409	15.3	0	0	0	0
甘洛县	1 069	1 069	1 069	12.33	0	0	0	0
美姑县	1 006	758	758	11.3	11.3	0	0	0
雷波县	1 004	1 004	1 004	5.5	5.5	124.82	124.82	3 682.26

表7-10　凉山州拆旧复垦及土地增减挂钩指标交易情况分表（4）

地区	2018年拆旧复垦及土地增减挂钩指标交易情况							
	旧房拆除/户			宅基地复垦/万平方米		土地增减挂钩指标交易情况		
	签订拆除协议户数	已拆除户数	已复垦户数	已复垦面积	已生态修复面积	产生节余指标面积/亩	已完成交易指标面积/亩	土地增减挂钩指标交易金额/万元
凉山州	28 060	20 641	20 233	263	85	409	543	20 505
西昌市	354	354	354	10.9	0	0	0	0
木里县	466	466	466	11	0.63	0	134.9	404.7
盐源县	3 237	3 237	3 237	19.422	0	378	378	10 200

表7-10(续)

地区	2018 年拆旧复垦及土地增减挂钩指标交易情况							
	旧房拆除/户			宅基地复垦/万平方米		土地增减挂钩指标交易情况		
	签订拆除协议户数	已拆除户数	已复垦户数	已复垦面积	已生态修复面积	产生节余指标面积/亩	已完成交易指标面积/亩	土地增减挂钩指标交易金额/万元
德昌县	0	0	0	0	0	0	0	0
会东县	0	0	0	0	0	0	0	0
会理市	0	0	0	0	0	0	0	0
宁南县	169	169	169	5.07	0	0	0	0
普格县	1 519	1 519	1 519	13.73	0	0	0	0
布拖县	2 210	380	380	7.2	0	0	0	0
金阳县	2 320	1 809	1 809	12.07	0	0	0	0
昭觉县	3 394	1 664	1 323	78.87	65	0	0	0
喜德县	2 577	2 577	2 577	29.9	0	0	0	0
冕宁县	158	158	158	0.9	0.3	0	0	0
越西县	3 738	3 113	3 046	38.65	0	0	0	0
甘洛县	2 712	2 027	2 027	16.08	0	0	0	0
美姑县	2 550	512	512	7.68	7.68	0	0	0
雷波县	2 656	2 656	2 656	11.71	11.71	30.53	30.53	9 900.63

表 7-11　凉山州拆旧复垦及土地增减挂钩指标交易情况分表（5）

地区	2019 年拆旧复垦及土地增减挂钩指标交易情况							
	旧房拆除/户			宅基地复垦/万平方米		土地增减挂钩指标交易情况		
	签订拆除协议户数	已拆除户数	已复垦户数	已复垦面积	已生态修复面积	产生节余指标面积/亩	已完成交易指标面积/亩	土地增减挂钩指标交易金额/万元
凉山州	23 176	5 042	4 568	69	33	0	0	0
西昌市	0	0	0	0	0	0	0	0
木里县	149	149	149	4.99	0	0	0	0
盐源县	544	544	544	3.264	0	0	0	0
德昌县	0	0	0	0	0	0	0	0

表7-11(续)

地区	2019 年拆旧复垦及土地增减挂钩指标交易情况							
	旧房拆除/户			宅基地复垦/万平方米		土地增减挂钩指标交易情况		
	签订拆除协议户数	已拆除户数	已复垦户数	已复垦面积	已生态修复面积	产生节余指标面积/亩	已完成交易指标面积/亩	土地增减挂钩指标交易金额/万元
会东县	0	0	0	0	0	0	0	0
会理市	0	0	0	0	0	0	0	0
宁南县	0	0	0	0	0	0	0	0
普格县	1 821	1 453	1 092	10. 68	0	0	0	0
布拖县	3 401	0	0	0	0	0	0	0
金阳县	3 339	534	534	4. 27	0	0	0	0
昭觉县	5 936	390	305	18. 48	15	0	0	0
喜德县	638	139	139	1. 55	0	0	0	0
冕宁县	210	210	210	0. 8	0. 8	0	0	0
越西县	810	487	459	8. 2	0	0	0	0
甘洛县	98	0	0	0	0	0	0	0
美姑县	6 198	1 104	1 104	16. 56	16. 56	0	0	0
雷波县	32	32	32	0. 26	0. 26	0	0	0

（四）人口结构与就业信息方面

“十三五”期间，凉山州易地扶贫搬迁人口结构与就业信息情况如下：在受教育情况方面，小学及以下 303 666 人，初中 40 603 人，高中 7 418 人，大专及以上 1 513 人；在搬迁人口年龄结构方面，16 岁以下 114 600 人，60 岁以上 31 364 人；在家庭就业情况方面，至少有一个劳动能力的家庭 78 596 个，至少有一人稳定就业的家庭 53 838 个；在就业人口基本信息方面，具备劳动能力 199 782 人，不愿意就业 4 856 人，未转移就业 94 952 人，已转移就业 71 375 人，待就业 28 599 人；在就业方式方面，在县内务工 30 608 人，在省内县外务工 17 148 人，在省外务工 32 908 人；在返贫人口方面，返贫人口 1 546 人，其中因病返贫 21 人，因残返贫 34 人，因缺少劳动力返贫 50 人，其他原因返贫 1 441 人，没有因自然灾害返贫的情况（见表 7-12 和表 7-13）。

可以看出，凉山州易地扶贫搬迁人口的文化素质明显偏低，小学及以下的人口占比高达85.98%。尽管搬迁人口文化素质偏低，但是具备劳动能力的人口达到了56.56%，在县外务工的人数达到了50 056人，全部返贫人口只有1 546人。这些数据反映出凉山州在解决易地扶贫搬迁人口就业方面的巨大付出。没有政府的培训和扶持，很难实现这么多的人口就业，尤其是5万多人还在县外打工，返贫人口的比例仅占具备劳动能力人口的0.77%。这充分表明，易地扶贫搬迁带来的扶贫效应和人口素提升效应。

表7-12 凉山州人口结构与就业信息统计表（1）

地区	“十三五”时期搬迁任务/人	受教育情况				搬迁人口年龄结构		家庭就业情况	
		小学及以下/人	初中/人	高中/人	大专及以上/人	16岁以下/人	60岁以上/人	至少有一个劳动能力的家庭/个	至少有一人稳定就业的家庭/个
凉山州	353 200	303 666	40 603	7 418	1 513	114 600	31 364	78 596	53 838
西昌市	3 291	2 589	485	188	29	808	377	574	574
木里县	4 911	3 928	738	198	47	982	1 546	927	309
盐源县	28 577	24 207	3 056	817	497	8 456	2 145	17 985	17 985
德昌县	156	123	27	6	0	21	31	48	48
会东县	123	111	8	3	1	44	11	22	21
会理市	93	71	18	3	1	22	20	22	22
宁南县	1 499	748	628	123	0	312	346	308	208
普格县	23 529	19 504	3 282	462	281	10 939	1 162	4 665	4 665
布拖县	38 910	36 179	2 456	248	27	15 769	2 538	6 332	2 184
金阳县	41 256	35 809	4 106	1 185	156	15 731	2 666	7 524	4 443
昭觉县	54 505	46 786	6 040	1 547	132	23 901	3 493	10 167	5 316
喜德县	25 565	19 544	5 212	756	53	2 549	933	5 354	4 567
冕宁县	2 386	1 443	627	281	35	653	191	495	487
越西县	32 282	29 699	2 381	171	31	97	5 550	5 746	4 886
甘洛县	21 362	17 594	3 265	413	90	6 806	1 909	4 977	4 977
美姑县	53 223	47 332	5 508	352	31	19 946	6 089	8 991	331
雷波县	21 532	17 999	2 766	665	102	7 564	2 357	4 459	2 815

表 7-13 凉山州人口结构与就业信息统计表（2）

地区	就业人口基本信息					就业方式			返贫人口					
	具备劳动能力	不愿意就业	未转移就业	已转移就业	待就业	在县内务工	在省内县外务工	在省外务工	小计	因病返贫	因残返贫	因灾返贫	因缺少劳动力返贫	其他
凉山州	199 782	4 856	94 952	71 375	28 599	30 608	17 148	32 908	1 546	21	34	0	50	1 441
西昌市	1 626	67	1 084	412	63	340	59	257	0	0	0	0	0	0
木里县	3 898	0	3 187	711	0	3 338	442	49	0	0	0	0	0	0
盐源县	17 985	0	10 883	7 102	0	2 654	1 417	3 031	0	0	0	0	0	0
德昌县	89	0	62	27	0	21	6	0	0	0	0	0	0	0
会东县	68	0	2	66	0	4	0	30	0	0	0	0	0	0
会理市	57	0	17	40	0	25	7	8	0	0	0	0	0	0
宁南县	290	0	145	145	0	223	38	29	0	0	0	0	0	0
普格县	11 742	0	4 695	7 047	0	1 987	1 792	2 546	0	0	0	0	0	0
布拖县	14 618	292	2 398	5 860	6 068	298	557	7 582	0	0	0	0	0	0
金阳县	23 500	2 270	8 415	6 371	6 444	2 315	1 310	3 283	353	21	34	0	50	248
昭觉县	27 930	0	18 719	9 211	0	1 789	885	6 537	1 193	0	0	0	0	1 193
喜德县	19 440	0	4 245	11 253	3 942	4 052	4 214	2 981	0	0	0	0	0	0
冕宁县	1 409	0	595	665	149	171	204	290	0	0	0	0	0	0
越西县	26 290	0	6 580	13 139	6 571	8 956	2 315	1 868	0	0	0	0	0	0
甘洛县	12 118	1 642	2 710	4 450	3 316	2 710	2 800	1 650	0	0	0	0	0	0
美姑县	27 188	0	25 302	1 355	531	194	243	918	0	0	0	0	0	0
雷波县	11 534	585	5 913	3 521	1 515	1 531	859	1 849	0	0	0	0	0	0

三、基于问卷与访谈调研结果的效应分析

（一）基于凉山州问卷与访谈调研结果的效应分析[①]

1. 整体生产生活环境的变化

凉山州自发移民有高达 78.3%的被访者为跨县域迁移，20%的被访者为

① 本部分数据基于凉山州问卷调查的数据计算而得。

跨乡（镇）迁移，76.2%的被访者选择搬迁到河谷地带，仅有1.6%的被访者迁入地为高半山区。西昌市、德昌县是自发移民集中的地方。安宁河谷地带是凉山州自然地理条件最好的地带，水土肥沃、相对发达、交通便捷、生活方便、生产生活条件优越。

政策性移民多被安置在乡（镇），占比高达79.8%，安置在县城及县城周边的比例则相对较低。安置在安宁河谷地带的占比不到50%。有35.1%的被访者迁入地为高半山区，乡（镇）内迁移的比例高达41.2%。

对于地灾移民而言，从对德昌县YL镇CY村等的调研来看，迁入地点远离了地质灾害，消除了灾患隐患，群众安全得到了保障。政府不但对移民搬迁有各种资金扶持，还修建了公路、自来水、电网等基础设施。移民住房条件、交通条件、教育条件都大大改善，移民对搬迁安置总体满意。

可以看出，自发移民在移民后的生产生活环境明显比原居住地优越。政策性移民的安置地并不如自发移民选择的迁移地优越，这和政策性移民的安置点在一定程度上受政府宏观规划有关，不如自发移民那样有更多的选择自由。水电移民搬迁后的环境并不完全超越原环境。但是，根据易地扶贫搬迁地的几个前置条件，这些移民大多数是从生态环境极差、“一方水土养不起一方人”的地方搬迁而来，而且安置点的配套设施列入整体规划，相对齐全。前后对比，很明显，易地扶贫搬迁移民搬迁后的生产生活环境明显比原居住地优越。地灾移民更是因为搬迁摆脱了生存隐患，同时新环境的配套设施也相对更齐全。

2. 具体生产生活条件的变化

自发移民的居住方式多种多样，住房基本为自规自建或购买。大多数自发移民为分散居住，仅33.3%的被访者表示为集中居住；多民族混居比例相对较低，只有14.3%。在生计方面，自发移民多是自谋生计，主要是务农、外出务工和经商，以外出务工为家庭主要生计的比例高达73.0%，有28.6%的自发移民通过做生意获得家庭收入。在旧资产处置方面，对旧有土地，仅有5.0%的被访者仍然在自营，有81.7%的被访者将土地流转；对旧有林地，有23.3%的被访者仍然在自营，仅有24.8%的被访者将林地流转。关于迁出地的财产，有23.7%的被访者选择抛弃，有71.2%的被访者将旧有财产变卖。

政策性移民居住方式相对标准化、单一化，住房基本上统一规划，集中居住比例较高，高达61.4%的被访者为集中居住，多民族混居比例达30.7%。

在生计方面，政策性移民主要依靠政府的就业扶持政策，务农和外出务工是家庭的重要收入来源，其中以外出务工为家庭主要生计的比例为47.4%，政府提供的各种就业岗位也是重要的收入来源，经商的比例仅有6.1%。在旧资产处置方面，对旧有土地，有37.5%的被访者仍然在自营，仅有9.6%的被访者将土地流转；对旧有林地，有52.5%的被访者仍然在自营，仅有2.0%的被访者将林地流转。关于迁出地的财产，有42.3%的被访者选择抛弃，有20.6%的被访者将旧有财产变卖。

根据访谈的情况，大多数移民的家庭收入在迁移后显著增长，耐用品消费数量明显增加。居住的房屋质量明显比原来的好，很多还带厕所和独立的洗澡间。安置点的卫生环境比原居住地明显好转。可以说，卫生条件的改变是最大的改变。搬迁后，由于混合居住或与迁入地居民交流的需要，彝族同胞的汉语水平明显提高。在政府的各种技能培训之下，很多移民积极学习生产技术，学会了种植玉米、水稻、水果、蔬菜、烤烟等新技术以及必要的务工方面的技能。从对比来看，由于有政府的政策扶持，政策性移民的生产生活相对稳定，而自发移民更多是自我选择，其中很多“盲迁户”的生产生活相对不稳定。

可以看出，无论是政策性移民还是自发移民，移民的生产生活条件都发生了明显变化，这种变化实质上是移民从传统封闭的山区生活方式向相对开放的乡（镇）和城市的现代生活方式的转变。但是，自发移民的转变更彻底，部分政策性移民仍然带有诸多保留，政策导向与民众诉求之间存在一定距离。同时，在追求更好生活的过程中，与生产生活条件的改善相伴随的是很多移民自身素质的提升，这一点尤其值得肯定。

3. 移民思想观念的转变

在政策性移民方面，由于政府在住房帮扶方面并未对政策性移民形成全覆盖的政策关照，使得部分移民存在着“相对剥离感”。有59.3%的政策性移民认为自己的土地比原来少了，有较多的被访者因为土地比原来少产生“相对剥离感”。仅有9.7%的政策性移民认为现在的土地比原来肥沃，有15.9%的政策性移民认为现在的土地比原来贫瘠。有76.3%的被访者解决了迁入地户口问题，有62.3%的被访者解决了子女就学问题且不交高价，有55.3%的被访者认为自己在权利方面与当地居民一样。

在自发移民方面，由于得到政府的建房帮助相对较少，其反而不存在

"被剥离感"。仅有3.2%的自发移民认为自己土地比原来少了，有31.7%的自发移民认为现在的土地比原来肥沃，有1.6%的自发移民认为现在的土地比原来贫瘠。有3.2%的被访者解决了迁入地户口问题，有36.5%的被访者解决了子女就学问题且不交高价，有6.3%的被访者认为自己在权利方面与当地居民一样。

根据访谈情况，绝大多数移民皆认为搬迁改变了自己的生活观念，使得自己的视野更开阔，愿意学习新的技术，尝试新的工作。搬迁后子女的教育条件更好，移民更愿意在子女教育方面增加投入。

可以看出，搬迁让移民的生活圈子发生了变化，尽管部分移民短时期有"被剥离感"，但是随着时间的流逝，逐步适应新的生活后，大多数移民逐步融入了新的生活圈子。移民的思想观念随之发生转变，更加追求基本权利。过去，移民更多地寻求自给自足；现在，移民普遍接受"社区"模式的生活，对政府作用的认识也发生了积极的变化。在寻找新的谋生方式过程中，教育水平偏低是制约移民进城务工、社会融入的重要因素，使得移民逐步认识到教育的重要性。移民的教育观念发生了较大变化，不但自己愿意接受新技术培训，而且也关心后代的教育，这对破解贫困的代际传递无疑具有积极意义。当然，部分移民由于自身素质偏低，对培训也不太适应，在追求新的生活方面还处于矛盾和徘徊之中。上述变化在潜移默化地发生着，对移民的生育观、婚姻观、待客观、卫生观、时间观等其他观念也产生了积极的影响。

（二）基于昌都市问卷与访谈调研结果的效应分析①

1. 移民生活质量的变化

在家庭收入是否增加的感知调查中，有79.5%的被调查者认为家庭收入明显改善，认同度最低的芒康县被调查者的认可比例也达到了54%。随着家庭收入的改善，消费水平也有明显提升，有79.1%的被调查者认为消费水平明显提升，有88.7%的被调查者认为生活水平明显提高，认同度最低的卡若区也有50%左右的被调查者认为消费水平明显提升。有75%的被调查者认为生活水平明显提高。在住房条件是否改善的感知调查中，有91.1%的被调查者完全同意住房明显改善，认同度最低的芒康县也有54%的被调查者认同此

---

① 本部分的数据基于昌都市问卷调查的数据和资料获得的数据计算而得。

观点，只有洛隆县有少数被调查者不同意此观点。在是否适应新生活的感知调查中，有 81.8%的被调查者认为适应新生活。

可以看出，在涉及移民生活质量的几个主要指标中，绝大部分被调查者表示这些指标得到了明显改善，很满意。尽管不同县（区）的被调查者的感知度不一样，但是整体上，绝大多数移民认为生活质量明显提升。这和笔者在访谈中了解到的情况基本一致。

2. 移民生活环境的变化

在交通等基础设施条件是否明显改善的感知调查中，有 87.4%的被调查者赞同得到了明显改善，赞同比例最低的江达县也有 76.9%的被调查者赞同，只有洛隆县有少数被调查者不赞同，比重为 5.7%。在消费和购物是否更加方便的感知调查中，有 83.1%的被调查者非常赞同更加方便，赞同比例最低的卡若区也有 53.1%的被调查者赞同。在接收信息是否更便利的感知调查中，有 84.1%的被调查者认为更便利，只有洛隆县有少数被调查者不同意此观点。在医疗、金融等服务是否更加丰富的感知调查中，有 79.8%的被调查者非常认可更加丰富，认可比例最低的江达县也有 53.8%的被调查者认同。在文化娱乐是否更加丰富的感知调查中，有 79.1%的被调查者非常认可更加丰富。在子女上学条件是否改善的感知调查中，有 86.4%的被调查者非常认同得到了改善。在社区环境是否安全的感知调查中，有 87.4%的被调查者非常认同安全，在认同比例最低的芒康县也有 56.0%的被调查者认同更安全。

可以看出，在涉及移民生活环境的感知调查中，绝大多数移民认为基础设施和公共服务水平明显提升了，生活环境很安全。出行更加方便无疑扩展了移民的视野。教育、医疗、文化娱乐、商业和金融服务的完善，为移民提供了与城镇服务条件趋同的现代生活环境。对于落后偏远地区的移民而言，生产生活环境的变化无疑是促使其从传统走向现代的重要推力。

3. 移民发展机会的变化

在就业机会是否增多的感知调查中，有 82.5%的被调查者非常认可机会增多。在创业机会是否增多的感知调查中，有 76.8%的被调查者非常认可机会增多，认可比例最低的芒康县也有 54.0%的被调查者持非常认可态度。在后期生产扶持措施是否不够的感知调查中，有 84.4%的被调查者非常不认可措施不够。在移民保障体系是否不完善的感知调查中，有 82.1%的被调查者非常不认可不完善。

可以看出，绝大多数移民都认同就业和创业机会增多，认同政府的后期扶持政策和移民的社会保障体系。在政府为移民创造发展机会方面，“发展生产脱贫一批”就含有为移民提供大量的就业岗位，“生态补偿脱贫一批”就含有大量的“生态岗位”，“发展教育脱贫一批”就含有各种就业培训。与搬迁前主要靠农牧业收入为收入来源的状况相比，移民搬迁后的生计渠道明显增多。

4. 移民思想意识的变化

在商品经济意识是否增强的感知调查中，有76.8%的被调查者非常同意意识增强，同意比例最低的卡若区也有50%的被调查者认同意识增强。在个人视野是否更加开阔的感知调查中，有83.1%的被调查者非常认同视野更加开阔。在社交圈层是否得以扩大的感知调查中，有77.2%的被调查者非常认同社交圈层得到了扩大，只有洛隆县有少数被调查者不太同意此观点。在邻里关系是否更加和睦的感知调查中，有71.5%的被调查者非常同意邻里关系更加和睦，只有洛隆县有少数被调查者不太同意此观点。在对新社区心理归属感是否较弱的感知调查中，有82.8%的被调查者反对心理归属感较弱。在对原居住地是否比较留恋的感知调查中，有78.8%的被调查者明确表示对原居住地不留念。在对移民政策的关怀度与公平性的感知调查中，有81.8%的被调查者非常认可移民政策有关怀度，有84.8%的被调查者认为移民政策很公平。

可以看出，搬迁后，移民的思想观念发生了变化，视野更加开阔，商品经济意识更加强烈。搬迁前，大多数移民长久生活在相对封闭的小圈子里，与外界的接触十分有限，很多移民的社交圈层仅仅局限于其所在的乡村；搬迁后，新安置点的移民来自不同地方，而且人口更多，有些大型安置点的移民人口达到几千人，比如类乌齐县桑多镇的扎西居委会和尼玛居委会两个扶贫开发易地搬迁点共有人口1 544户、7 237人。社会圈子的扩展，无疑潜移默化地改变了原先封闭圈子所形成的思想观念。在经历这些变化后，移民实实在在地感受到了政府在改善民众生活方面的巨大付出，加深了对党和政府的信任与感恩。

四、基于调研情况的专题分析①

（一）易地扶贫搬迁对精准扶贫的效应

1. 易地扶贫搬迁提升了搬迁群众的生活质量

我国的易地扶贫搬迁堪称人类迁徙史和世界减贫史上的伟大壮举。“十三五”期间，通过易地扶贫搬迁，搬迁群众完全脱离了生存环境恶劣的特定“贫困空间”，实现了全国近 1/5 贫困人口脱贫，大部分贫困群众通过搬迁实现了生产生活条件的极大改善，基本实现了“两不愁三保障”，收入年均增幅达 30.2%。

从生活环境上看，搬迁的贫困群众以前大多居住的是土坯房、茅草房、危旧房，采光极差，搬迁后的房屋是钢筋水泥房，宽敞明亮、安全牢固。在凉山州喜德县贺波洛乡尔吉村的调研中，一老年搬迁户反映：他家就他和老伴两口人，住在山上，单家独户、泥土房、交通不便，下雨就全是泥泞路，离新安置点要走一个多小时山路，主要靠养鸡和种植土豆、玉米、花椒等为生。他的儿子和儿媳生活在山下（二半山），每隔几天去看他们一次。现在政府统一组织搬迁到了村委会旁边，新修的房子全是钢筋混凝土修建的，统一装饰浅黄色的外墙，整洁、漂亮、牢固，比原来的好多了，集中居住，再也不寂寞了。下雨也不怕了，由于交通更便利，孩子来看他们也更方便了。现在他们领取了低保，偶尔上山去看一下土地，很多时候是孩子骑摩托车上山帮忙照看土地。

四川省社会科学院派驻尔吉村的扶贫第一书记 LM 老师在介绍当地的扶贫及易地扶贫搬迁情况时说，以前土坯房、泥泞路、卫生差、房间漆黑、到处可见酒瓶，贫困群众精神不振，对未来悲观；目前 71 户建档立卡贫困户都享受到了易地扶贫搬迁政策，家门口通了水泥路，用电用水安全得到了保障，生活质量发生了翻天覆地的变化。在调研中，很多搬迁的贫困户深情地表示，

---

① 本部分的数据涉及全国的来源于 2020 年 12 月 3 日上午国务院新闻办举行的关于易地扶贫搬迁的新闻发布会上国家发展和改革委员会的介绍；涉及阿坝州的数据来自阿坝州发展和改革委员会；涉及凉山州的数据来自凉山州发展和改革委员会以及四川省发展和改革委员会的《易地搬迁铺就幸福路 安居乐业开启新生活——凉山州易地扶贫搬迁专题报告》（数据出现冲突时以后者为准）；涉及昌都市芒康县的数据来自芒康县扶贫开发办公室。数据截止时间为 2020 年年底。问卷调查的数据截至问卷调查之时。

党和政府对他们的帮助比他们的父母和兄弟还多，以前一下雨就老担心房子倒塌，现在跟大家一样住上了“洋房”，而且自己只花了几百元钱，政府就配备了电视、沙发等，感觉扬眉吐气；以前年收入很低，经常吃不饱，现在养了鸡、鸭、猪等，过年还可以吃上腊肉，收入增加了，生活变好了。

从问卷调研反映的情况来看，无论是凉山州还是昌都市，移民都普遍反映易地搬迁后家庭收入增加、消费水平升级、生活水平提高、住房条件和交通等基础设施条件改善。以阿坝州为例，从阿坝州“十三五”期间易地扶贫搬迁情况来看，阿坝州修建了住房 2 560 套，共计 19.7 万平方米，9 355 人实现了搬迁新居。新居住区入户路、水、电、基础电信网络等配套基础设施完整，教育、文化、卫生等公共服务设施建设完善，搬迁移民面临的孩子上学问题、就医问题明显改善，实现了新房、新村、新景“三新”，群众生产生活水平显著提升。通过大力实施易地扶贫搬迁，阿坝州助推了全州 13 个贫困县（市）的“摘帽”，一共 606 个贫困村退出贫困村行列、10.38 万贫困人口脱贫。

2. 易地扶贫搬迁提升了搬迁群众的自我发展能力

精准扶贫虽然重点在于解决建档立卡贫困户的绝对贫困问题，但是其核心却在于提升贫困群众的自我发展能力，没有贫困群众的自我发展，扶贫成效也不具有可持续性。易地扶贫搬迁不仅要求搬得出，而且必须“稳得住”和“能致富”，搬迁人口的后续发展问题决定了易地扶贫搬迁的成效。

从各地的做法和经验来看，基本上各地党委和政府都把提升搬迁群众的自我发展能力和解决后续扶持问题作为工作重心，有针对性地开展了劳动预备制培训、定向定岗培训、急需紧缺职业专项培训、以工代训等，特别是加大了对门槛要求不高的烹饪、电工、焊工、种养殖技术等务工技能和农业实用技术培训以及科技示范工作，让贫困群众掌握相关专业技术、理论知识，提升新型农民素质，着力帮助贫困群众增强造血功能。

另外，各地开展“树新风、助脱贫”“感恩奋进·移风易俗”宣讲等活动，通过示范带动等，让搬迁群众树立自力更生、脱贫光荣的理念和志向，摆脱“等靠要”思想。同时，各地大力开展就业帮扶，通过“互联网+就业”“线上+线下”等方式，搭建就业平台，组织输转就业和创业，促进易地扶贫搬迁群众通过打工和创业带动就业，激发了他们通过辛勤劳动致富的志向和能力。在凉山州的调研样本中，政策性移民和自发移民中以外出务工为家庭主要生计的比例分别约占50%和75%。可以看出，务工成了移民重要的经济来源。

需要提及的是，虽然易地扶贫搬迁为精准扶贫的“五个一批”之一，但是各地在解决易地扶贫搬迁人口的脱贫问题方面，易地扶贫搬迁又和另外“四个一批”联系在一起，通过和另外“四个一批”相结合，创造就业机会，提升移民自我发展能力。凉山州在解决搬迁群众的就业方面，通过发展特色农林业等产业解决17.6万人就业问题，通过发展现代服务业解决1.8万人就业问题，通过就业扶持解决7.3万人就业问题，通过社会保障兜底解决6.5万人就业问题，通过资产收益解决1.2万人就业问题，明显体现了“五个一批”的结合。

再以阿坝州为例，阿坝州通过农业特色产业化惠及搬迁户789户，培育特色产品加工66户、电商27户；通过公益性岗位优先安排用于搬迁中的残疾人和就业困难贫困劳动力1 248人就业；通过社会保障兜底，使得2 344名特殊困难搬迁户得到保障；通过技能培训及劳务输出，实现就近就地就业3 749人，引导1 336名搬迁群众外出务工。

（二）生态移民实践对人口发展的效应

1. 搬迁群众的人口素质整体提升

从调研的具体情况来看，搬迁群众的文化水平普遍偏低。从对昌都市生态移民的问卷调查来看，在有效问卷调查的704人中，学历为初中及以下的有644人，占比为91.5%。再以芒康县的数据为例，芒康县登记的15 118名移民中，大学本科仅34人，专科仅35人；是否为建档立卡贫困人口方面，建档的为7 134人，非建档的为6 453人，空白的为1 531人；是否持有资格证书方面，持有证书的只有2人。可以看出，在登记的学历中，专科及以上的仅占0.46%，持有资格证书的可以忽略不计。凉山州的情况大体相同。从前面章节对凉山州353 200名易地搬迁人口受教育情况的统计来看，小学及以下的占比达85.98%，初中及以下的占比高达97.47%。以喜德县的尔吉村为例，实行易地搬迁的建档立卡贫困户71户、336人，基本是文盲；以昭觉县县城集中安置点的情况为例，在建档立卡贫困户3 914户、18 569人中，高中及以上文化程度有642人，初中文化程度有4 953人，高中以上文化程度人口仅占全部迁入人口的3.46%。

从家庭收入主要来源看，以凉山州的问卷统计分析为例，有90.4%的政策性移民和84.1%的自发移民都以务农作为家庭收入的重要来源之一（很多是打工和务农等多业相兼）。可以看出，移民的整体文化素质明显偏低，所从事的工作也大多数以务农为主。移民前，移民居住相对分散、偏僻，视野局限；移民后，尽管移民中成年人的文化素质难以提升，但是党和政府采取了多种培训措施，大多数移民都参与了各种技能和专业知识的培训，基本上都掌握了一门打工或从事农业生产的技能。

移民后教育环境大为改善，尤其是很多自发移民本身就是因为要为孩子寻求更好的教育环境而选择了移民。以凉山州为例，过去适龄儿童少年失学现象突出，导致了贫困的代际传递。这和之前居住分散、偏僻，政府的教育等公共服务设施难以匹配有一定关系。移民后，各种公共服务设施陆续配套，基本实现了“一村一幼”，而且政府近些年针对辍学儿童采取了建立台账、专人跟进等办法，确保了移民子女的上学问题，让年轻一代摆脱了长久以来的“教育缺失”困境，拉升了人口的整体受教育水平。

在针对教育的调研中，我们发现了两个喜人的现象：女生上学人数持续增高、择校租房现象增多。在布拖县木尔乡叶尔村小学、昭觉县民族中学等调研中，我们都发现了学生中女生逐年增加的现象。昭觉县民族中学校长勒勒曲尔说：“女生增多的现象反映出的是当地人理念的变化。”该校长介绍，由乡（镇）向县城和西昌市择校租房的人家开始多了起来，这对坚守传统的彝族人而言是非常难得的。

更主要的是，各地开展了“扶贫先扶智、治贫先治愚”，将“扶智扶志”列为扶贫工作的重点，治“穷风”树新风，通过“创四好、树新风”等活动①，移民开阔了视野，思想观念发生了明显变化，变得积极主动。可以说，环境的改变为人口综合素质的提升提供了条件和基础，并进而影响到人的思想观念的变化。思想认识是人口素质最深层次的反映，移民在思想认识方面的变化很大，是人口素质提升的亮点。

---

① 在被调查的喜德县尔吉村，过去垃圾遍地、卫生环境较差，村委会旁边被确定为移民搬迁安置点，通过“改厨、改水、改教室、改厕所”等行动，现在村容整洁，卫生条件明显改观，这里还创设了妇女健康与教育互助会等，当地人口素养明显提升。

2. 人口空间分布更趋合理

中国基层人口流动［偏远村寨→中心村→乡（镇）→县城→市（州）］的趋势一直没变，并呈现出加快流动的趋势。但是，这种趋势在落后地区表现得不如其他地区明显。长江上游天保工程主要实施区拥有广大的农牧区，人口分布相当分散，在人口流动相对频繁的今天，由于经济条件和生产生活方式等的约束，这种分散状态仍然在一定程度维持着。易地扶贫搬迁、水电移民以及地灾移民等以国家政策引导的方式，将该区域数十万人从生态脆弱、生存条件极差的地区或被淹没区搬迁到了政府规划的安置区，不仅是贫困群众在地理位置上的空间转移，而且是生产生活方式的改变或重建，是对区域城乡格局的重构和社会关系的重塑。从安置点的位置来看，很大一部分安置点位于中心乡（镇）、县城或市区周边，大量人口的迁入有效提升了贫困地区城镇化率，将部分偏远和条件较差的居住点"淘汰"，优化了城乡空间布局。大量的自发移民更是以相对彻底搬迁的方式流向河谷地带或城镇，很多流向了县外或市（州）外，从更大范围上改变了人口的区域空间布局。

以凉山州为例，凉山州易地扶贫搬迁了 7.44 万户、35.32 万人，这些搬迁户原来分散居住于凉山州各县的偏远贫瘠之地。为安置易地扶贫搬迁人口，凉山州设置了 24 个超过 800 人的安置点、10 个超过 3 000 人的大型安置点，有的安置点规模甚至超过 1 万人。搬迁后仅剩 30 户以下的村子有 171 个，其中无人居住的村子有 51 个。从问卷调研的情况来看，凉山州的被调研对象中，选择搬迁到城里或周边的自发移民占了 57.2%，选择搬迁到乡（镇）的自发移民占了 41.3%，79.8%的政策性移民都安排在了乡（镇）。

再以昌都市芒康县的数据为例，从对芒康县调研收集的统计数据来看，15 118 名移民中登记了转移次数的有 8 418 人，转移次数为 1 次的有 6 779 人，转移次数为 2 次的有 668 人，转移次数为 3 次的有 380 人，转移次数为 4 次的有 308 人，转移次数在 4 以上的有 283 人。此外，转移去向跨省的有 171 人，主要流向为云南省迪庆州；转移去向跨市的有 886 人，主要流向为拉萨市和林芝市；转移去向跨县的有 492 人；县内转移的有 13 569 人。

可以看出，大量移民尤其是政策性移民使得人口从分散到集中，从零星村落到中心乡（镇）和县城聚集的趋势非常明显。

（三）生态移民实践对生态保护的效应

1. 生态环境得到了有效改善

易地扶贫搬迁迁出地的四类区域本身就属于生态环境相对恶劣地区，地灾移民迁出地更是地质灾害频发地区，水电移民迁出地被水库淹没，生态环境发生变化，地质条件不稳定，也容易发生地质灾害。人类继续在这些区域活动，给生态环境带来巨大压力。这些地方土地贫瘠，民众生产方式又相对原始，难免不发生对土地、林地、草地的过度开垦或利用，很多地方就因为承载人口过多而使生态环境受到损害。笔者在石渠县等地的调研中就发现，放牧过度带来草原沙化等系列生态破坏问题。从分散居住相对粗犷的资源利用方式转到集中居住相对精细的资源利用方式，本身就会带来资源的节约。

政府组织的各类移民搬迁项目都明确要求移民签订拆旧复垦协议，移民搬迁后腾挪出来的分散土地大多被集中整治。“十三五”期间，通过易地扶贫搬迁，全国各地搬迁后的旧宅基地复垦复绿共 100 多万亩，推动迁出区生态环境明显改善。以阿坝州为例，“十三五”期间，阿坝州 2 560 户搬迁户，除了马尔康市和九寨沟县的 55 户列入四川省传统保护村落，按照国家政策可以不拆除外，其余 2 505 户已全部拆除。

以凉山州为例，“十三五”期间，凉山州按计划已拆除旧房 7.35 万套，实现土地复垦复绿 1 896 万平方米，生态修复 1 160 万平方米，迁出区生态环境明显改善，水源涵养、水土保持等能力明显提高。笔者在石渠县等地的调研中了解到，政府在实施移民搬迁的同时，大力实施了沙化治理、退牧还草、退耕还林等工程，大力开展草原生态修复，完成草地补播、草原冬灌、植树等任务，生态环境明显改观，生态成效也得到了民众的普遍认可。长江上游天保工程主要实施区有各类移民数十万人，生态移民带来的整体拆旧复垦规模庞大，而且消除了诸多生态隐患点，提升了区域整体生态环境的安全。

2. “绿水青山就是金山银山”观念深入人心

作为国家重点的生态保护区域，区域内各地都积极奉行绿色发展理念，整体上以文化旅游、生态农牧业和水电工业为支撑，甘孜州和阿坝州更是明确被四川省定位为川西北生态经济示范区。区域内的产业基本上都和“绿色”相关，生态移民的就业领域也多在“绿色”领域。“绿色”的重要性在就业的移民群众心中逐步增强。更主要的是，搬迁本身就因为生态环境所逼，搬迁后生态环境明显变好，政府的各类培训和宣传中也大力宣传生态保护的重要性，民众对生态保护的认识大大提升。

如前所述，在解决就业方面，易地扶贫搬迁又和精准扶贫另外“四个一批”相连。“发展生产脱贫一批”使民众切实感受到了绿色产业带来的好处。以阿坝州为例，20 世纪 90 年代初，阿坝州 80%左右的财政为“木头财政”，过度砍伐导致的结果是“贫穷→砍伐木材为生→森林锐减、草原沙化→难以摆脱贫困→继续砍伐”的恶性循环。2002 年，阿坝州提出了“建设绿色经济区”。2007 年，阿坝州明确提出了“生态立州”的发展思路。阿坝州的产业完全和“绿色”相连。在解决移民后续生计问题上，大量的移民参与到了文化旅游业和生态农牧业之中，并认识到正是因为有了良好的生态环境才带来了具有比较优势的生态产业，生态保护带来的是当地产业的良性循环。

另外，“生态补偿脱贫一批”不但让移民得到了生态保护的好处，而且还为移民提供了大量的生态岗位。笔者在调研中了解到，芒康县提供的 566 个公益岗位中，大部分为生态岗位。很多贫困群众当上了护林员，解决了生存问题，守护了绿水青山，换来了金山银山。很多地方移民搬迁后退出的承包地和山林被打包开发、规模经营，实现了移民生产资源的“生态股”转化，生态价值变成了长期收益。正是这些变化，让移民在思想观念上加深了对“绿水青山就是金山银山”的认识，这种思想认识的转变是生态环境可持续得到保护的基础。

五、典型案例

（一）理县奎寨村与丘地村案例①

1. 奎寨村移民搬迁情况

奎寨村移民点属于避险搬迁移民点，奎寨村共有 55 户、212 人，其中贫困户 15 户、66 人，羌族占 80%以上；共有耕地面积 208 亩，退耕还林地 210 亩。2014 年 1~5 月，四川宜宾地质工程勘察院对奎寨村进行了实地勘察，认定奎寨村不适宜居住，建议村民采取避让搬迁措施。2014 年理县县委县政府

① 相关数据由当时陪同调研的 M 副县长安排理县县政府办公室提供，数据截止时间为 2019 年 6 月。

号召村民着手搬迁，搬迁方式为统规自建。由于在本乡内没有适合的搬迁地点，村两委会干部及村民代表先后到成都、都江堰等地进行考察，均因价格等原因未落实好搬迁地点。2016 年 6 月，搬迁地点定在杂谷脑镇兴隆村山足坝、营盘街二小队、理县县城周边 3 处地点，其中山足坝安置 30 户，县城周边分散安置 17 户，营盘街二小队集中安置 7 户，共计 54 户、210 人（其中建档立卡贫困户 15 户、66 人）。调研组采访了其中的 5 户移民，其中移民祁某某家情况如下：家里 5 口人，宅基地面积 81 平方米，房屋 3 层；政府补贴 5 万元现金，公共设施由政府建设；原土地租给了第三人，每亩 260 元；林地自己管理，种了两亩脆李，年收入 8 000 元。祁某某认为，避险搬迁就是换地方安居，老地方的土地、林地还在，农忙时候回去住个十天半月，但是避险搬迁让自己的居住环境更加安全，带来的效应是良好的，自己比较满意。

2. 丘地村情况

丘地村为华电公司的九架棚电站开发产生的水电移民安置新村，共有 59 户、267 人。笔者在老村支书家进行了座谈，老村支书反映，他的女儿在成都上班，家里没有什么负担，现在全村村民都买了社保，收入主要来源为四部分：经商、乡村旅游、挖虫草和菌类、电站和高山牧场分红。其中，高山牧场为村联办，存栏牛 1 200 余头，年出售商品牛 80 余头，村集体年纯收入达 10 余万元，村民人均分红 2 000 元以上。在水电站开发中，村集体和村民个人融资 2 000 万元，占股 25%，村民人均每年可以通过水电站股份分红 5 000 元。这里是古尔沟温泉旅游的“后花园”和登山基地的“宿营地”，几乎家家户户都参与了旅游接待，全村家庭日接待能力达 400 人以上。综合算下来，全村年人均收入最少的也超过了 1 万元，无论是就生活环境还是收入来说，生活质量都比搬迁前好很多。整个村庄建设得如园林一般，干净典雅，还实行了垃圾分类，环境优美。洁净的环境与优美的风光相得益彰，洁净提升了自然美的层次，让人赏心悦目，流连忘返。可以看出，移民搬迁带来的不仅是移民发展机会的增多，同时使移民的居住环境得到整体提升。可以说，丘地村是生态移民取得巨大成功的典型样板。

（二）昭觉县易地扶贫特大安置区产业扶贫案例①

1. 昭觉县易地扶贫特大安置区基本情况

昭觉县迁入人口万人以上集中安置区为县城集中安置点，共有 3 914 户、18 569 人，其中党员 154 人。搬迁群众来自昭觉县 28 个乡、92 个边远山村的贫困群众。4 个安置点总占地面积 581 亩，其中沐恩迪社区 207 亩，安置 1 428 户、6 258 人，其中党员 65 人；波伍社区 142 亩，安置 951 户、4 586 人，其中党员 34 人；南坪社区 134 亩，安置 975 户、4 972 人，其中党员 41 人；依乌社区 98 亩，安置 560 户、2 753 人，其中党员 14 人。整体上，搬迁人口多、文化程度低、年龄结构不优、就业情况不理想。具有劳动能力人数为 9 223 人，已外出务工就业 2 284 人，仅占有劳动能力人数的 24.76%，75.24%的有劳动能力人口在迁入后，面临就业困难。

2. 产业扶贫做法与效应

在后续产业扶贫方面，昭觉县借力县城周边涪昭肉牛、四开食用菌、阿并洛古黑山羊、阿并洛古脱毒种薯、天屹设施蔬菜等现代农业园区的引领带动，积极推广“公司（园区）+合作社+农户”的带动模式，推广多种利益联结机制，让农户分享现代农业园区建设的增值收益。昭觉县在集中安置点开展牲畜定点屠宰场提档升级建设、优质农产品加工转化设备和生产线建设、电商平台建设等，助力产品生产与销售。从表 7-14 可以看出，后续产业发展带来的就业效应和经济效应十分明显。

表 7-14　昭觉县易地扶贫搬迁集中安置点后续产业发展效益分析

序号	产品方案	单位	规模	单位产值/元	总产值/万元	人均可支配收入/元	备注
一	第一产业				27 720	6 471	
1	粮食作物	亩	9 500	4 000	3 800	887	
2	高山蔬菜	亩	4 000	8 000	3 200	747	
3	马铃薯	亩	5 600	6 000	3 360	784	
4	食用菌	亩	1 200	15 000	1 800	420	
5	中药材	亩	1 500	10 000	1 500	350	

① 本部分资料和数据源于昭觉县发展和改革局，资料提供时间为 2020 年 8 月。

表7-14(续)

序号	产品方案	单位	规模	单位产值/元	总产值/万元	人均可支配收入/元	备注
6	核桃	亩	5 000	5 000	2 500	584	
7	花椒	亩	5 200	8 500	4 420	1 032	
8	油橄榄/蓝莓	亩	600	10 000	600	140	
9	肉牛	头	5 000	12 000	6 000	1 401	
10	羊	头	1 800	3 000	540	126	
二	第二产业				9 979	2 151	
1	产品初加工				4 435	956	农产品产地初加工率80%（不含深加工），加周边外购1倍原料，增值20%。精深加工率为20%,增值100%。农产品电商销售占比为20%，冷链运输率为50%，增值50%
2	精深加工				5 544	1 195	
三	第三产业				12 102	2 608	
1	休闲农业与乡村旅游	万人次	20	1 200 000	2 400	517	
2	电商物流				9 702	2 091	
四	其他收入（劳务收入、政策性补贴）					852	
五	合计				49 801	12 082	

六、本章小结与评论

（一）本章小结

本章首先对区域生态移民效应评价的标准进行了阐述，明确了标准确定的目的论原则，并给出了区域生态移民工程成效评价的5个维度，同时根据不同移民类型分别给予不同维度价值赋权，用以从整体上指导评价。

在具体评价中，本章首先以凉山州“十三五”易地扶贫搬迁实施情况为基础，从生产生活环境改善情况、精准脱贫及后续发展情况、拆旧复垦和土地增加情况、人口结构和就业方式情况4个方面对凉山州“十三五”易地扶贫搬迁带来的综合效应进行了分析。分析表明，在相关项目建设方面，各地面临不同的困难，执行力度不一；在后续发展和就业扶持方面，移民文化素质整体偏低，但是政府十分注重技术培训和产业发展，大部分移民实现了就业；在拆旧复垦方面，移民还存在“两头占”情况，工作推进仍需要加强。尽管和规划目标之间存在一定出入，但是凉山州仍在整体上完成了任务，基本实现了精准扶贫的目标，这是最大的成效。

其次，基于对凉山州和昌都市的问卷调查以及相关访谈内容，本章从移民整体生产生活环境的变化情况、具体生产生活条件特别是生活质量的改善情况、移民思想观念的转变和发展机会的增加情况等几个方面分析了生态移民实践带给移民的变化。分析表明，生态移民实践在上述方面带给移民的变化十分明显，尽管不同地方的移民的获得感有一定的差异，但是整体上，区域内移民对生态移民工程的感知度和认可度很高。具体而言，移民的生产生活环境和生产生活质量明显改善，与之伴随的是视野的开阔、思想观念的改变和自身素质的提升，进而带来发展机会的增多，收入来源的多样化，移民对党和国家政策的认可度增加。

再次，基于调研的总体情况，本章从易地扶贫搬迁对精准扶贫的效应、生态移民实践对人口发展和生态保护的效应进行了专题分析和评价。分析表明，易地扶贫搬迁重塑了移民的生产生活环境，迁入地的基础设施条件全面完善，移民工程对移民产生了全方位的影响，搬迁群众的生活质量和自我发展能力大幅提升，易地扶贫搬迁的精准扶贫综合效应明显。生态移民实践提升了移民人口的素质，为破除代际贫困奠定了基础，重构了人口空间结构，人口城镇化比例大幅提升，人口空间分布更趋合理。同时，通过土地复垦、生态修复等，迁出地生态环境明显改善，民众也从环境改善中获得实惠，“绿水青山就是金山银山”的观念深入人心。

最后，本章以理县蒲溪乡奎寨村地灾移民、古尔沟镇丘地村水电移民、昭觉县易地扶贫特大安置区产业扶贫为案例，从不同侧面展现了不同移民类型的实践带给移民生产生活的具体变化，直观地呈现了生态移民实践带来的综合效应。

（二）本章评论

通过本章的总结与分析，我们可以得出以下结论：生态移民实践带来的效应是实实在在的，不但在减贫方面，而且在移民自身发展、社会治理、环境保护等方面都产生了良性影响；生态移民最直接的效应体现在移民的生计方面，“生态移民政策的实施能有效促进农户生计资本存量的积累，进而产生稳定可持续的收入流量"①，移民生活质量明显提升。同时，我们可以感受到，贫困的治理不仅仅是提高贫困人口收入的单一问题，更是社会综合治理的重要组成部分，必须根据贫困产生的根源，有针对性地采取措施。这正是精准扶贫"五个一批"的思路，实践证明这个思路相当正确。我们还可以感受到生态移民工程背后的国家力量。没有党和政府的支持，不可能完成人类脱贫史上的这一壮举，党和政府"以人为本"的理念在生态移民实践中得到了充分体现。

如前面章节所介绍的，长江上游天保工程主要实施区大部分地方属于国家生态保护功能区，属于限制或禁止开发的区域，生存环境较差。"对散居在生态脆弱地区的群众实施整体搬迁，将大幅地降低对生态环境进一步破坏，从根本上解决环境保护所面临的问题，最终实现全面协调可持续发展。"② 生态移民工程无疑正是这样的实践，尤其是在高原牧区，高寒缺氧，自然生态环境差，公共服务和基础设施落后，牧民逐水草而居，就业领域有限，收入增加困难。"易地扶贫搬迁改变了牧民的传统生活方式和生计方式，改变了其产业发展组织形式。通过搬迁这种行之有效的方式重塑了牧民的生产生活和牧区的治理体系，促使牧区的产业发展和生态保护得以有效融合。"③

尽管生态移民带来的综合效应明显，但是经历了空间转换的移民的精神适应、能力适应和空间转换的政策衔接很难同步。部分移民难以割舍旧资产，更主要的是缺乏在新环境中更佳的就业增收手段，导致部分地方的移民"两头占"的现象。这同时也暴露出在旧资产处置中的制度缺陷。当迁入地获得的资源难以填补迁出地失去的资源的时候，很多人不愿放弃旧资产，但是当安置区远离旧资产的时候，显然旧资产流转比亲自经营更划算。"外迁移民农业生计模式的非农化转型，推动了安置区的土地流转，而仅仅改善安置区的土地流转政策，并不一定能促进移民转出土地，也无法有效提升移民户的地租收益。"④ 很多移民缺乏相应的信息和渠道，旧资产事实上很难被流转。"搬

---

① 黄志刚，陈晓楠，李健瑜. 生态移民政策对农户收入影响机理研究：基于形成型指标的结构方程模型分析 [J]. 资源科学，2018 (2)：439-451.

② 陈经伟，相倚天. 易地扶贫搬迁在实践中推进经济理论创新 [J]. 宏观经济管理，2021 (9)：51-57.

③ 李博，左停. 耦合性治理：高原藏区产业发展、易地扶贫搬迁与生态保护的共融：基于Z县脱贫攻坚经验的总结 [J]. 云南社会科学，2022 (1)：154-161.

④ 赵旭，肖佳奇，段跃芳. 外迁安置、土地流转及水库移民生计转型 [J]. 资源科学，2018 (10)：1954-1965.

迁地区农地流转发生率低，缺少有效的、正规的土地资源交换渠道，没有行政的干预，搬迁农户难以通过资源交换实现利益最大。"[①] 在大部分移民自身就业能力偏低的情况下，政府精心谋划的就业是否具有可持续性，值得商榷。在这种情况下，如果不能盘活旧资产，移民的后续发展是否具有可持续性也值得商榷。在处理移民资源使用权与收益权之间的关系上，丘地村的案例值得借鉴。事实证明，"建立水电开发移民区资源入股制度正是破解农民土地资源使用权与土地资源使用收益权相剥离的问题"[②]。对于长江上游天保工程主要实施区这一特定地区而言，国家应该进一步放宽政策，允许其在农资入股方面大胆改革创新，进一步探索。但是，在传统经济社会发展环境受限的条件下，或许盘活资源的理念不应该仅仅局限于土地、林地的直接商业化经营，在碳达峰、碳中和的大趋势下，通过生态保护获得更多的"碳交易"资源，或许是今后的一大方向。

---

① 梅淑元. 地扶贫搬迁农户农地处置：方式选择与制度约束：基于理性选择理论［J］. 农村经济，2019（8）：34-41.

② 陈鹰. 西部民族地区水电开发中"新贫困"难题破解：基于四川甘孜藏族自治州泸定县水电开发农村移民的实地调查［J］. 西南民族大学学报（人文社会科学版），2015（6）：142-146.

第八章
面临的主要困难及原因

生态移民工程作为一项复杂而宏大的系统工程，无论是易地扶贫搬迁、水电移民还是地灾移民等，因涉及面广、牵涉利益主体多，特别是水电移民，跨度时间长、牵涉利益多，工作中面临许多具体的问题和困难。长江上游天保工程主要实施区作为一个区域具有相对的独立性和共同点，同时该区域涉及3个省（自治区）多个市（州），区域内部仍然具有一定的差异，各地在工作实践中面临的困难和问题也有一定的差异。不过，各地的共性仍然十分明显。

一、长江上游天保工程主要实施区生态移民工作的特殊性

（一）独特的自然地理条件带来的特殊性压力

1. 艰苦环境带给基层干部身心压力

长江上游天保工程主要实施区整体上地广人稀，导致基层干部服务面积过大。由于地广村散、点多面广，基层干部开展工作耗费的时间较长，很多基层干部大量工作时间耗费在路上，“路上工作”现象突出。以甘孜州为例，基础干部服务面积如下：村干部为9.06平方千米，乡干部为26.5平方千米，偏远的石渠县的县级和乡（镇）级公务员分别达到了34.36平方千米和104.53平方千米，基层干部疲于奔走成为常态[①]。

同时，气候恶劣、高寒缺氧、山高路险、交通不便、村落分散、通信落后，基层干部经常奔波于途，身心压力大。许多基层干部经常因工作任务和压力出现精神焦虑，很多“背井离乡”的基层干部常年值守乡（镇），业余生活单调枯燥，常感寂寞孤苦。部分基层干部面临工作挫折和生活压力，常与市（州）、县以及其他地区进行纵向和横向对比，产生心理落差和自卑等心理问题。虽然政府已有谈心谈话和心理健康讲座制度，但是缺乏相应的心理健康教育与专业咨询机构，对基层干部心理问题的了解和研究仍然不足，缺乏对基层干部心理问题进行疏导的解决的机制设计。

2. 区域受限带给移民后续发展压力

作为“三区三州”的重要区域，长江上游天保工程主要实施区地理环境

---

① 根据甘孜州政府办公室提供的数据计算而得。

呈现出高、寒、大、岖、边等特点。“这些区域本身受地理交通和资源条件的限制，资源禀赋差，产业基础薄弱，经济发展缓慢，对企业的吸引力低，快速引进或培育出附加值高的富民产业并不现实。”① 受国家主体功能区的限制，区域内大部分地方被禁止开发和限制开发，开发的空间极其有限。不但移民安置点的选择和公共配套服务设施的建设相对困难，而且产业发展的选择极其有限，导致移民后续发展的支撑不足。

一些地方以“完成任务”的心态布局产业，产业主要集中在以下两类：一是特色农牧业。在产业选择与推进中，一些地方重当前收入增长、轻长远市场分析，更轻绿色与可持续发展。一些地方在选择农牧业产业的时候大多倾向于选择当时具有市场前景的产业，而忽略对市场的长远分析，产业短期化问题比较突出，给产业发展带来隐患。二是企业引进。由于基础条件的欠缺和工业开发的受限，地方政府只能依靠特殊的税收优惠、免费厂房、低价水电等各种补贴政策来吸引企业。在这种情况下，“希望引进”和“能够引进”之间存在落差。“引进的也大多是低附加值的劳动密集型企业，且工作岗位供给量少，只有部分搬迁贫困人口能获得稳定的工资收入，另一部分贫困户增收困难。”② “国家主体功能规划与产业发展的张力导致易地扶贫搬迁政策执行的思路创新受限，如何有效化解两者之间的矛盾已然成为‘三区三州’移民搬迁过程中的重要命题。”③ 这也成为制约长江上游天保工程主要实施区产业扶贫的先天因素。

（二）独特的地域文化带来的特殊性诉求

1. 精神信仰的特殊性带来特殊问题

长江上游天保工程主要实施区涉及移民搬迁的绝大多数是少数民族人口，特别是以藏族和彝族居多，民众的日常生活和各种精神信仰交织在一起。移民可以改变居住地，但是其曾经生产生活的环境无法随之迁移，特别是脱离了原先的精神信仰环境，很多移民变得不适应，也有部分贫困人口不愿意搬

---

① 郭俊华，赵培. 西部地区易地扶贫搬迁进程中的现实难点与未来重点［J］. 兰州大学学报（社会科学版），2020（2）：134-144.

② 郭俊华、赵培. 西部地区易地扶贫搬迁进程中的现实难点与未来重点［J］. 兰州大学学报（社会科学版），2020（2）：134-144.

③ 李俊杰，郭言歌. “三区三州”易地扶贫搬迁政策执行机制优化探究［J］. 黑龙江民族丛刊，2019（5）：30-37.

迁。尤其是在水电移民方面，库区内有较多的宗教设施，如神山、神树、玛尼堆等，相关部门在进行宗教设施补偿时无法仅仅按实物量进行测算补偿，还必须考虑特殊宗教设施中所包含的精神价值。国家的水库移民政策中对此没有明确的规定，致使地方在实际操作中对宗教设施补偿难以确定标准，也易因此引发相应的矛盾。

地域文化的特殊性和整体上搬迁安置政策的相对统一性是一对矛盾，在具体工作中，如果处理不好，部分移民群众会因一时的不理解而产生过激行为，容易激发群体性事件，干部还因此容易面临人身威胁等问题。

2. 生产生活的特殊性带来现实问题

长江上游天保工程主要实施区内各民族在千百年的岁月演变中形成了各自独特的生产生活方式，有从事农耕的，有从事放牧的，有半农半牧的，易地搬迁后其原有的农牧业生产资料无法搬迁到安置点，很多人因此不得不改变谋生的手段和生活方式。已经完成搬迁安置的移民，随着他们进入集镇社区和新村集中居住，面临社会关系网重建、生产生活秩序重构、风俗文化重融等问题。

由于涉及生产生活方式的改变，长江上游天保工程主要实施区的这种搬迁带给移民的生活影响和心理影响远远大于其他地区，因此在实际操作中，通常农耕区的安置在农耕区、牧区的安置在牧区。但是，我们在调研中发现，很难做到完全的对应安置，短时期内骤然改变也让部分移民不太适应，导致不少移民的生产生活在新旧之间徘徊，如已经在新的安置点生活，但是仍然不愿意舍弃原有土地和房产，不愿意拆旧复垦，给相关工作带来压力。

（三）基层干部状况的特殊性带来的特殊困难

1. 基层干部队伍面临的现实困难

我们在调研中发现，与其他地区相比较，长江上游天保工程主要实施区干部队伍面临以下五大现实困难：

一是干部力量配备不足。该区域正处于加速发展阶段，工作内容和强度持续增加，人员配备不足的矛盾逐步凸显，“缺编”和“缺人”现象严重，宗教、扶贫移民等重点部门和乡（镇）基层干部力量尤显不足，“一人多岗”或“到处借调”现象突出。

二是干部工作负荷过大。移民搬迁任务重，干部经常“白加黑”“五加二”，超负荷工作成为常态。作为国家主体功能区中的限制和禁止开发区，协调发展与保护的矛盾以及加快发展的任务仍然十分繁重，产业发展的选择受到诸多限制，能够提供的就业岗位有限，保证移民后续发展任务较重。

三是懂当地语言和文化的干部偏少。很多汉族干部不懂少数民族语言，部分少数民族基层干部和群众汉语水平偏低，汉族干部和少数民族群众之间、部分乡（镇）干部和村干部之间交流沟通障碍在一定程度上存在，在牧区和边远地区更是如此。不少基层干部，包括部分少数民族干部缺乏民族文化的知识和认识水平，熟悉和理解宗教、文化、习俗、心理的不多。

四是“技术型”干部偏少。多数干部所学专业为文史哲方向，学经济、法律、公共管理和专业技术的偏少，懂社会管理、生态建设、城市建设的专业干部更是欠缺。不少干部对移民工作不熟悉，面对新时代、新任务、新要求，一些干部的知识结构缺陷问题逐步凸显，能力匮乏成为工作开展的瓶颈。

2. 部分移民干部工作能力有待提升

国家对移民工作有很多政策、规定和技术规程规范，已形成了较为完善的移民政策法规体系。但是，由于多方面的原因，部分移民干部在思想认识和工作方法上仍然存在不少问题。

部分移民干部缺乏开放视野，对中央和上级地方政府的战略决策与部署理解不透、把握不准、落实不力，经济发展决策和组织实施能力有待提高。部分移民干部对水电建设促进地方经济社会发展的重大意义认识不足，单纯将水电开发认为是项目业主的事，而没有认识到国家在水电开发中的获益，不能正确处理移民、业主、地方、国家等有关各方的利益。

部分移民干部对移民工作的特点缺乏了解，仍然沿用以前的工作思路、工作方法开展移民工作，使得移民工作难以顺利开展。部分移民干部接触移民工作的时间较短，对移民工作的长期性、复杂性、艰巨性认识不足，对政策法规的把握不是很到位，不能从宏观、全局思考移民工作，特别是对涉及宗教事务、民族情感方面的问题，认识含混、行动摇摆，经常以民族、宗教、文化特殊和生产生活方式独特为由质疑现行移民政策的科学性、可操作性，对移民工作做出想当然的决策，提出很多无法实现的要求。部分移民干部缺乏基层经验，在处理群众矛盾、突发事件和维护社会稳定方面的经验不足，难以获得群众认可，难以及时有效处置问题。

二、政策性移民搬迁中面临的主要困难及原因

（一）文化设施迁建补偿利益协调困难

1. 水库淹没区涉及较多文化设施

长江上游天保工程主要实施区是我国民族宗教工作的重点地区，甘孜州、阿坝州、迪庆州和凉山州木里县等藏族同胞聚集区普遍信仰藏传佛教，多民族多教派在这里和谐共存，具有独特的民族文化和浓郁的宗教氛围。这里又是中国水利水电工程最集中的地区，大中型水利水电工程建设不可避免地涉及分布于库区的宗教文化设施被淹没。涉及文化设施迁建的有寺庙、佛塔、神山、神树、教场、家庭经堂、转经亭、玛尼堆、丧葬场、烧香台、经幡、经台等，这些宗教文化设施规模有大有小，权属各异，数量较多，情况复杂。如何妥善补偿或迁建，已经成为该区域内水电移民中面临的难点，如果处理不好，就会涉及民族、宗教、社会稳定等各方面的问题。

2. 现有政策对文化设施补偿存在漏洞

对以实物形式存在的宗教文化设施给予补偿目前已得到各方共识，但是由于国家的水库移民政策中宗教文化活动等费用的计列没有明确的规定，使得在具体工作中相关部门对宗教文化设施的补偿难以确定标准。宗教文化设施虽然为有形之物，但是它们是信教群众的精神寄托，信教群众的日常生活与宗教文化活动息息相关。宗教文化设施的搬迁需要请寺院的高僧大德主持特别的宗教仪式，花费很可能远远超过对实物本身的补偿价格。虽然相关部门在宗教文化设施的搬迁过程中已适当考虑了提高补偿标准，比如甘孜州的两河口水电站的移民搬迁已按实物指标补偿费的10%计列了宗教文化活动经费，但是部分寺庙认为补助费用偏低。显然，如果迁建过程无法和宗教界人士及信教群众达成一致，则迁建工作难以得到他们的充分理解，将增加宗教文化设施搬迁的难度。长江上游天保工程主要实施区水电移民工作中的这种特殊性问题，在其他地区水利水电移民中鲜有涉及，这也是本区域水电移民工作中的难点。

（二）搬迁地点的选址受特定因素制约

1. 可选搬迁安置点范围十分有限

长江上游天保工程主要实施区是以高山峡谷和高原为主的典型地质地貌

区域，除草原牧区以外，其余县（市、区）平地很少，在甘孜州丹巴县等部分地区，甚至县城所在地都很难找到成规模的平地，耕地资源更是有限，耕地后备资源相当匮乏，人均占有耕地量极为有限。库区征（占）用现有耕地后，几乎没有可供开发用于生产安置移民的土地，群众生产生活区域人多地少的矛盾十分突出，移民生产安置环境容量十分有限。以两河口水电站为例，水库淹没影响耕地和园地约 0.54 万亩，影响人口 6 234 人。尽管淹没耕地所占比例小、人口总量小，但由于自然条件限制，除海拔 3 000 米附近剩余少量耕地外，基本没有后备耕地资源用于安置，库区无法实现就地农业生产安置。该区域也是我国地质灾害相对频发的区域，地震、山洪、泥石流、滑坡、雪灾等较多，搬迁地点的选址需要进行严格的地质灾害适应性勘查和评价。在已有的安置点中，部分安置点仍然存在安全隐患。

同时，由于宗教信仰因素，信教群众和宗教之间已经形成固定的宗教网络关系。信教群众很难接受其宗教网络关系发生较大变化。水库淹没后，不可避免地形成人走庙留或庙迁人留的情况，将会打破长期形成的信教群众与寺庙相邻相近、相对集中的状况，引起原有供施关系发生变化，使得原有宗教网络关系发生变化。如维持其原有宗教、社会网络关系基本不变，移民搬迁安置的范围就存在一定局限，只能在本村、本乡，最多在本县内安置，使得本来就十分稀缺的安置点变得更加稀缺，也增加了移民安置的难度。

2. 部分搬迁安置点选址并不理想

由于土地资源有限、选址困难，区域内的移民安置不能如其他地区一样依托土地。传统的土地安置模式难以满足区域内移民安置和环境保护的需要。受地理环境、宗教民俗等因素的影响，传统的土地安置、投亲靠友、第二产业和第三产业安置以及外迁、远迁等方式已不能适应藏族聚居区移民安置的需要①。

区域内的选址呈现出两个特点：一是就近分散安置，整体比例高于其他地区；二是城镇附近集中安置，但是往往离原居住地较远。很多就近安置为图便利，部分安置点简单地“从山上搬到山下”或新的安置区离迁出村寨不过几百米，生产方式和发展条件没有得到根本改善，且分散安置比例过高。对于水电移民而言，部分移民是“从河谷搬到山上”，新的安置点的生产生活

---

① 林朝阳. 金沙江上游川藏段梯级水电开发征地移民工作研究［J］. 四川水力发电，2019（1）：7-9.

条件不一定优于原居住地。对于城镇安置而言，虽然这种较远距离的城镇化安置理论上可以促进城镇化发展和增加移民非农就业机会，但对于那些缺乏足够人力资本从事非农产业的移民来说，可能带来一定程度的经济适应风险①。由于产业发展受限，表面上的城镇安置带来的“风光”并不能遮挡部分移民后续发展能力不足带来的困境。显然，在目标和任务的压力下，区域内部分安置点的选址前瞻性不足，存在二次选址搬迁的可能，部分移民也因为后续发展受限产生回迁的想法。

（三）水电移民搬迁利益分歧明显

1. 水电移民搬迁工作情况错综复杂

与易地扶贫搬迁相比较，水电移民搬迁牵涉面广，涉及的问题更为复杂。水库淹没区需要搬迁的设施众多，淹没的部分财产难以弥补，水电站建设周期时间长、涉及地域较广，水电移民的诉求具有特殊性，且部分移民为被迫非自愿搬迁，抵触情绪较大。在现实中，涉及宗教文化设施搬迁、征地补偿和移民安置工作的任何一个方面的情况都十分复杂且互相交织，稍有不慎就可能引发群众的不满，造成社会矛盾甚至群体性事件，影响社会的和谐稳定。移民群众和地方政府利益诉求多样化，与现行的国家移民政策之间、水电站开发业主之间有一定的矛盾。与易地扶贫搬迁相比较，水电移民留给地方的政策空间更大，尽管地方政府坚持“以人为本”，尽量出台了一系列惠民政策，但是对于部分任务较重的县来说，县级财政负担较大、无力承担，移民的很多诉求仍然难以满足。

2. 水电移民搬迁面临三大突出问题

一是补偿标准与民众的期望值之间存在差异。水电站建设征地区多处于沿江河谷地区，土地相对肥沃、水源相对较好。水电站建设及水库蓄水后，将导致沿江河谷地区的蔬菜种植业失去低海拔光热资源优势，蚕桑、林果种植面积大幅度减少。移民安置后，相关部门虽然通过配置土地资源、对生产安置区进行合理规划、通过土地开发整理调整产业种植结构、改善水利条件、坡地改梯地等方式，在一定程度上弥补了建设征地带来的损失和负面影响，但调剂给移民的土地数量太少。水电移民一般调剂的土地数量为一亩，而且

---

① 吴晓萍，刘辉武. 易地扶贫搬迁移民经济适应的影响因素：基于西南民族地区的调查［J］. 贵州社会科学，2020（2）：122-129.

质量方面与沿江土地相比较差。另外，“区域内野生物产资源丰富的地区，居民对林下资源的依赖性很强，林下经济作物在居民收入构成中占有很大比例。”① 林下收益补偿政策与移民群众的预期之间差异较大，特别是在松茸、药材出产丰富的地区，矛盾更为突出。

二是同域不同标准与时序差别引发群众不满。由于目前的政策是针对具体的水利水电工程实行“一库一策”，同一个县域不同的水利水电工程，涉及的不同民众的各项补偿补助标准难免出现差异。同域不同标准导致部分群众不满意。同时，时序差别也带来了一系列问题，主要是因为水利水电工程的建设周期比较长，有的工程前后长达十几年，导致移民和补偿随工程进度分阶段进行。但是，不同阶段的补偿标准会因为经济社会的发展而出现差异，往往是后面的标准高于前面的标准，实践中往往导致部分群众不愿意搬迁、拖时间以及部分搬迁了的群众要求按新标准再次补偿等问题。

三是地方和水电开发主体之间存在利益分歧。长江上游天保工程主要实施区大部分大中型水电站都是由国家能源投资集团、中国华电集团、中国华能集团、大唐国际集团等大型国有集团公司开发，这些公司虽然在当地开发，但是并不受地方管辖。地方认为，水电开发应该更好地履行社会责任，希望水电站业主积极主动地研究地方的惠民政策，将之与移民政策衔接，并落实到教育、卫生、交通、文化、扶贫等具体民生项目上，但是地方的期望和水电站业主之间存在差异。尤其是大型项目，因为工程投资规模较大、具体情况复杂等，地方和企业双方一直就费用分摊原则、分摊比例等存在很大争议，迟迟难以达成共识。因建设资金无法落实，这类工程项目难以顺利推进，影响了移民的生产生活。

（四）影响工程建设的制约因素较多

1. 安置点建设面临主客观现实制约

长江上游天保工程主要实施区无论是易地扶贫搬迁移民，水电移民、还是地质灾害移民等都相对数量庞大，是移民搬迁的重点。易地扶贫搬迁项目重点区域，基本上也是脱贫攻坚重点区域，其他脱贫攻坚任务也在同步推进，工作任务非常繁重。多数项目属于高寒地区，每年雨季和霜冻期较长（凉山

---

① 林朝阳. 金沙江上游川藏段梯级水电开发征地移民工作研究［J］. 四川水力发电，2019（1）：7-9.

州多数地区集中降雨期 2 个月左右，冰冻期 2 个月左右，海拔更高的甘孜州、阿坝州、迪庆州、昌都市的大部分地区的冰冻期更长，昌都市的年无霜期只有 46~162 天），每年实际可用施工的时间有限，建设时间极为紧张。加上路网不完善，公路等级低，造成施工材料运输困难，运输成本高，建设条件相对困难。易地扶贫搬迁项目有时间要求，任务重，同时启动的项目多，很多县（市）准备不足，资金拨付不及时，专业人才缺乏，特别是县级相关业务部门技术人员有限，无力对全县易地扶贫搬迁工作进行有效指导和督促，导致前期工作推进慢，给项目开工和完成带来较大压力。

水电移民的问题更复杂，突出表现在移民安置点建设推进缓慢、规划和实施“两张皮”现象突出、信访维稳压力依然较大、蓄水后库区新增滑坡塌岸频发、复建公路竣工验收移交难等问题。随着移民工作的深入推进，移民后续问题处理难度增大、协调难度剧增，部分县（市、区）政府、项目法人、设计单位等有关各方对移民工作的长期性、复杂性、艰巨性没有引起足够重视，责任没有完全落实到位，工作跟进不及时。相关各方支持配合不积极、不主动，形不成合力，致使在搬迁工作中建立的协调机制作用弱化，移民搬迁后续问题处理效果不明显，工作推进较为缓慢。

2. 影响水电移民工程建设的五大因素

水电移民工程推进缓慢的原因，既有安置点移民设计变更审批程序繁琐、地质条件复杂、房建资金缺口协调难度大等客观原因，又有地企双方和设计监理单位攻坚的决心、态度、举措、合力不够的主观原因。

具体来讲，一是“重工程轻移民”，“水赶人”现象突出，地企双方为蓄水发电采取过渡措施，致使水电站已发电，移民安置并未全面完成，导致部分移民长期过渡。二是前期设计深度不够、后期移民意愿变化、人口规模调整等原因导致安置点普遍出现设计变更和规划调整情况，而设计变更的设计、咨询、审批周期普遍较长，加之程序繁琐，严重影响了建设进度。三是所在区域高山峡谷、地质灾害频发的现实条件决定了安置点建设前需进一步开展地质灾害适应性勘查和评价。四是电站建设工程占地与移民返迁安置用地重叠，需待工程结束退场后方能启动建设，但部分安置点地块水电企业完成施工退场的时间太慢，且退场后的地块普遍不符合安置点建设实际，需要依据现状开展地基处理、护坡加固等工作，导致无法及时启动安置点建设。五是移民安置点移民房屋基本上都是统规代建，都存在房屋补偿补助标准和统规代建资金之间的缺口，需要水电企业筹措解决。但是，相关部门前期与水电企业协调难度较大、耗时过久，一定程度上也影响了移民工作的推进。

（五）政策性移民搬迁存在伴生问题

1. 社会融入与后续发展面临问题

“大量外迁移民的涌入必然加大了安置区村委会的工作量，使得当地的基础设施和社区配套服务承载能力等面临压力。”① 由于资源无法满足需求，受土地限制、基础设施薄弱和公共服务不足的影响，移民安置地点普遍开发空间偏小。搬迁改变了移民原有的生活状态与生活方式，新获取的资源不足，原有的部分补贴被取消，迁入地的就业领域和岗位无法有效对接，原有的生产资源由于距离等原因难以有效利用，移民后续发展受限。尤其是大型集中安置点，产业、就业存在资源评估论证不充分，后续谋划发展不精准的现象，几百人甚至上千人集中安置在一个地方，就业压力大，但就业岗位明显不足。易地扶贫搬迁政策落实中，部分地区修建了安全住房，但缺乏相应致富产业和高质量教育的配套，村民为了更大的创收机会和子女教育机会，不愿入住当地的安全住房，依然往条件更好的地方搬迁，导致了安全住房入住率不高。在昭觉县的调研中，一位驻村扶贫第一书记反映：“我村就近为 38 户建档立卡家庭修建安全住房，但其中有 22 户已经搬离本村；部分搬迁户不适应新迁入地的生产生活环境，社会融入困难等问题也不容忽视。”②

2. 住房建设存在的问题不容忽视

易地搬迁的安全住房资金一般采取国家、当地政府和贫困搬迁户三方各自承担一部分的原则。安全住房除少部分由搬迁户自建外，大多委托给第三方承建。基于多种原因，很多地方的财政资金并没到位，部分贫困户无力或由于对所建房屋不满意等原因也不愿承担资金。随着第三方承建的安全住房大量完工，政府、贫困户与承建商之间的债务纠纷逐步凸显，产生了一系列问题，潜在债务不容忽视。其他移民住房建设也或多或少面临着大致类似的问题。住房建设还在一定程度上存在选址不科学、工程进度滞后、招投标及合同管理不规范、违反基本建设程序、工程造价虚高、质量管控不严、个别

---

① 陈绍军，任毅，卢义桦．“双主体半熟人社会”：水库移民外迁社区的重构［J］．西北农林科技大学学报（社会科学版），2018（4）：95-102.

② 该驻村第一书记为本研究组成员。

房屋存在安全隐患等问题。更有个别地方视群众生命财产安全不顾，层层转包、挂靠现象突出，监理形同虚设，项目建设存在严重偷工减料现象，个别项目存在严重质量问题。

3. 具体工作中存在政策执行不力

我们在调研中发现，长江上游天保工程主要实施区部分地方在政策执行中存在一定问题，其中三个方面的问题尤其值得重视。一是对象识别不精准。部分地方存在实际搬迁对象与全省全国扶贫开发系统标注不一致，与“十三五”易地扶贫搬迁规划不相符，存在数据不固定、随时变动问题，还存在重复享受政策、原址重建、用易地搬迁政策替代危房改造政策等问题。二是政策执行不到位。部分搬迁户住房面积超标，自筹资金超标，导致负担沉重。有的地方搬迁入住进程滞后，拆旧复垦较慢，不少贫困户不愿意放弃原有的耕地、宅基地，“两头占”现象明显。囿于资金等，部分安置点特别是分散安置点配套设施建设严重不足。三是资金管理混乱。有的地方普遍存在资金未转账管理和封闭运行，一些地方项目资金使用不精准，存在项目资金截留、挪用情况。

三、自发移民面临的主要困难及原因

（一）自发移民后续发展面临压力

1. 政策差异导致政府帮扶有限

国家对自发移民没有统一的帮扶政策。在现有政策体系下，各种惠农措施与户籍挂钩，身份属性明显，而移民搬离了原居住地，不但选举与被选举权等基本政治权利得不到保障，并且和许多惠民政策无缘，难以在当地享受到土地使用权、惠农政策、扶贫政策等权利。没有当地户口，粮食直补、土地确权等只能归在原户主身上，农村医保、社保申领也有诸多不便。按照现行新农合就医的规定，搬出群众无法在迁入地享受到新农合政策，导致了新的看病难问题。在就学方面，部分地方搬迁户子女就学需要缴纳高额的择校费，比如我们在喜德县洛哈镇的调研中发现，部分地方搬迁户子女就学需要缴纳 2 000~10 000 元的择校费，使得普通家庭难以担负，造成新的辍学现象。在个别地区，移民户享受水电等基础设施服务也需要支付更高的成本，比如前面章节提及的西昌市 LZ 镇 TX 村移民生活用电就比原居民每度电费高 0.272 元。由于没有宅基地和耕地，很多自发搬迁农户只有通过私下买卖房屋、流转土地等方式获得生产生活资料。由于资本积累不足，大多数移民无力购买更多的生产生活资料。加之搬迁户越来越多，造成搬入地土地资源供应紧张、地价猛涨，搬迁户无力购置足够种植的土地。即便自发搬迁人口中的贫困人口纳入了扶贫体系，但贫困识别和帮扶工作仍主要由原户籍地负责，使得具体识别和帮扶工作的开展皆成难点。另外，新农村建设中的硬件和软件设施也很难惠及自发移民的生产生活，特别是通过开垦河谷边沿的荒山、荒坡而形成的自发移民村落，通村公路等基础设施和基本的公共服务设施与政府的规划难以对接。

2. 自身素质不适应空间转换要求

自发移民的主体大多生活在高寒山区及偏远之地，绝大多数自发搬迁户都是贫困户。尽管迁出了原居住地寻求到了相对更为优越的生存发展条件，但是由于离开了原居住地，脱离了熟悉的生存环境，舍弃了土地等资源，空间的转换并不能自动地弥补这些舍弃的资源，移民的发展面临一系列问题。很多移民从大凉山深处走来，由于观念落后、个体素质较差、缺乏现代职业技能，与迁入地的现代生产生活方式不相适应，面临着从粗放型向集约型、从传统畜牧业和农业向现代农牧业生产方式转变的挑战。由于生产资料欠缺，加上缺乏一定农业生产技能和科学管理水平，自发移民很少有人能适应迁入地新的产业发展需要，很多自发移民只能依靠外出务工维持生计。受文化程度低、技能不足等因素限制，多数自发移民只能从事建筑业等一些工作，具有不稳定性或短期性，导致多数自发移民家庭整体收入偏低。其基本的生存问题容易解决，但发家致富奔小康就较为困难。搬迁返贫的现象在个别地方比较普遍。

（二）自发移民社会问题比较复杂

1. 行为无序难以有效制约

在部分自发移民新村落，移民并没有因为搬迁带来实质性改变，生产方式单一，收入来源不稳定、途径少，占有的生产生活资源明显处于劣势。由于国家对农村土地承包经营权、宅基地使用权等的转让有严格的规定，只能在集体经济组织内部转让，大部分自发搬迁农户只有通过私下流转买卖获得土地、房屋，这种私下交易并不受法律保障。部分自发搬迁农户自己建房，没有相应的安全监管，选址也没有经过科学论证，房屋安全隐患、地质灾害隐患突出。一些移民为了解决生计问题，无视国家的法律法规和地方相关规定，在基本农田、林地甚至自然保护区、风景名胜区等乱垦乱建现象时有发生，毁林开荒与“绿水青山就是金山银山”的生态理念背道而驰，导致水土流失，严重危害生态环境。曾经一度，西昌市周边、邛海湖盆周边和安宁河沿线林区的这种现象就比较明显，致使西昌市等地出现“林地天窗”。户籍和产权之间形成难以打破的制度“死结”，在户籍问题没有得到根本解决之前，这些问题还会在一定程度上存在。同时，移民地区的人员构成复杂，违法犯罪的事情偶有发生。

2. 无序迁入导致融入矛盾

由于无序迁入，特别是行为无序打破了当地原有的社会秩序，移民和当地居民之间的矛盾时有发生，使得部分地方移民的社会融入更加困难。在安宁河谷地带就曾经出现过移民和当地居民之间的融入矛盾。在安宁河谷地带，通过各种途径迁入的彝族搬迁户，由于生产方式、语言障碍、生活习惯、卫生习惯等方面的原因，很难融入当地农村社会中去。当地村民与自发移民之间的矛盾冲突事件时有发生。

（三）自发移民附带问题较为突出

1. 社会管理面临新的挑战

就管理方面而言，原居住地对流出人口鞭长莫及，流入地则因为是无序流动人口而无法加以有效管理，因此形成了管理空白。随着搬迁户的大量增加，迁入地用水、用电出现紧张，城乡环境“脏乱差”，引发了一系列矛盾纠纷。个别地方由于民族观念和生活习惯不一致，存在一些不稳定的隐患。搬迁户来自各地，鱼龙混杂，无业年轻人多，由于“人户分离”导致管理“不到位”或“缺位”，加之执法不到位，部分自发搬迁农户法治观念淡薄、生活习惯落后，赌博、盗窃、酗酒闹事等不法行为常有发生，危害社会治安，遇纠纷时聚众诱发群体性事件等问题较为突出。少数自发搬迁人员不配合迁入地管理，与当地群众关系较为紧张。自发搬迁到城市及城乡接合部的农户，在城市扩建进行征地拆迁时，由于没有当地户籍，能够得到的补偿费用低，导致出现搬迁户集体上访、拒绝搬迁、阻工等与政府对抗的不理性行为，维稳工作压力大，项目建设进度受影响。

2. 资源错配形成新的浪费

对于扶贫来说，在村民全部搬出的“空壳村”，已经规划的项目没有实施意义。在大多数村民已搬迁的村，实施原先规划的扶贫项目价值不大，甚至一些已实施了扶贫项目的村，群众还在大量搬迁，造成投入大量资金建成的基础设施无人使用，扶贫资金严重浪费。贫困户迁出后，由于绝大多数是分散迁入各地，受各方面的影响，迁出地政府已无法对其实施扶贫，导致扶贫项目或资金滞留，没有发挥应有效益。在昭觉县调研中，一扶贫村第一书记反映：“部分高海拔地区，自发搬迁人口众多，在村‘七有’① 的脱贫标准下，村建制还在但实际居住人口非常少的地区，依然投入巨资修建基础设施。例如，我们村有个地方只有一户人，而且这户人都计划在最近几个月搬迁，而电网工程公司树立了10多根电线杆，为这户人家接上了电线。”②

四、本章小结与评论

（一）本章小结

本章结合调研中收集到的资料和对问卷调查、访谈的分析，将其中具有一定共性又比较重要的问题进行了分类梳理并分析了产生问题的原因。本章主要从以下三个方面进行了归类：

一是长江上游天保工程主要实施区的区域特色使得区域的移民问题带有不同于其他地区的特殊性。区域独特自然地理条件不仅让区域基层干部身心压力巨大，而且限制了区域产业发展，影响到移民的后续发展。区域独特的宗教文化使得区域移民问题特别是水电移民问题增添了很多“精神因素”。区域农牧民传统的生产生活方式很难随同搬迁，对应安置的困难使得移民搬迁带来的空间转换更加突兀，部分移民较长时间徘徊于新旧居住地之间。区域基层干部队伍在现实中面临配备不足、负荷过大、语言不通、技术欠缺、人心不稳等五大困难；同时，移民干部整体素质有待提升。这些都大大增加了移民工作的难度。

---

① 有集体经济、有硬化路、有学前教育设施、有医务室、有文化室、有民俗文化坝子、有宽带网。

② 该驻村第一书记为本研究组成员。

二是对区域政策性移民搬迁中存在的主要问题与原因进行了梳理，包括五大方面：第一方面是宗教文化设施迁建补偿问题，主要是水库淹没区涉及较多宗教文化设施，但是现有政策对宗教文化设施补偿存在漏洞。第二方面是搬迁地点的选址问题，主要是受地理条件影响，可选搬迁安置点范围十分有限；同时，部分搬迁安置点选址并不理想，没有达到预期目的。第三方面是水电移民利益分歧问题，主要是水电移民搬迁工作情况错综复杂，涉及方方面面，加之现实中补偿标准、时序差别、地企诉求的分歧，使得水电移民问题相对更加突出。第四方面是影响移民搬迁工程建设的制约因素问题，主要是安置点建设受气候地理条件影响大，工程推进难度大。特别是水电移民工程，"重工程轻移民"、设计变更和规划调整、适应性勘查、用地重叠、资金缺口等问题严重制约工作开展。第五方面是政策性移民搬迁存在的伴生问题，主要是移民社会融入和后续发展中存在不足、住房建设中存在潜在债务纠纷和质量问题、部分地方政策执行中存在不规范现象。

三是对自发移民搬迁中存在的问题与原因进行了梳理，包括自发移民生存发展方面面临的问题、自发移民相对无序带来的社会问题以及自发移民带给地方的管理难题。其中，除了自身素质原因外，"人户分离"是诸多问题产生的最主要根源，自发移民不仅因为缺少当地户籍与相关惠民政策擦肩而过，而且相关项目因为人口流动的原因变得不再合适，资源错配造成的浪费需要警惕。由于制度和机制等原因，地方政府对无序流动的自发移民的管理很多时候显得鞭长莫及。

（二）本章评论

通过梳理和分析，我们可以看出，长江上游天保工程主要实施区生态移民实践中面临的这些问题，尤其是水电移民和自发移民中面临的问题，很多都具有明显的地域性特征。正因为如此，其典型性也比较突出。这些问题背后暗含的几个深层次逻辑需要引起重视：一是宏观政策的相对统一性与区域相对独特性之间的政策适应性问题，即政策中如何将区域的特殊性因素考虑进去；二是自发移民流动的相对无序性与政府管理相对规范性之间的协调问题，即如何科学引导自发移民，保护他们的热情和积极性，又避免无序带来的诸多问题；三是区域专业干部和人才的相对稀缺性与区域相关任务和压力的繁重性之间的平衡问题，即如何将培养干部、提升干部素质和关爱干部、提升干部的激情结合起来。

回归到生态移民问题的核心，“稳得住”和“能致富”依然决定着整个生态移民工程的成效。“物理空间解决了搬迁户的居住便利性、就业可能性和公共服务配套性，但是要实现‘稳得住’‘能致富’，还要考虑社会关系重构、社区参与和群众心理疏导。”① 对于感觉空间转换更加突兀的区域内移民来说，移民的融入问题尤其重要。一方面，移民长期不能融入安置地，可能会激化很多社会矛盾；另一方面，移民社会融合问题若解决得不好，就可能产生“马太效应”，移民可能会有被边缘化的危险②。但是，无论是城镇化安置还是分散安置，要实现区域内移民的身份转换都存在一定的难度。分散安置往往是“插花”于既有居住点，完全融入一个陌生的环境，移民往往有种“外来人”的生疏感。即便是城镇集中安置，贫困户通过跨越式城镇化的方式进入了城镇，但他们的城镇化过程并没有全部完成。“人的城镇化”本身是一个系统工程，其不仅是居住方式和户籍的城镇化，还包括生产方式、生活方式、文明素质等方面的城镇化③。因此，在相当长的时期内，生态移民的融入问题都将成为生态移民问题的关注重点。事实上，融入问题和后续发展问题互相促进、相辅相成。没有真正融入，移民很难安心谋求后续发展，没有后续发展的支持，也谈不上真正融入。对于自发移民问题而言，本质上也是如此，只不过需要区分其与政策性移民不同的影响“稳得住”和“能致富”的因素。

至于水电移民的特殊问题，从现象上看，本区域内的水电移民问题是利益协调的问题。但是，如果仅仅局限于各自诉求，不思考各自诉求相悖的背后逻辑，则很难真正解决水电移民问题。如前面章节所说，水电移民政策主要基于国务院 74 号令、471 号令和 679 号令三个文件（大部分基于的是 471 号令）。但是，471 号令和相关法律规定并不一致。471 号令规定土地补偿费和安置补助费之和为该耕地被征收前三年平均年产值的 16 倍，但是《中华人

① 王寓凡，江立华.“后扶贫时代”农村贫困人口的市民化：易地扶贫搬迁中政企协作的空间再造［J］. 探索与争鸣，2020（12）：160-166.

② 胡江霞，文传浩. 社区发展、政策环境与水电库区移民的社会融合［J］. 统计与决策，2016（16）：82-85.

③ 刘升. 城镇集中安置型易地扶贫搬迁社区的社会稳定风险分析［J］. 华中农业大学学报（社会科学版），2020（6）：94-100，165.

民共和国土地管理法》规定总和不得超过土地被征收前三年平均年产值的30倍；对于被征收土地上的附着建筑物补偿，471号令的原则是针对直接损失，而《国有土地上房屋征收与补偿条例》（国务院令第590号）的补偿原则还包括间接损失。显然，471号令相关条款忽视大规模移民搬迁安置对移民群众的社会交往、社会支持、亲属关系、社会心理等方面产生的影响，缺乏对移民群众社会适应的相关政策，缺乏对安置区群众利益诉求的关照，缺乏对贫困地区的特殊性扶持政策。“由于一些安置区群众的利益诉求未得到重视与保障，对移民工作不支持、不理解，并可能排斥移民。这些情况导致移民在新的生活环境中缺乏归属感和安全感。”[①] 除了补偿标准的争议外，移民生计依然是个难题。受限于库区环境容量、自身人力资本与资金，移民家庭仅依靠自身很难完成可持续生计的构建，造成群体间发展差距不断扩大，部分移民群体陷入以发展性贫困与消费型贫困为特征的相对贫困[②]。从对移民安置点公共服务设施建设的政策支持力度来看，国家对水电移民安置点的支持力度明显不如对易地扶贫搬迁安置点的支持力度。迈克尔·塞尼（Michael Cernea）指出，水库移民虽然在安置区能够得到一定的土地资源以恢复其生产资料的损失，但面临着被排斥在安置区公共资源之外的边缘化风险，即失去公平的公共资源享有权[③]。区域内水电移民问题的解决不仅仅是区域内的问题，既需要区域内相关各方转变认识，充分理解和沟通，又需要国家在宏观政策上进一步完善水电移民的政策。

本章中梳理出来的部分问题在全国其他地区也在一定程度上存在，具有参考价值。通过本章的梳理和分析，我们可以更全面和深刻地把握该区域的相关问题，为今后的移民工作开展提供指导。同时，我们也可以更客观地了解中国生态移民实践，加深对中国扶贫事业艰巨性和独特性的认识，更深层次理解中国特色的反贫困思想。

---

① 商艳光，施国庆．基于五大发展理念的水利水电工程移民政策评价：以《大中型水利水电工程建设征地补偿和移民安置条例》为例［J］．西部论坛，2017（2）：63-71.

② 王湛晨，李国平，刘富华．水电工程移民相对贫困特征与致贫因素识别［J］．华中农业大学学报（社会科学版），2012（2）：23-31.

③ 迈克尔·M．塞尼．移民·重建·发展——世界银行移民政策与经验（二）［M］．水库移民经济研究中心，译．南京：河海大学出版社，1998：9-12.

第九章
区域生态移民实践理论分析

前面章节的本章评论部分对该章中提及的问题和现象进行了相应的点评，主要是个体解读，涉及部分理论分析，但是并不成系统。本章主要针对本书的研究涉及的全局性问题进行理论分析。其中，在整体理论分析方面，本章主要是用生态移民理论、空间贫困理论和人口迁移理论，分析区域生态移民实践的决策、相关行为和效应背后的理论逻辑，这也是本章的理论基础。在具体理论分析方面，本章不可能对所有做法与经验、问题与不足全部进行理论阐释，事实上前面章节的本章评论部分已经做了相应的点评，因此本章主要是对区域生态移民实践中的主要做法和经验、暴露出来的问题与不足进行归纳提炼，展示出其中的普遍意义和典型性，并展开理论解读，以期加深对区域生态移民工程复杂性的认识。

一、区域生态移民实践的整体理论分析

（一）生态移民理论在区域的运用

1. 促进区域生态文明建设

长江上游天保工程主要实施区“七江并流”，是中国第二大天然林区，堪称“中华水塔”“地球之肾”。区域集生态屏障核心地带、生态环境脆弱地带、生态资源富集地带、集中连片特困地带、宗教文化典型地带于一体，在国家战略布局和发展格局中占有十分重要的地位。在国家主体功能区的区域发展定位下，在长江经济带“共抓大保护、不搞大开发”的战略导向下，长江上游天保工程主要实施区不仅承载着民族地区反贫困、绿色发展和可持续发展的重任，更承载着维系长江生命线、筑守生态基底、坚守生态屏障的重任，生态文明建设在区域具有特殊的战略意义。

生态移民源于生态环境引起的问题，凡是与生态环境有关的移民皆可称生态移民。中国的生态移民是生态环境保护与反贫困双重压力下的应对行动，相关研究从研究的地域来看，主要集中在地理条件恶劣、生态环境脆弱、人口贫困突出的地区；从研究热点来看，主要集中在生态环境保护和社会发展两个方面。长江上游天保工程主要实施区是中国生态移民的重点区域。“自生态移民开始以来，移民就开始对自然环境和社会生活产生不同程度的影响。”①

---

① NORMAN MYERS. Population and environment：a journal of interdisciplinary studies［J］. Environmental Refugees，1997，19（2）：167-182.

“生态移民不仅可以减少人类活动对生态环境的持续破坏，还有利于移民迁出地生态系统的恢复和重建，这对改善区域生态环境具有重要意义。”① 从逻辑上看，生态移民政策逻辑简单清晰：移民原居住地的生态环境脆弱，“一方水土养不起一方人”，如果继续放任这种现象存在，人口对当地生态环境的破坏会进一步加剧，而且当地人口也很难从当地生态环境中获取更多的财富，贫困问题难以解决，因此有必要将贫困人口和其生活的环境适当分开，既可以缓解环境压力，解决生态恶化的问题，又可以通过改变生存环境破解贫困问题。“实际上，贫困与环境退化之间是相互影响、相互关联的，环境退化造成贫困，贫困使得人类更进一步向环境索取，形成贫困与环境之间的恶性循环。”②很显然，生态移民对生态保护和区域生态文明建设具有重要意义。过去较长一段时期以来，长江上游天保工程主要实施区在一定程度上呈现出无序利用、过度开发和生态破坏等现象。国家实施退耕还林政策之后，多地从“木头财政”中逐步转型，走上了文化生态旅游和特色生态农牧产业发展的绿色发展之路，区域的生态环境明显改善，用事实验证了生态移民带来的生态文明建设效应。

“生态大保护的首要在生态保护，基础在科学发展，重点在有序发展，核心在高质量发展。”③ 高质量发展不仅看经济规模，更看经济质量，看整体效应。长江上游天保工程主要实施区的高质量发展必须是在生态保护之下的区域可持续发展。只要守住了生态屏障，只要解决了区域内民众的贫困和可持续发展问题、促进了区域民族团结和社会稳定，这样的发展就是高质量发展。在新时代全面乡村振兴的背景下，生态移民是区域乡村振兴、生态保护与修复的有效途径之一。对区域生态移民进行研究，有助于区域可持续发展和生态文明建设。“如何更好地利用生态移民来改善敏感脆弱区的生态环境，实现乡村振兴，促进农村地区可持续发展，也是中国在寻求生态保护和乡村振兴平衡的时代课题。”④

---

① MORRISSEY J W. Understanding the relationship between environmental change and migration: the development of an effects framework based on the case of northern Ethiopia [J]. Global Environmental Change, 2013, 23 (6): 1501-1510.

② 倪瑛. 贫困、生态脆弱以及生态移民：对西部地区的理论与实证分析 [J]. 生态经济（学术版），2007 (2): 407-411.

③ 文传浩，张智勇，曹心蕊. 长江上游生态大保护的内涵、策略与路径 [J]. 区域经济评论，2021 (1): 123-130.

④ 张伟，周亮，孙东琪，等. 干旱区生态移民空间迁移特征与生态影响：以甘肃省古浪县为例 [J]. 干旱区地理，2022 (2): 618-627.

2. 重构区域经济社会发展格局

长江上游天保工程主要实施区人口城镇化率远远低于全国平均水平、产业发展受限、就业机会较少、生产生活方式相对传统、区域通道水平整体相对落后，严重制约区域经济社会发展。生态移民工程不仅仅是移民的地理搬迁，而且涉及相应的公共交通基础设施和服务设施的配套，涉及后续产业的发展，带来的是区域全方位发展基础的提升。

实施生态移民后，人口从分散走向相对集中，改变了既有的人口空间分布格局，村庄消失和村庄新增并存，特别是大量的分散人口被安置到城镇附近的集中安置点，大大提升了区域城镇化水平，人口空间结构得到极大改变或重组，多元化区域空间格局的雏形慢慢呈现，人们的经济活动范围相应改变。移民为了适应新的社会文化环境，不得不调适自己的生产生活方式，传统生产生活方式逐步向现代生产生活方式转变，社会文化随之变迁，引起移民思想观念的变化。与移民搬迁伴随的是各地对后续产业发展的扶持，各种扶贫车间、扶贫企业和产业园区的建设，各种公益性扶贫岗位的设立以及各种技能培训带来的外出打工能力的提升，大大扩展了移民的就业空间。与此同时，区域内交通等基础设施的建设大大提高了区域的通道水平，使得地区间经济、人员等的联系更加密切、人员出行频率更高，加之移民打破原居住领地从四面八方聚集到一起，带来的是多元文化、不同背景文化的碰撞，促进民族交往交流交融，进而促进民族团结。

当然，区域经济社会发展格局的巨大变化同时隐含着区域移民对这种变化的不适应带来的一些问题。生态移民工程的实施，对民族传统文化和生计模式等各方面产生了较大影响。“生计方式是其自然环境与社会环境综合作用的结果，模塑民族生计方式的这两大环境是互为依存和相互制约的客观实在系统。”① 从易地扶贫搬迁来看，成效是显著的。“但矛盾论也提示，由此发展出来的问题也存在于现实之中，即心态问题。在物质基础构建愈加完善的今天，要更重视构建一个与之匹配的心态，‘心态协同’则成为一个重要的现实议题。”② 从水电移民来说，“分散后靠的‘祛群体性’不仅导致移民社会生

① 罗康隆. 论民族生计方式与生存环境的关系［J］. 中央民族大学学报，2004（5）：44-51.

② 陈宣霓，陈涛，彭凯平. 构建“心态协同”下后易地扶贫搬迁时代共同富裕大格局［J］. 宏观经济管理，2021（10）：33-40.

活的原子化与边缘化，生计空间的拓展受到限制，而且社会规制力量也随之减弱。在社会排斥与自我孤立的闭环中，分散后靠水库移民的生计逐渐内卷化并最终陷入贫困”①。总之，“易地搬迁可能导致贫困群众面临传统生计和文化资源同时割裂的文化转型阵痛”②，“容易造成社区治理实践的紧张与冲突，影响社区稳定”③。生态移民工程带来的区域经济社会发展格局的变化，特别是移民传统生计模式的变迁与转型尽管奠定了当地的发展基础，推动了当地经济的现代化，但是其中隐含的移民心态问题、社会冲突问题不容忽视，这决定着移民如何“稳得住”和“能致富”，决定了移民工程的成效。

（二）空间贫困理论与区域生态移民实践分析

1. 空间贫困与区域贫困耦合

空间经济学理论解释了稀缺资源的空间配置以及相关经济活动的区位关系。从经济学的角度来看，经济发展的不足与资源配置的不足和经济活动的不活跃紧密相关。从世界的贫困地理图谱上看，贫困地区具有较明显的地域特征。从中国的经济地理图谱来看，绝大部分自然地理条件恶劣，气候、自然灾害频发，生态环境脆弱的地区，很难吸引资源和人口聚集，也很难有活跃的经济活动，基本上都是典型的贫困地区。因此，贫困和地理位置有无关系，空间贫困理论已经给出了结论。

长江上游天保工程主要实施区具有气候条件恶劣和生态环境脆弱的双重特点，加上区域大部分为高寒草原和山地，基础设施、交通条件较差，文化、卫生、教育等相对落后，相对恶劣的自然地理条件使得区域人口生存发展与经济社会发展的条件较差，贫困人口抗风险能力严重不足。无论是经济资源的聚集度，还是经济活动的活跃性，长江上游天保工程主要实施区都堪称中国区域经济的洼地。自然，这里也就成了中国贫困地理图谱中的贫困高地、空间贫困的典型地区。区域内处于生态脆弱区的大量农村人口受自然、地理灾害的侵袭而陷入致贫或返贫境地，包括部分水电移民失去了相对肥沃的土

---

① 罗永仕. 从祛群体化到内卷化：分散后靠水库移民贫困的社会逻辑［J］. 安徽师范大学学报（人文社会科学版），2021（3）：94-102.

② 周恩宇，卯丹. 易地扶贫搬迁的实践及其后果：一项社会文化转型视角的分析［J］. 中国农业大学学报，2017（2）：69-77.

③ 吴新叶，牛晨光. 易地扶贫搬迁安置社区的紧张与化解［J］. 华南农业大学学报，2018（2）：118-127.

地后不能获得相应补充而导致的新贫困。事实上这也和水库建成后自然环境的改变相关。

明确了空间贫困与区域贫困耦合，区域贫困问题的解决就多了新的思路。区域经济学和发展经济学的其他理论视角固然有一定价值，但空间贫困理论更具有现实意义。“重点从空间贫困地理资本、空间贫困陷阱机理和空间贫困地图研制等 3 个方面加强我国贫困地理的研究工作，对于我国可持续性减贫和构建和谐社会具有重要的决策借鉴和实践推广意义。”① 在西部民族地区，“自然地域空间的贫困成因是自然禀赋的抑制及生态循环的约束，地域空间开发的限度不足，目前的自然改造已接近上限。社会空间时空转化的限度则更为宽广”②。对于长江上游天保工程主要实施区而言，基于空间贫困理论，生态移民工程通过贫困人口自然空间的改变带动社会空间的改变，将贫困人口从原生性的生产生活方式中解脱出来，改变受困于自然的困局，重塑贫困人口的生产生活环境，无疑是破解区域贫困的重要途径。

2. 空间贫困理论对区域生态移民实践的指导

空间贫困的空间不仅指自然地理的空间，还包括社会空间。空间贫困理论中的地理资本指空间地理位置与自然环境条件所形成的物质资本、社会资本与人力资本等组合差异的空间表现。事实上，自然地理空间的先天不足造成了社会资源的分布不均，进而影响到社会空间的质量。“空间贫困研究中将贫困分布、生态气候、环境、距离、基础设施和公共服务等众多内容纳入一个‘地理资本’要素中，以及提供一个清晰明了的空间地图，有利于贫困政策的评价和制定。”③ 从内涵来看，空间贫困理论下的贫困治理不仅需要破解自然地理的先天局限，更需要破解社会空间的后天局限，提升地理资本。

“自然地理条件对农民收入和农村贫困率有显著影响，政府完善区域经济发展战略和相关政策，可以缓解自然地理环境对贫困效应的影响。”④ 对标长江上游天保工程主要实施区，自然地理的先天局限难以改变，社会空间的后

---

① 刘小鹏，苏晓芳，王亚娟，等. 空间贫困研究及其对我国贫困地理研究的启示［J］. 干旱区地理，2014（1）：144-152.

② 张丽君，董益铭，韩石. 西部民族地区空间贫困陷阱分析［J］. 民族研究，2015（1）：25-35.

③ 陈全功，程蹊. 空间贫困及其政策含义［J］. 贵州社会科学，2010（8）：87-92.

④ 欧海燕，黄国勇. 自然地理环境贫困效应实证分析：基于空间贫困理论视角［J］. 安徽农业大学学报（社会科学版），2015（1）：13-19.

天局限却可以弥补。显然，改变贫困人口的生产生活环境，完善区域经济发展战略与政策，重塑贫困人口的自然地理和社会资本空间，提升地理资本，是区域反贫困的理性选择，也成了区域扶贫工作的理论指导。生态移民工程正是空间贫困理论在区域的具体运用。“在一定程度上，‘空间贫困论’指导着我国易地扶贫搬迁实践。对居住在自然灾害频发、生态环境脆弱、生存条件恶劣等地区的贫困群众实施易地扶贫搬迁，将搬迁人口安置在地理资本相对充足的地区，就是帮助其摆脱‘空间贫困陷阱’。”① 对于水电移民和地灾移民而言，尽管并非全部带着扶贫的目的，但是被水库淹没或原居住地出现地灾风险之后，原居住地已经不适合继续生活，寻求地理资本相对充足的地区自然成了唯一的选择。自发移民遵循的逻辑也基本类似。

基于地理资本的逻辑，“从‘空间再现’到‘再现空间’需要的不仅是物理空间的吸引力，而且需要社会空间的吸引力。在实践方面，政府提供的‘空间生产’是完成‘空间实践’的重要环节，这个生产既包括硬件的完善配套，更包括软件的持续改善”②。生态移民工程正是遵循了这样的逻辑，在安置点的选择上“三不”和“五靠近”就是考虑到了生存环境和交通条件。同时，安置点同步建设基础设施和公共服务设施，将产业发展作为易地扶贫搬迁的重要组成部分，确保移民不但能够移得出，而且能够留得住、能致富。自发移民则通过自主选择地理资本优越的地方直接实现了生产生活环境的质量提升。

（三）人口迁移理论视角的区域生态移民实践分析

1. 区域生态移民实践的拉文斯坦法则解读

拉文斯坦法则是对工业革命以来到 19 世纪末期人口迁移规律的系统总结。100 多年过去了，其总结的规律是否可以解释当代的人口迁移现象，对长江上游天保工程主要实施区的生态移民是否具有指导意义？

从空间法则来看，距离律认为，人口迁移数量与迁移距离呈反比。从对长江上游天保工程主要实施区生态移民搬迁去向的调查来看，的确呈现出来

---

① 郭俊华，赵培．西部地区易地扶贫搬迁进程中的现实难点与未来重点［J］．兰州大学学报（社会科学版），2020（2）：134-144.

② 谢晓洁，谭政．三维空间建构视域下易地扶贫搬迁城镇集中安置群体再社会化实证研究［J］．云南社会科学，2021（6）：149-154.

了就近安置的特征。但是，具体安置到哪里主要受安置点的选址因素影响。从自发移民的去向来看，主要去向是地理资本丰裕的地方，比如凉山州的安宁河谷地带。递进律认为，人口迁移呈梯次递进，迁移距离决定了迁入城市的人口数量。但是，长江上游天保工程主要实施区的生态移民并无明显的递进趋势特征，迁入城市的人口数量也与迁入距离无关。双向律认为，人口分散与人口吸收是正反面的关系。但是，长江上游天保工程主要实施区的生态移民除了政策性移民以外就是自发移民，且主要是因为“一方水土养不起一方人”。除了部分因为不适应新环境而回迁的移民外，原居住地基本不具有吸收的能力，反迁移的现象较为少见。

从机制法则来看，经济律认为，影响人口迁移的最重要的动机是经济因素。长江上游天保工程主要实施区的易地扶贫搬迁的确是为了解决移民的贫困问题，水电移民本身承载着部分扶贫任务，自发移民也主要是为了寻找更好的发展环境。从搬迁动力来看，追求经济条件的改善的确是绝大多数移民的目的。城乡律认为，整体上乡村人口迁移数量多于城镇人口迁移数量。从长江上游天保工程主要实施区生态移民的主体来看，基本不存在城镇人口。从现象上看，这与城乡律基本符合，但是乡村人口更具有“流动性”是经济因素驱使还是人口本身特征值得商榷。增加律认为，人口迁移随着经济社会发展呈增加趋势。从现象上看，在经济发展处于上升时期时，人口城镇化与经济社会发展的确呈正相关关系。对移民生存环境的界定也和不同发展阶段的认知有关。长江上游天保工程主要实施区的生态移民事实上也遵循着这样的逻辑。按此逻辑，随着经济社会的进一步发展，移民的再迁移也将是一种趋势。

从结构法则来看，性别律认为，女性更倾向于短距离迁移。从笔者的调研情况来看，似乎难以验证。年龄律认为，年轻人比中老年人的迁移意愿更强，是移民的主体。从笔者的调研情况来看，的确反映了这个特点。但是，从搬迁后的反映来看，部分年轻人由于现实低于期望，反而呈现出不满，部分老年人更容易接受新环境。这或许和年轻人与老年人的追求不同有关。

可以看出，尽管 100 多年过去了，拉文斯坦法则对解释当代的人口迁移现象还具有一定的价值，其研究的视角和思路尤其值得肯定。但是，其法则主要是对自发移民进行的解释，而长江上游天保工程主要实施区的生态移民大部分为政策性移民。另外，拉文斯坦法则对地理环境因素的考虑不足，而长江上游天保工程主要实施区的生态移民最根本的因素是“生态”，即便是自发移民，也多是由于其生存环境的“生态”条件有限所致。

2. 基于推拉理论与城乡二元结构理论的分析

赫伯勒和米切尔将迁出地的就业与耕地等的不足看成推力，将迁入地更好的发展条件看成拉力，尽管现实中推力的构成更加复杂，但是推拉理论的提出的确很好地解释了人口迁移的动因。博格进一步扩充了推力和拉力的内涵，埃弗雷特分析了迁移者在不同生命周期的个人偏好，罗西区分了迁移意愿与迁移行动，完善了推拉理论。从长江上游天保工程主要实施区生态移民的迁出地与迁入地的具体条件来看，的确十分符合推拉理论的逻辑。“在易地扶贫搬迁过程中，迁移行为主要受迁出地‘一方水土养不好一方人’的环境状况而形成一种推力的作用，而迁入地‘一方水土富一方人’的发展环境则是迁移的拉力。”① 水电移民、地灾移民、自发移民本质上也是遵循同样的逻辑。“生态空间和环境因素是这一理论逻辑框架的起点，即‘推力’和‘拉力’都包含有自然环境因素，其中‘推力’因素主要体现为自然资源枯竭、环境恶化，而相应的‘拉力’因素则是相当优越的自然环境条件。”② 然而，推拉理论尽管能很好地解释迁入地和迁出地的优势与劣势，但是对于政策性移民来说，移民并非全部自愿，水电移民和地灾移民大多是居住地被淹或危险而“被迫”搬迁。易地扶贫搬迁虽然强调了自愿，但是政策的溢出效应明显会严重影响群众的心理，部分移民事实上为“半自愿”。在这种非自愿和半自愿的状况下，人口迁移是不是推力和拉力双方力量对比的结果就值得商榷。因此，分析本区域生态移民动因的时候，埃弗雷特提出的个人偏好、罗西提出的迁移意愿与迁移行动就具有特殊的价值。

从城乡二元结构理论来看，费—拉模型认为，农业生产率提高而出现农业剩余是农业劳动力流入工业部门的先决条件。但是，从长江上游天保工程主要实施区生态移民的实践来看，并非因为农业生产率提高而出现农业剩余，也不符合乔根森的消费需求转变的观点。同时，“预期收入是乡城人口迁移的决定因素”的观点似乎可以用来解释自发移民的迁移，但是很难解释政策性

---

① 武汉大学易地扶贫搬迁后续扶持研究调研组. 易地扶贫搬迁的基本特征与后续扶持的路径选择 [J]. 中国农村经济，2020 (12)：88-102.

② 陈经伟，相倚天. 易地扶贫搬迁在实践中推进经济理论创新 [J]. 宏观经济管理，2021 (9)：51-57.

移民的搬迁。城乡二元结构理论尽管难以直接解释政策性移民的搬迁，不过却可以用来分析移民搬迁后的就业去向。正是因为农村就业岗位不足，农业生产出现了剩余劳动力，很多移民才选择了在非农业领域寻求就业。政府移民安置点的选择事实上也考虑了安置地的农业生产资源情况。正是因为缺少农业生产资源，政府移民安置点才选择了城镇附近，本质上也是释放农村剩余劳动力资源。

二、区域生态移民实践的具体理论分析

（一）主要做法与经验的理论回应

1. 为什么要突出党建引领与政府主导

从各地移民搬迁安置管理的主要做法与经验来看，最重要和最突出的经验就是党建引领与政府主导，具体表现在领导责任制的构建和基层党组织体系的建设。各地根据实际相继建立了多级领导体系，落实具体责任，并将党组织深植于各移民安置点。从内容来看，生态移民工程是一项宏大而艰巨的长期工程，持续时间长、牵涉人口多、涉及领域广，仅仅依靠移民自身和社会的力量无法解决移民搬迁安置和后续发展中的一系列问题，需要动员各方力量和庞大的资源体系方能完成，只能由党和政府主导。正是因为社会主义制度集中力量办大事的国家力量和政治优势以及办大事、办成大事的实践经验，移民安置区各级党委和政府才充满制度自信，形成政府主导、移民主体、部门联动、社会参与的生态移民扶贫大格局[①]。事实证明，这样的做法非常正确，中国共产党的坚强领导和政府主导是生态移民工作取得成效的根本保证。

让人民群众过上幸福美好生活是中国共产党的初心使命，长江上游天保工程主要实施区囿于多种因素，发展滞后；又囿于多种身份，发展受限。但是，“各民族共同团结进步、共同繁荣发展是中华民族的生命所在、力量所在、希望所在，在全面建设社会主义现代化国家的新征程上，一个民族都不能少，各族人民要心手相牵、团结奋进，共创中华民族的美好未来，共享民

---

① 王志章，孙晗霖，张国栋. 生态移民的理论与实践创新：宁夏的经验［J］. 山东大学学报（哲学社会科学版），2020（4）：50-63.

族复兴的伟大荣光”[①]。长江上游天保工程主要实施区既要遵从国家主体功能区的发展定位，又要共同繁荣，面临一系列的难题。生态移民工程是破解区域贫困人口绝对贫困的重要手段，但是生态移民工程需要巨大的资金、技术、人才等方面的支持。以金融为例，理论研究与生态移民实践证明，如果缺乏足够的金融支持，生态移民很难在短时间内在迁入地正常生活与生产，以生态移民助力脱贫的目标就很难实现。不管是迁出地的环境治理，还是迁入地移民安置、产业发展等工作，都需要金融的大力支持[②]。显然，没有党和政府的领导与主导，如此艰巨的任务不可能完成。从这个意义上看，对于迁出地和迁入地而言，党建引领与政府主导在生态移民工程中实为一股强大的外力，分别给两地注入了不同的力量加持，大大改变了“推拉”的速度，这或许是政策性移民中特殊的推拉力量。

2. 为什么必须特别重视移民后续发展问题

移民的后续发展问题不仅仅涉及移民最终能否真正脱贫，还涉及移民的社会融入，影响到移民是否“留得住”和“能致富”。长江上游天保工程主要实施区生态移民经济积累先天不足，后天发展基础薄弱。从调研情况来看，迁出地的耕地、林地、宅基地“三地”资源盘活不足，很多耕地难以流转，并没能给移民带来实质性的财富增收；区域经济腹地狭小，区域自身市场容量有限，金融体系不健全，发展资金不足；工业发展受限，龙头企业缺乏，就业岗位不足；移民整体素质偏低，大部分文化程度为初中及以下，适应市场能力不足。显然，完全靠移民自身解决其后续发展问题，既不现实，又容易引发矛盾，最终的结果不但难以减贫，反而可能“扩贫”。“搬迁后的就业形式对移民整体社会适应性影响不大，而家庭收入提高的信心对其社会适应性有很强的相关性。”[③] 可以看出，抓住了移民后续发展问题，就抓住了移民问题的核心。

也正是因为看到了这一点，各地采取了多种措施解决移民的后续发展问题。措施主要包括发展当地特色产业、打造扶贫车间、建立产业园区、引进外地企业、发展集体经济、打造安置点“一点一品”产业名片、统筹公益岗

① 2021 年 4 月，习近平总书记在广西考察时的讲话。
② 吴田. 金融精准扶贫：生态移民发展困境与解决路径 [J]. 农业经济，2021 (3)：85-86.
③ 董丽，东梅. 生态移民社会适应性研究：以宁夏 M 镇为例 [J]. 农业科学研究，2021 (3)：114-116.

位、开展长期技能培训、协助移民外出打工等。但是，不容忽视的是，根据调研情况，长江上游天保工程主要实施区生态移民的后续发展问题仍然是个难点。各地政府形式上对移民后续发展特别重视，这种重视一方面是因为移民后续发展的确是个重要问题，另一方面是一种行政任务和压力。与搬迁本身比较起来，“重搬迁、轻发展”“重脱贫、轻致富”的思想仍然存在。更主要的是，只要督促得紧，搬迁任务并不难完成，但是发展任务并非政府投入资源就一定可以很好解决的，而是多种因素作用的结果，特别是和地方整体经济发展环境、移民自身素质等密切相关，这些问题政府无法“包办”。“‘易地搬迁’与脱贫致富和乡村振兴，与政策调整和改革跟进，与产业培育和就业帮扶，与社区融入和管理服务，衔接得还不够，相互脱节现象还比较明显。”① 移民后续发展问题仍将是区域地方政府的重要着力点。借用推拉理论的逻辑，如果移民后续发展问题解决不好，将成为迁入地新的推力，进而影响移民的“留得住”，更谈不上“能致富”。

3. 为什么必须花大力气进行移民社区治理

移民社区与一般社区不同，传统的社区以历史传统、利益认同为基础，而移民搬迁社区主要源于移民搬迁安置规划，其特殊性在于“新、杂、混”。所谓新，是指很多社区是新建的社区，或者即便是原有社区的改建或扩建，对于移民来说，也是新的家园；所谓杂，是指社区成员构成复杂，来自不同地区的移民，文化背景和生产生活习惯不同；所谓混，是指搬迁社区缺乏成熟社区的管理体系和资源，而移民需求多样多元，管理上很难应付新问题，相对混乱。“易地扶贫搬迁社区的人员构成复杂，打乱了原有行政村的村落结构及熟人社会格局，导致户籍关系错综复杂，管理难度不断加大，甚至可能出现管理真空问题。”② “易地扶贫搬迁主体利益的多元性和复杂性决定了必须要重视搬迁社区治理，易地扶贫搬迁社区社会稳定风险防范与化解是搬迁社区社会治理的重要内容。”③

---

① 黄祖辉. 新阶段中国“易地搬迁”扶贫战略：新定位与五大关键［J］. 学术月刊，2020（9）：48-53.

② 何得桂，徐榕，张旭亮. 乡村振兴视域下易地扶贫搬迁社区治理及其深化［J］. 行政科学论坛，2019（2）：37-42.

③ 王振. 易地扶贫搬迁社区的社会稳定风险防范与化解［J］. 中共山西省委党校学报，2021（1）：55-59.

可以看出，移民社区的特殊性对社区治理提出了新的要求，也是各地在移民搬迁之后必须面对的急迫性问题。显然，如果新的社区治理混乱，移民很难融入进去，则很难实现“留得住”，关乎移民工程的成败。从文化上说，“易地扶贫搬迁不是简单的地理移动，而是文化遭遇的过程，只有实现了文化适应，易地扶贫搬迁的目标才能最终实现”①。各地在治理方面进行了多样探索，比如越西县的基层治理“四化”模式、会东县的多元管理、雷波县的多元共治格局、昭觉县的“1357”治理工作模式、迪庆州的维稳机制建设等。但是，生态移民不仅是传统生活空间破碎后的地理重组，更是包含生计模式、文化信仰、社会网络、私人生活、基层治理以及心理调适和精神寄托多维整合的系统工程，如果不解决系统协调问题，很难治理好。不同主体之间的利益博弈、风险化解和文化适应，既需要政府的治理体系的完善和治理能力的提升，更需要从移民的视角，解决其实际需求。“心安则气顺，气顺则守纪”，从这个意义上说，解决移民后续发展问题就是最有效的社区治理手段之一。借用空间贫困理论的逻辑，社会空间的贫困仍然是一种贫困，而且是更重要的贫困，自然空间的贫困或许可以通过改换空间来破解，社会空间的贫困则必须通过社会综合治理方能解决。

（二）主要困难与问题的理论分析

1. 利益诉求与纠纷背后的理论逻辑

易地扶贫搬迁尽管原则上遵循的是自愿原则，但是事实上和精准脱贫的“政治任务”挂钩。贫困指标基本是按照脱贫计划由上级下达，和真实的贫困户数额并不一致，不可避免地导致“扶贫资源在项目实施过程中被一些精英所俘获，而不是有效地用于扶贫对象身上”② 的“精英俘获”现象，造成部分群众的不满。同时，数量庞大的临界贫困户处于政策“真空”地带，产生强烈的不平衡和抱怨心理。自发移民利益诉求抱怨似乎更少，但是和当地居民之间产生的新的诉求纠纷却更多。水电移民利益纷争更为复杂，如前面章节所述，既有宗教设施迁建、林下资源补偿、同域不同标准、时序差异等政策缺失或局限带来的问题，又有认知差异产生的矛盾；比如对“耕地”的界定。另外，水电移民中同样存在“精英俘获”现象。“无论是水库移民管理机构还

① 方静文. 时空穿行：易地扶贫搬迁中的文化适应［J］. 贵州民族研究，2019（10）：52-57.

② 陆益龙. 乡村振兴中精准扶贫的长效机制［J］. 甘肃社会科学，2018（4）：28-35.

是地方扶贫部门，均比较强调扶持项目能否顺利进入水库移民社区，对项目落地后效益分配则关注不足，导致外部扶贫资源使用错位、精英俘获的现象频发。”①

可以看出，利益诉与纠纷背后存在制度漏洞。“与所有国家一样，在‘入贫’和‘脱贫’的‘标准线’附近，必然存在着一定的‘边缘地带’。”② 降低标准不但会带来道德风险，也永远无法杜绝新的“边缘地带”。但是，能否根据贫困状况梯度化匹配资源值得商榷。至于“精英俘获”，反映了农村政治治理中追求乡村势力平衡的内卷化特征，这种特征使得任何涉及主观评判的利益分配，都必然会导致“精英俘获”。至于认知差异，既有政策本身界定标准的模糊性因素，又反映资源本身有限，政府自由裁量空间不足的困境。利益纠纷的复杂性揭示了生态移民的复杂性，也是生态移民理论研究中需要引起高度关注的领域。

2. 空间重构引发的适应感与剥离感

生态移民必然产生空间重构。对于移民而言，迁入地的重构空间与迁出地原生空间的对比会对移民产生“二次推拉”效应，如果对重构的空间不满意，很可能出现返迁。“贫困户的生产空间、生活空间和关系空间在易地扶贫搬迁中发生了骤变，在新的空间结构和空间关系中，贫困户只有进行生产空间、生活空间和关系空间的再造，才能适应空间环境的重大变化。”③ 但是，贫困的移民户来自不同地区，本身资源有限、能力不足，空间再造主要依靠政府。然而，尽管政府可以较快地完成空间“硬件”建设，却很难短时间内完成空间的“软件”建设，移民的生计、社交、文化空间的不适应必然增加融入社区的难度，产生社会心理的疏离。“当一个群体长期持续处于社会心理的疏离状态，产生了一种社会的‘剥离感’，其对社会运行的规则与政策秩序就可能滋生抵触情绪，就可能产生对现行的制度秩序乃至国家、政府等政治实体的认同危机。”④ 这种疏离感在牧区移民中体现得特别明显。“传统的草原

---

① 孙良顺.“内”“外”联动：水库移民社区发展与移民脱贫的实现路径［J］. 求索，2018（5）：71-78.

② 郑秉文.“后 2020”时期建立稳定脱贫长效机制的思考［J］. 宏观经济管理，2019（9）：17-25.

③ 丁波. 新主体陌生人社区：民族地区易地扶贫搬迁社区的空间重构［J］. 广西民族研究，2020（1）：56-62.

④ 陆海发. 民族自发秩序需包容于国家制度秩序：对云南 M 县苗族自发移民社会处境的调查与研究［J］. 思想战线，2019（5）：103-111.

游牧文化到城镇农耕文化的变迁，使得一些牧民似乎变成了城镇社区的边沿群体。”① 这种空间重构引发的适应感与剥离感往往成了移民问题治理的难点。

另外，移民安置并非单一模式，有集中安置，也有分散安置，还有插花安置；有城镇安置点，也有农村安置点。不同安置模式和安置点条件不一，政府重构的空间自然存在差异，带来移民后续发展的机会也存在差异。这既使得部分移民在对比中产生“不满”，也在对比中产生动摇。以城镇安置点为例，“这些附着在城镇周边而人为建构起来的新景观，是一种处于城乡之间的一种过渡型社区，其治理结构与治理关系呈现出新的形态。移民群体在移民新村中面临着严峻的生存与发展问题”②。不仅社区治理和移民发展是个难题，而且任何迁入都必然会侵犯既有利益，引起当地居民的不满。“城镇安置扶贫移民迁入社区后，需要和迁入地居民共享生活空间，但是由于移民公私空间意识模糊，常常会产生挤占公共空间的现象，引起迁入地居民的排斥。”③ 各地政府花大力气于安置点环境打造和社区治理，既是避免重构空间成为“贫困空间”，又是避免因为重构空间的失败产生新的推力，其背后的逻辑值得肯定与借鉴。

3. 移民“能致富”期望背后的现实困境

除了少部分被迫迁移的水电移民对搬迁后的生活存疑以外，绝大部分生态移民都怀着对美好生活的憧憬，相信搬迁过后的生活会更加美好。但是，在一定程度上，移民“能致富”期望背后却面临着“难致富”的现实困境。“生态移民家庭由于其自身拥有的生计资本不足，使其必然面临来自经济、社会和自然方面的生计风险。”④ 尽管生态移民项目试图改善移民的生产生活状况，“但也在一定程度上加剧了移民对吃穿住等基本生活需求与现实生存发展状态之间的矛盾”⑤。尤其是水电移民，暴露出的问题更多。“水利水电工程的

---

① 杜发春. 三江源生态移民研究［M］. 北京：中国社会科学出版社，2014：76.

② 马良灿，陈淇淇. 易地扶贫搬迁移民社区的治理关系与优化［J］. 云南大学学报（社会科学版），2019（3）：110-117.

③ 石师，董铭，牟涵，等. 扶贫移民社会关系重构困境与对策研究［J］. 湖北农业科学，2021（16）：173-178.

④ 金莲，王永平. 生态移民生计风险与生计策略选择研究：基于城镇集中安置移民家庭生计资本的视角［J］. 贵州财经大学学报，2020（1）：94-102.

⑤ 安宇. 甘青地区藏族生态移民美好生活需求的多层面向探究［J］. 西南民族大学学报（人文社会科学版），2020（9）：24-30.

建设也在一定程度上导致库区移民社会资本受损进而加深其贫困程度。”①“结果表明，水库农村移民贫困受工程外力介入影响，在现行贫困标准下已基本脱贫，但仍有七成以上移民户在非收入维度陷入贫困，并直接制约着生计恢复和可持续发展。”②

从对长江上游天保工程主要实施区生态移民的调查来看，尽管问卷调查反映昌都市移民的整体感知较好，但是从访谈结果和了解到的情况来看，的确存在着上述同样的隐忧。区域内能够提供的生产生活资料尤其是土地资源极其有限，加之区域整体经济发展环境受限，依靠产业化经营的可能性降低，且移民群体在年龄、文化水平和产业技能等方面均不具备优势，自身素质和产业需求的匹配度低。“扶贫先扶智”在本区域具有特殊的重要价值。尽管各地采取了多样化的手段对移民进行了各类技能培训，但是不能忽视的是，在移民的就业成为地方政府隐性的“政治任务”的时候，培训中难免掺杂较多的形式主义色彩，培训的初衷和最终的效果之间必定出现落差。“就实际执行效果来看，还存在实际受训人员与受益人员不匹配、培训与就业脱节、重复培训浪费资源等问题，培训存在明显的‘撇脂效应’③，技能培训供需不匹配，培训帮扶效果不明显。”④

显然，生态移民中承载的扶贫任务更多是基础性的扶贫任务，主要是破解“一方水土养不起一方人”的先天不足。摆脱绝对贫困容易，但是在区域整体经济发展环境没有得到根本改善，资金、生产要素、人力资本等基本条件困境没有破解之前，摆脱相对贫困、求得快速发展很艰难。把生态移民理论当成扶贫理论，寄望于通过生态移民工程彻底解决贫困问题的想法都是不切实际的。对于长江上游天保工程主要实施区而言，从解决相对贫困问题，实现共同富裕来看，生态移民工程仍然有漫长而艰苦的路程需要跋涉。

---

① 何思妤，曾维忠．后期扶持产业发展与库区移民减贫增收利益联结机制研究：基于四川省的调查数据［J］．经济体制改革，2019（2）：195-200.

② 赵旭，陈寅岚．水库移民多维介入型贫困的动态测度与致贫因素研究［J］．华中农业大学学报（社会科学版），2021（3）：128-137.

③ 最可能参加培训的人从培训中获得的边际收益最低，最不可能参加培训的人从培训中获得的边际收益最高。

④ 吴上，施国庆．水库移民分享水电工程效益的制度逻辑、实践困境及破解之道［J］．河海大学学报（哲学社会科学版），2018（4）：45-51.

第十章
研究结论与政策建议

本章的研究结论与政策建议主要基于调研分析，尤其是对效应的分析和问题的梳理。研究结论主要展示调研的基本情况和本书的基本观点。在政策建议方面，由于区域生态移民中的问题较多，在各章的本章评论和第九章的理论分析部分对涉及的相关问题已经及时提出了相应的破解思路或建议，因此本章摒弃了“面面俱到”的做法。本章的政策建议主要从宏观层面，针对区域的主要问题，同时参考区域特点、国家宏观政策与发展战略而提出，既针对具体的问题又考虑长远的发展需要。需要说明的是，政策建议虽然源于对区域主要问题的思考，但是政策建议本身却并非针对单一问题，而是普遍适用于类似问题，且不局限于本区域。

一、研究结论

（一）理论与政策指导方面

本书根据区域的特点，将区域的生态移民问题纳入空间贫困理论、生态移民理论和人口迁移理论的分析范畴，并以此构建了指导生态移民实践的理论基础。贫困和空间地理之间具有比较密切的关系，中国的贫困空间图谱也反映出来中国的贫困在很大程度上具有区域性特征。人口的空间转换是破解区域空间贫困特别是生态脆弱区和不适宜居住地区贫困的重要举措，我国的生态移民实践正是应对空间贫困的重大战略举措。从生态移民理论本身来看，通过移民破解生存困境和环境保护压力，正是国家开展生态移民工程的重要目的。从人口迁移理论来看，人口的空间流动与流出地的推力、流入地的拉力密切相关，特别是自发移民人口，其流动动因基本可以用推拉理论来阐释。

国家的政策法规是开展生态移民最核心的依据，各地的政策不能与国家的宏观政策相抵触，但是各地可以根据具体情况，在不违背原则的情况下做适当的变通。国家政策针对的是宏观层面和全国总体情况，难免有部分规定不一定适合特殊地区。相关政策对各区域的特殊性考虑方面仍然有改善的空间。正是由于政策并非专门针对长江上游天保工程主要实施区，而部分问题又是长江上游天保工程主要实施区的特殊性问题，在没有明确政策依据的情况下，这一区域生态移民实践中的部分问题难以依据既有政策文件得到解决，这需要引起政策制定部门和地方执行部门的高度重视。

（二）生态移民总体情况方面

长江上游天保工程主要实施区是全国精准扶贫的重要区域、易地扶贫搬迁的重点区域，也是全国水利水电工程最密集、水电移民最多的区域，同时还是地质灾害相对频发、地灾移民比较突出的区域。另外，凉山州是自发移民历史悠久、数量集中的区域。可见，长江上游天保工程主要实施区的移民数量和类别在全国都具有典型性和突出性。生态移民主要分为政策性移民和自发移民，政策性移民主要包括易地扶贫搬迁移民、水利水电工程移民、地质灾害移民，自发移民则是非政策性移民。

长江上游天保工程主要实施区的生态移民数量多、分布广、诉求多、问题复杂。在易地扶贫搬迁移民方面，移民搬迁遵循自愿申请原则，很多符合条件的搬迁户由于对政策等的不了解或存在认知偏差，或者不愿离开故土，一开始并不愿提出申请。但是随着易地扶贫搬迁工作的开展及其一系列惠民政策的落实产生了示范和引导效应，原先徘徊犹豫的人口也加入了易地扶贫搬迁，因此本书研究区域内易地扶贫搬迁移民的实际数量和各地的“十三五”规划的确定的数额情况有一定的出入。

本书研究区域的水电移民问题非常复杂，这和库区淹没涉及需要搬迁和补偿的财产等庞杂有关。相关补偿政策和库区百姓的诉求之间存在一定的矛盾，这和独特的民族宗教文化、特殊的地理地貌造就的土地等资源相对有限等有关。本书研究区域的地灾移民数量不确定，根据不同年份的地灾情况发生相应的变化，尽管在地灾治理方面有很大进展，但是仍然没有办法也不可能彻底清除地灾隐患。旧的隐患点被清除，新的隐患点又产生，因此，地灾移民是一项长期性的工作。

本书研究区域内的凉山州是全国自发移民最典型、最突出的地区，先后有数十万自发移民，而且还在陆续产生大量自发移民。自发移民带来的问题和目前的管理体制等有关，相关部门需要对凉山州的自发移民现象引起高度关注。

（三）调研结果实证分析方面

本书的实证分析主要是基于问卷调查和访谈的结果。实证分析显示，本书研究区域内的生态移民对国家的生态移民政策和实践总体上比较满意，特别是昌都市的移民，对生态移民工作的认可度很高，对政府政策和执行情况很满意。但是，不同类型的移民、不同地方的移民表现出来了一定的差异。

政策性移民和自发移民体现出来的特征具有明显的差异：政策性移民的数量基本上和政府规划有关，变化不大，但是自发移民的数量呈现由远及近逐年递增的线性趋势；政策性移民和自发移民都倾向于举家搬迁，但是自发移民整体搬迁的难度大于政策性移民整体搬迁的难度，自发移民举家搬迁的比例低于政策性移民举家搬迁的比例；政策性移民的流向受政府规划的影响，选择余地较小，而自发移民选择的空间由自己决定，总体上自发移民流向地的条件优于政策性移民流向地的条件；政策性移民的居住模式呈现明显的标准化、单一化的国家视角，而自发移民的居住方式则多元多样；政策性移民在就业方面对政府较为依赖，而自发移民大多数自力更生；政策性移民仍旧“纠缠”旧资产，自发移民则搬迁得比较干脆；政策性移民对政策及执行的公平性比较敏感，对政策比较关心，而自发移民不太关心政策；政策性移民与当地居民基本同权，而自发移民则难以与当地居民同权；整体上，自发移民的搬迁满意度明显高于政策性移民的搬迁满意度。

（四）生态移民实践效应评价方面

生态移民实践带来的效应具有综合性，整体上正面效应明显大于负面效应。从对凉山州“十三五”易地扶贫搬迁实施情况的效应分析来看，包括生产生活环境、移民脱贫和产业发展、生态恢复与保护、人口就业与培训等多个领域的任务大部分都完成了，精准扶贫效果明显。问卷调查和访谈结果显示，搬迁后移民的整体生产生活环境和具体生产生活条件都发生了明显向好的变化，移民的生活质量明显提高，大多数移民摆脱了过去的不良生活习惯，卫生意识、环保意识、发展意识明显增强，生育观、婚姻观、教育观、时间观、待客观逐步与城镇人口的相关观念接近，更加看重教育和培训，看重发展机会，人口素质明显提升，进一步验证了生态移民带来的综合效应。从对精准扶贫、人口发展和生态保护效应的专题分析来看，结果与问卷调查和访谈得出的结论基本一致。

但是，从调查和分析的情况来看，自发移民的双重效应比较明显，其积极效应不必说，其消极效应应引起相关部门足够的重视，即在制度设计上要注意既不挫伤自发移民积极奔小康的热情，又能有效控制自发移民搬迁的负面影响①。水电移民中的问题较多，如果与民众沟通不好、相关问题处理不好，带来的消极效应也不容忽视。同时，尽管生态移民的积极效应明显，移民的思想观念发生了重大变化，但是这种变化大多和移民搬迁工程带来的直接的生产生活变化及其引起的思想观念转变有关。也就是说，只有让移民能感受到实实在在的好处，才会引起其思想观念的根本转变。

（五）经验与问题总结方面

从各地的做法和经验来看，坚持党的领导和抓好制度建设特别关键，这是中国扶贫和移民事业取得重大成就的根源。在生态移民工作中，安置点建设是基础、基层治理是保障、宣传动员是手段，“稳得住”和“能致富”才是终极目标。要实现这个目标，最核心和最重要的做法是发展特色产业、加大就业扶持力度，确保移民增收致富。很多矛盾和问题都来自贫困，发展才是解决问题的终极手段。

从对问题的梳理来看，长江上游天保工程主要实施区生态移民中的问题既有客观的也有主观的。与其他地区的问题比较，客观因素在该区域问题的形成原因中占比更高。很多问题和该区域特殊的自然地理条件、特殊的民族宗教文化、相对落后的经济社会发展有密切关系，而这些问题在其他地方往往是不存在的。

政策性移民和自发移民面临的问题有较大的不同，政策性移民的问题中最关键的是补偿问题和移民的后续发展问题。补偿问题在水电移民中表现得更加明显，发展问题则是共性问题。自发移民的问题根源在于“人户分离”带来的移民权利受限，这既有移民自身发展问题，又有社会矛盾问题，还有管理问题。因此，解决生态移民的相关问题必须分析不同移民类型的不同特点、不同问题、不同原因，这样相关措施才能具有针对性和实效性。

但是，从调研反映的问题来看，移民的后续发展和安置点的社区治理问题、自发移民的无序性带来的基层治理问题将会是今后区域生态移民问题的核心。如果解决不好，区域可能会大范围出现相对贫困问题，同时影响区域基层社会稳定。对此，相关部门必须高度重视。同时，笔者在调研中发现，各地既有的做法和经验似乎难以解决这三个问题，特别是后续发展问题。这

---

① 刘蜀川. 自发移民问题研究：以四川省凉山彝族自治州为例 [J]. 西南民族大学学报（人文社会科学版），2017（6）：55-59.

需要从更高的层面进行顶层设计，从大产业和区域整体发展的视角谋划区域生态移民的后续发展，预防大范围相对贫困问题产生。

（六）各地做法与经验带来的启示

生态移民工程助推了长江上游天保工程主要实施区的脱贫攻坚，使得该区域绝对贫困问题得到历史性解决，加快了该区域经济社会发展进程。生态移民工程是对各地基层治理能力的整体性锻炼，增进干群关系，进一步巩固了党的执政基础。其中，五个方面的经验具有重要的启示意义。尽管各地在生态移民工程工作中还存在一些问题和不足，各地在这五个方面的效果还有所差异，部分地方的效果还有待提升，但是这五个方面体现出的方向性是明确的，主导思想是值得肯定的。

一是始终坚持党的集中统一领导，为生态移民工作提供坚强的政治和组织保证。党是政策性生态移民工程的组织者、领导者和推动者，只有加强党的领导，生态移民工程才有强有力的组织保障和政治保障。落实生态移民工程“一把手”负责制，实行多级书记抓落实，层层传导压力、层层压实责任，体现了党对生态移民工程的全面领导。党的集中统一领导可以充分整合和调动全社会资源，凝聚强大合力，聚焦生态移民工程的核心问题，为完成生态移民工程提供重要保障。党的领导是凝聚民心、激发人民的创造力量的关键性因素。构建基层组织体系，选优配强村级领导班子和各安置点负责人，充分发挥党员干部先锋模范作用，为生态移民工程取得成功提供了重要组织保证。

二是始终坚持以人民为中心的发展思想，为生态移民工作确定价值立场和目标导向。生态移民工程一系列工作的根本目的就是要彻底解决发展过程中的不平衡问题，让发展成果更多更公平惠及相对贫困人群，让相对贫困人群过上更加美好幸福的生活。坚持人民主体地位是生态移民工程的重要原则和价值取向。生态移民工程的中心内容与重点任务是要通过系统全面的安排部署与实践推进，解决生态脆弱地区相对贫困群众生产生活问题，更好维护与实现相对贫困群众的各项权益，使相对贫困群众过上好日子，实现相对贫困群众对美好生活的向往。

三是始终坚持发挥政治优势，为生态移民工作确立共同意志形成共同行动。党和政府聚各方之力、汇全民之智、集多方之志，动员全社会力量共同参与生态移民工程，是生态移民工程的成功经验。生态移民工程特别是易地扶贫搬迁和脱贫攻坚工作紧密相连，在安置点的建设、基础设施和公共服务设施配套建设方面，政府、市场、社会形成了联动，形成跨地区、跨部门、跨单位、全社会共同参与的社会扶贫体系。国家要充分发挥好社会主义制度集中力量办大事的政治优势，引导社会各界共同关注生态移民、关心减贫事业、投身脱贫行动，汇聚起推动落后地区发展进步的强大合力。

四是始终坚持扶贫同“扶志扶智”相结合，激发生态移民后续发展的内生动力。生态移民既是生态移民工程的对象，也是生态移民工程的主体。各地必须根据本地生态移民文化和技能素养基本情况，开展了各种技能培训，聚焦相对贫困群众，把扶贫同扶志、扶智相结合，不断激发生态移民自我发展的积极性、主动性和创造性，帮助他们通过自身努力改变命运。为解决代际贫困问题，各地需要大力推进基础教育均衡发展，实施“一村一幼”学龄前儿童教育，促进教育公平，实施“新型农民素质提升工程”等成人素质技能教育计划，全面提高相对贫困人口的基本素质，增强相对贫困人群的自我发展能力。

五是始终坚持做到求真务实，为生态移民工作实行最严格的考核评估。为了杜绝生态移民工程领域的形式主义、官僚主义，各地应开展专项整治，减轻基层负担。相关部门应建立严格的监督问责和惩处机制，防止生态移民工程中出现追求数字和形式等各种弄虚作假的官僚主义行为和腐败行为，建立科学严格的扶贫成效考核、评估、退出机制；实施生态移民工程领域腐败和作风专项治理，组织生态移民工程干部大轮训；开展生态移民工程专项巡视、督查巡查，接受社会监督，确保生态移民工程成果经得起历史检验、实践检验。

二、政策建议

（一）针对区域基层干部特殊困难制定解决办法

1. 增加基层力量，缓解“事多人少”的矛盾

一是适当增加编制。各地应根据基层工作的需要，全面厘清既有编制，充分考虑区域移民工作的特殊性，适当增加相关部门的人员编制，并对扶贫、

政法、公安、组织、宣传、宗教等重点部门进行整合，形成部门联动机制，共同为相对贫困治理及其移民搬迁后续扶持工作服务。

二是合理调整机构。各地应根据移民工作的特殊性，特别是移民搬迁安置点的布局情况，坚持“向前靠、向下沉”原则，综合考虑人口和地域因素，合理调整乡（镇）综合办事机构，适当增加乡（镇）干部和大中型移民点的管理干部人数，加强基层力量，缓解“一人多岗”的矛盾，减轻工作压力。

三是优化干部资源配置。各地应既专编专用，又根据工作需要，在任务繁重的特殊攻坚阶段，在一定范围内对干部进行互相调剂使用，缓解干部编制与移民工作需求之间部分失衡的矛盾。

2. 出台针对性政策，加大对干部的关怀力度

一是加大激励力度。各地应大力推进职级待遇，适当提高经济待遇；考虑区域实际，在推行职务职级并行工作中以工作态度和业绩为主要考核依据，适当放宽条件、降低标准，激发干部进取心，破解“混日子”现象；进一步提高艰苦边远地区干部工资水平和津贴，激励干部主动下沉一线。

二是完善后勤保障。各地应针对干部生活中遇到的子女求学困难等具体问题，出台特殊的解决办法；考虑在偏远民族地区的工作年限和业绩，制定优惠购买住房或廉租住房政策，解决退休干部住房难题；依托优质教育资源，在择校权、择校费等方面对偏远民族地区的干部子女给予适当照顾，解决部分干部子女在优质教育资源地区“高价求学”的难题。

三是关怀身心健康。各地应设立干部健康管理中心，对高原病和地方病进行定期排查和免费诊疗，对干部身心健康开展研究并建立“健康档案”，进行跟踪管理；加强落实干部休假和探亲制度，合理调配工作力量，重要岗位设立 A、B 角，加强落实干部休假制度，解决“放假不放人”的难题；对外地家属主动探亲的实行经济补助，鼓励家属探亲。

3. 加强干部选拔培训，提升干部业务素质

一是强化用人导向，针对民族地区特殊需要选拔干部。各地应选拔“有技能”“能干事”的干部，适当提高干部选拔的初始学历要求，增加经济、法律、农业等急需专业的录取比例；提高藏语等少数民族语言考试分值，增加懂汉语和少数民族语言干部比例，把懂汉语和少数民族语言作为乡（镇）等基层一线干部选拔的基本条件。各地应选拔“接地气”“亲群众”的干部，注重从“大学生村官”、村“两委”负责人、专业技术人才等工作在基层一

线和熟悉基层情况、熟悉民族工作的人员中选拔干部。各地应选拔“有担当”“敢作为”的干部，坚持重实干、重实绩的用人导向，大力选拔勇于担当、敢于负责、敢于亮剑、善于作为、实绩突出的干部。

二是突出培训重点，突出业务技能。各地应重点加强民族文化、宗教知识培训，并建立定期检查制度，让部分干部尽快摆脱“水土不服”、难以融入群众中去的尴尬局面；重点加强专业知识和实用技能培训，依托大专院校、科研机构定向提升年轻干部学历和工作技能，解决部分干部业务能力偏低问题；加强“入脑”“入心”思想政治培训，着力解决马克思主义思想“入脑”“入心”的问题，解决思想动摇、意志不坚定问题，确保“四个意识”和“四个自信”深入大脑，确保党的方针政策在民族地区得到有效贯彻落实。

（二）针对搬迁安置中地方特殊性制定特殊政策

1. 制定文化设施补偿相关办法

一是对实物宗教设施进行摸底调查，确定补偿标准。各地应对区域内的宗教设施的建筑年份、建筑材料、建筑质量、文物等级等进行全面摸底并录入数据库，参照国家、省、市（州）、县通用的工程建筑设施价格标准和建筑物的实际情况确定设施本身的工程造价（根据搬迁的年份不同，按物价上涨幅度做相应加权调整）。

二是对宗教法事活动费用进行摸底，确定参考标准。各地应对不同宗教设施迁建需要开展的不同宗教法事活动进行明确，对是否需要进行特别的宗教仪式及仪式需要的费用，在参考当地经济社会发展水平、日常法事活动收费标准的情况下，组织物价部门、民族宗教部门、宗教界权威人士、寺庙管委会、群众代表等组成咨询会，特别是征求相应教派中德高望重的高僧大德的意见，然后进行确定和测算，确定不同宗教法事活动是否必须及所需费用的参考标准。

三是对非实物宗教设施摸底，确定相关费用标准。对神山、圣水、丧葬场等实物不明的宗教设施，各地应参照当地的风俗习惯，主要以宗教法事活动需要的费用来测算补偿补助标准。在确定相关标准的时候，各地应确定幅度而非明确数额，以便给地方一定的自由浮动空间，应对各种无法预测的情况。

2. 在搬迁补偿标准确定中纳入区域特殊性因素

一是出台针对性政策，完善补偿依据。各地应参考移民搬迁前原有的条件，尽量保证搬迁后标准不降低；有土地安置的，将土地数量和质量因素考虑进去，土地质量由各地分类评估确定，将调剂给移民的土地数量和质量与原有土地数量和质量的差异纳入补偿之中；对原宅基地大于分配宅基地标准的，适当考虑按面积补差；对林下收益，适当区分不同林区的资源情况，分类确定林下收益，特别是在松茸、药材出产丰富的地区，适当提高林下收益确定标准，结合移民原居住地的林下收入平均水平，将林下收益差异因素考虑进补偿之中，综合确定差异化的林下收益补偿标准。

二是在水电移民“一库一策”的基础上，进一步完善水库移民补偿标准。各地应在基础补偿方面尽量做到县域内同域统一、同一水电站所涉的不同区域统一；对周期较长必须进行分阶段移民补偿安置的水利水电项目，适当考虑补偿时差，因时差导致的标准差异尽量和物价上涨水平等一致，分阶段补偿的，在“先搬有奖”的情况下，尽量完善协议，明确政策，避免时空差异带来的补偿争议；构建地方政府和水电开发企业之间的联动机制，结合水电工程的特征，灵活性处理“三原”（原规模、原标准、原功能）要求，并参考地方实践中遇到的困难，对《大中型水利水电工程建设征地补偿和移民安置条例》提出修订建议；在具体的移民安置中，移民安置周期和工程建设周期需要向移民做明确说明，要让移民安置进度适度超前于水利工程的建设进度。

3. 进一步规范移民安置点建设的机制

一是构建移民安置点建设联合参与机制。各地应建立政府牵头部门、规划设计部门、承建方、移民代表组成的安置点建设协调小组，在移民搬迁安置点的选择、搬迁安置区的建设规划、房屋的建设设计等方面进行充分协调，尽量满足移民的合理性要求，让移民全面了解安置点建设的规划和实施情况；尽量采取统规自建和统规代建方式，既保证移民安置点整体风貌的民族特征，又尊重移民意愿，尽量满足移民对住房的个性化要求。此外，建设工程本身也是工作机会，可以让移民在参与建设中既获得收入（或节约花费），又满足参与的荣誉感，减少不必要的误解和矛盾。

二是创新社会力量参与建设的机制。鉴于移民安置数量大、安置点建设所需资金多，上级财政支持有限，而民族地区县级财政财力不足、搬迁群众大多数相对贫困的现实，相关部门应制定特殊的优惠办法，在土地增减挂钩指标、非农业用地指标等方面做灵活变通，给予相关企业在土地租用、税收减免等方面的优惠政策，充分吸引农业龙头企业或其他大型企业参与移民安置点和产业发展项目的建设，确保安置点各种配套设施建设同步跟上。在具体建设中，各地应尽量避免采用政府成立专门项目公司的做法，防止运动员和裁判员兼任带来的弊端，防止可能的利益寻租。

（三）针对搬迁工程中主要问题制定针对性措施

1. 探索建立政府性资源调配机制

一是建立“人地钱”挂钩机制。各地应将各种项目资金进行通盘规划，统筹调剂，根据人口迁移情况从流出地政府调整到迁入地政府，实现资源可随人口流动而转移；根据实有人口增减情况对财政转移支付、工作经费等进行调节，使管理责任与支出权利成正比。

二是根据人口流动情况调剂相关资源。迁出人口较多的地方应加快推进撤并乡工作，富余编制可调剂至迁入地使用。迁出地城乡建设用地增减挂钩结余指标优先调剂到迁入地挂钩使用。整村迁出后，留下的耕地被撂荒，严重浪费了土地资源，当地乡（镇）政府应组织农业专业合作社对耕地和林地进行经营，分红的收入归乡（镇）集体收入用于公益事业建设。同时，各地必须预防个别不法分子趁机到迁出地进行乱砍滥伐、禁牧区进行过度牧养等生态破坏活动。

2. 不定期调整部分村组建制和项目计划

一是适时调整相关规划。各地应根据政策性搬迁计划和自发搬迁的基本情况与趋势，对人口空间变化情况进行分析和评估，及时与自然资源管理部门协调沟通，调整相应规划，重新确定土地、宅基地指标、基础设施建设、教育等公共服务资源的配置，缓解迁入地压力。

二是适时调整村组建制。各地应对部分村（组）建制进行适当调整，撤销或合并“空心村”和“半空心村”的村（组）建制；在搬迁人口的聚居点设立新的村（组），将散居的自发搬迁人口编入临近村（组），尽快完善聚居点的基础设施，提升公共服务水准，将自发搬迁户纳入政府的管理序列，尽快改变“两不管”状态。鉴于移民工作的常态性，各地应每隔几年进行一次梳理，然后做相应的调整工作。

三是适时修改项目计划。各地应将因移民而导致的闲置资源整合，合理使用，根据村（组）人口变化情况优化资源配置，修改项目计划，避免既有资源的浪费和扶贫资源的无效投入；对已经全部搬迁的村原先规划的项目和资金进行调整；对绝大多数已经搬迁了的村，合理引导群众有序搬迁，并对经济困难、无力进行搬迁的群众进行特殊补助；对生活环境恶劣不适合人居地方的群众，继续开展易地搬迁工作，整合项目和资金帮助他们搬迁到条件较好的地方，切实改善居住环境和生产生活条件。

3. 清查资金使用情况并吸纳移民参与建设

一是对建设资金的拨付和使用情况展开清查。各地应清查建房资金使用的规范性，重点清查代建和统建项目的资金拨付情况，及时查漏补缺，严禁违规截留和占用，没有拨付资金的根据工程进度及时拨付资金；规范政府和承建方之间的合同，严格双方按照合同规定承担相应的义务，加强对承建方施工进展情况的监管。

二是吸纳移民参与和监督建房。为确保安全住房的建设符合农村实际，满足搬迁户生产生活的要求，各地应吸纳移民参与建设之中。对部分经济困难的搬迁户，各地应制定专门的资金支持政策，降低小额贷款的门槛和还款期限，使经济困难的搬迁户能够承担也愿意承担建房资金。对已经出现的纠纷，各地应制订解决方案，及时化解矛盾，并吸取教训，做好风险防范工作。

（四）针对生态移民社会融入问题健全制度体系

1. 创新完善支持移民后续发展的举措

一是创新完善支持政策。各地应完善土地流转制度，确保扶贫建设项目所需土地得到有效供给，增加相对贫困人口资产性收益，低成本盘活农户资产；创新扶贫小额信贷保证保险，探索推广“保险+银行+政府”的多方信贷风险分担补偿机制，解决农户或企业贷款难问题；鼓励保险资金以债权、股权、资产支持计划等多种形式，积极参与相对贫困地区基础设施、重点产业和民生工程建设；通过政府补贴，大力推进农险扶贫，以支农惠农、脱贫减灾为目标，增加保险品种，积极发展农作物和农业基础设施保险、森林保险，引导和支持相对贫困地区群众发展生产，为农户生产生活提供风险保障。

二是创新完善培训机制。各地应建立培训效应考核机制，将培训后移民的就业情况与培训效应挂钩，避免形式主义培训。各地应实行培训自愿和“补助后发”，避免预先以发放误工补贴、包吃包住甚至花钱请人打卡签到等方式的“诱惑式”培训或虚假培训，让真正希望培训的人参加培训，培训后进行技能考核，根据技能掌握情况给予适当培训补贴。各地应建立移民素质信息档案和企业用工需求档案，根据不同移民的素质情况和求职愿望、企业用工需要等情况，统筹协调，有针对性地拟定培训计划，不断完善技能培训流程，增设定期回访机制，对参训对象和用人单位随机回访，激发培训机构的责任心，提高参训对象和用人单位匹配度①。各地应充分发挥培训的“蓄水池”功能，通过建立培训长效机制提升移民“造血能力”。

2. 创新和改革移民管理与服务制度

一是加强管理和服务改革创新。迁入地应整合基层警务与网格化管理力量，统筹运用管理系统和平台，强化属地管理机制。自然资源部门要建立联合执法机制，加大执法力度，依法查处滥搭乱建、毁林开荒、侵占耕地等行为，并做好恢复原状处理工作。新移民点的行政归属和日常管理仍由原辖地县、乡两级政府承担，客观上造成迁入地与迁出地政府部门相互扯皮与推诿，加大了行政管理的成本，按属地原则确定相关权限较为妥当。各地应按属地原则使搬迁户享有与本地户同样的权利，实现有序的生产生活。各地要探索外来搬迁子女就学问题，让适龄儿童全部上学。对生态移民聚居点，各地要探索农地制度改革，解决农地遗留和不足问题。②

二是构建动态跟踪机制。各地应建立相对贫困人口健康跟踪机制，完善健康档案，做好疾病预防，对“地方病”定期排查和免费诊疗，对重特大病采用“政府+保险+家庭”的模式做好治疗与跟踪，防止因病致贫和返贫；建立相对贫困人口生产生活跟踪机制，动态跟踪相对贫困群体在脱贫后的生产生活状态，及时发现和解决其面临的难题，确保移民中的相对贫困户通过自身能力幸福生活。

三是做好移民的社会保障工作。各地应充分认识到移民社会保障工作的渐进性。移民搬迁后的社会保障是一个长期的过程，不可能一蹴而就，移民的生存方式也会随着国家保障制度的完善、基层政府发展能力的提高以及移民自我适应能力的增强而逐步得到完善③。各地应明确移民社会保障的供给原

① 张健，赵宁，杜为公. 水库移民相对贫困治理和就业纾困机制研究［J］. 社会保障研究，2021（4）：97-104.

② 张体伟. 生态移民聚居区农地制度改革难点及路径选择［J］. 云南社会科学，2016（6）：48-51.

③ 王著. 生态移民政策话语与地方实践：基于话语分析的尝试性研究［J］. 贵州社会科学，2017（7）：99-104.

则，已落户的移民，要公平享受迁入地养老、医疗等社会保障政策和教育、医疗、文化、体育等方面公共服务。未落户或未办理居住证的移民，以户籍为前提的社会保障、公共服务继续由迁出地负责；不以户籍为前提的社会保障、公共服务均由迁入地公平提供。各地应健全移民城乡居民医疗保险、养老保险等关系有序衔接和资金匹配转移机制，保障不断档、不脱保。

（五）针对自发移民无序问题创新管理引导机制

1. 制定政策变无序搬迁为有序搬迁

一是分类施策、完善程序。各地应根据已经移民、正在移民和将要移民的不同情况，分类解决，规范管理，防止盲目跟风和“一窝蜂”的现象出现；完善搬迁项目申报、考核、验收等程序的衔接，以便迁入地提早做好应对，避免带来工作上的被动。

二是守土有责、责任明确。各地应尽量控制增量。迁入地和迁出地均应建立县、乡、村三级责任制。迁出地应对不遵守引导政策的自发搬迁户进行定期摸底，并对相关对领导干部严肃问责。迁入地相关部门要建立联动机制，定期开展自发搬迁农民乱搭乱建等整治行动，同时配合迁出地政府，对盲目自发搬迁农民开展挽留、教育、劝返等工作。

三是沟通协调、同地同权。迁出地政府要精准掌握搬迁户的搬迁情况，同时与迁入地的政府做好协调沟通，最大限度地实现“人口与户籍”同步迁出，同时把房屋、土地承包经营权、林权进行处置。各地应规范搬迁户的管理工作，更好地保护搬迁户在当地同等享有子女教育、医疗卫生、社会保障等合法权益，同时保障搬迁户的政治待遇，提高其社会地位，使搬迁户搬得安心，融入当地社会融得放心。

2. 创新自发移民的户籍迁入制度

一是放宽户籍准入原则。各地应把户籍制度与土地承包经营权流转相结合。搬迁户在迁入地合法取得土地承包经营权或购置房屋，只要不是违法违纪户，迁入地政府原则上准许迁入，并做好落户后的各项保障工作，确保自发搬迁户“搬得出、立得稳”。

二是分类明确具体迁入政策。各地应根据具体情况，对购买迁入地农民的房屋土地而迁入的，承认现实。迁入地政府应通过特定的程序解决搬迁户的户籍问题，将搬迁户纳入本地户籍人口管理。对转包承包地迁入的，迁入地政府应根据搬迁户的意愿并辅之移民的年限逐步解决其户籍问题。对开垦河谷边缘的荒山、荒坡而逐渐定居下来的自发移民，迁入地政府应将搬迁户纳入本地管理，逐步解决其户籍问题。公安部门要对自发移民造册登记，动态管理，积极创造条件，帮助其尽早落户，以便于迁入地政府依法管理。

三是强化户籍属地管理措施。对零星移民且对环境影响较大，各地应采取必要的强制措施，同时加大对乡（镇）、村、组干部的问责，杜绝通过开垦荒山、荒坡而产生新的自发移民。对不配合、不接受属地化管理的，各地应劝返原籍。落户的自发搬迁户应编入迁入地村民小组，或者单独设立村民小组、村委会。各地应构建迁入地与户籍地对自发搬迁相对贫困人口的联动识别与帮扶机制，明晰两地相对贫困治理的工作职责，识别与破解难题。

3. 保护自发搬迁户合法利用生产资料

一是规范原承包户和自发搬迁之间的“交易”。自发搬迁户农民流转购买农村土地、房屋，原承包户和自发搬迁农民之间无异议，且经村民民主议事程序同意接纳的，各地应当确认其承包经营权和使用权；双方有争议协商无果的，承包经营权和使用权维持原状，但各地应保障自发搬迁群众的土地经营权、房屋处置权等权益。对一些已经长期耕种的土地，各方应依法签订承包耕种协议，实现合法耕种。

二是对自发搬迁形成的现状进行区别对待。自发搬迁农民开垦集体未发包的荒山、荒坡，经村民民主议事程序同意接纳的，各地应当确认其承包经营权和使用权。自发搬迁群众长期租用土地、住房的，各地应充分保障其承包经营权、使用权以外的其他权益。自发搬迁到国有土地上的，各地按租赁关系保障其权益。对自发搬迁形成自然村，各地要切实保障公共设施用地。

（六）在生态移民搬迁工程中坚持做好“四个结合”

1. 与乡村振兴相结合

一是相关部门在制定乡村振兴相关规划的时候就需要考虑未来当地可能接纳的生态移民人数，并做出专门规划。二是生态移民搬迁项目与当地的乡村振兴项目相整合。特别是在具体项目建设中，有条件的情况下相关部门应预先征求当地居民和拟搬迁移民的意见。三是乡村振兴的各项工作都应邀请生态移民积极参与。四是各地要通过乡村振兴，将目前移民搬迁中的遗留问题进行化解，并使今后的移民搬迁符合乡村振兴的目标，最终达到通过乡村振兴，解决搬迁到当地的生态移民的一系列问题，建设新的和谐幸福美丽新村。

2. 与产业发展相结合

产业发展是解决相对贫困人口生计问题的最主要途径，各地需要在产业发展中考虑生态移民的生产生活能力状况。各地在规划产业发展的时候应将生态移民的就业问题纳入产业发展的整体构想中，这是解决生态移民生计问题的关键，进而解决“留得住”的问题。分散的家庭种养业很难形成区域聚集效应和规模效应。在产业规划中，各地要遵循大产业的思路，走农业合作社和规模化经营道路。只有从家庭产业走向产业合作、抱团发展，各地方能摆脱“小打小闹”的局面，实现“共同富裕”。

在相对贫困治理中，产业发展重点关注两个方面：一是着力实施通道畅通战略。各地应加大力度打通相对贫困地区对外的交通、电力、信息联络通道，在通村入户之外，还要着力打通与农田、产业集中区的通道，解决产业发展的基础条件问题，并解决大数据背景下产业信息的供给与分析问题，为电商农业和农业旅游提供技术支撑，为产业集中和合作打下基础。二是大力打造“产业共同体”。相对贫困地区，尤其是闲置土地相对集中、相对贫困户自我发展能力相对不足的地区应大力支持打造由村集体经济组织、企业、承包经营大户或带头人牵头，相对贫困户与其他农户深度参与的“产业共同体”，形成链接电商平台的“村集体经济组织（企业、致富带头人）+相对贫困户（农户）+互联网金融”的合作模式；将国家的扶贫资源和政策逐渐由对接贫困户转向对接“产业共同体”（村社共同体），通过利益共生、带头人的示范和正面激励，激发相对贫困户参与热情，激活乡村发展动能。

3. 与能力提升相结合

针对部分相对贫困人口安于现状，担心搬迁后难以适应新环境的情况，各地必须做好思想工作，改变落后习俗，解决“志”的问题。针对缺乏技能和知识，难以创业就业的问题，各地必须有针对性地举办技能技术培训班和知识补习班，解决“智”的问题。特别是在生态移民搬迁规划中，各地应结合拟迁入地经济社会发展现实和产业发展与规划情况，制订专门针对当地产业发展所需要技能的、面向生态移民的各种培训计划。各地应通过创新体制机制，实现扶志与扶智的“双扶”，彻底改变部分相对贫困户的依赖心态，激发其主观能动性，树立其自我发展的信心。

有效提升移民的自我发展能力，需要重点关注三个方面：

一是构建相对贫困的分级评价标准。各地应改变仅依据收入水平划分贫困线标准的评价机制以及入围就“全有”、不入围则“全无”的“全有全无”扶贫资源惠及模式，根据相对贫困户的贫困状况、人员的年龄、劳动能力等要素制定分级评价标准，使扶贫资源的惠及与相对贫困户等级成正比，杜绝“不劳而获”“以穷为荣”的现象。

二是逐步改变主动和无偿分配扶贫资源的制度。各地应逐步实行申请→审评→监督→反馈的扶贫资源使用制度。各地应以分级相对贫困户标准和相应的分配条件为基础，由相对贫困户提出申请，帮扶中心进行评估、审批。申请的扶贫资源视同无息贷款，由帮扶中心发放和监督，并根据扶贫资源的使用效率和申请者表现（具体评价标准需另外构建），决定最终可以给予免费支持的扶贫资源数额。

三是广泛开展公益性职业技能培训。相对贫困地区应广泛开展公益性职业技能培训，实现相对贫困治理举措与技能培训精准对接，通过培训提高相对贫困户创收能力。各地应在完善免费中职教育的“9+3”模式下，大力支持相对贫困地区初中毕业生到经济发达地区接受中职教育。

4. 与因地制宜相结合

由于不同生态移民本身的生产生活环境有差异，拟迁入地的生产生活环境也各不相同，因此在生态移民搬迁中，不能采用“一刀切”模式，应以“待遇当地化”为原则。各地要充分考虑生态移民原有基础和拟迁入地的现有基础，实行最相近原则，减少融入障碍；要充分考虑迁入地的资源承载条件、产业发展现状等，因地制宜，做到有序搬迁，避免超过迁入地的承载能力而带来新的问题。

在可能的情况下，就业搬迁脱贫要与城镇化相结合，找准就业搬迁脱贫和城镇化的结合点，实现共同发展①。因此，有条件的地方应引导生态移民向中小城镇、工业园区、新村建设聚集点等搬迁，充分利用这些地方基础建设、公共服务设施和产业发展相对较好的条件，同时解决生态移民的就业问题。

---

① 江泽林. 精准方略下的稳定脱贫［J］. 中国农村经济，2018（11）：17-31.

参考文献

（一）著作类

［1］达瓦次仁. 藏区生态移民与生产生活转型研究［M］. 北京：社会科学文献出版社，2020.

［2］范毅. 农村土地制度对人口迁移的影响研究［M］. 北京：经济科学出版社，2014.

［3］龚和平. 中国水电移民实践经验［M］. 北京：中国水利水电出版社，2020.

［4］国家发展和改革委员会. 人类减贫史上伟大壮举："十三五"千万贫困人口易地扶贫搬迁纪实［M］. 北京：人民出版社，2021.

［5］廖正宏. 人口迁移［M］. 台北：三民书局，1985.

［6］刘铮. 人口理论教程［M］. 北京：中国人民大学出版社，2007.

［7］钱文荣. 人口迁移影响下的中国农民家庭［M］. 北京：中国社会科学出版社，2015.

［8］仇焕广，冷淦潇，刘明月，等. 中国千万人的易地扶贫搬迁：理论、政策与实践［M］. 北京：经济科学出版社，2021.

［9］桑才让. 中国藏区生态移民问题研究［M］. 北京：中国社会科学出版社，2020.

［10］史俊宏，赵立娟. 生态移民生计脆弱性研究［M］. 北京：经济科学出版社，2019.

［11］王晓毅. 生态移民与精准扶贫［M］. 北京：社会科学文献出版社，2017.

［12］乌静. 牧区生态移民的生活变迁研究［M］. 北京：中国政法大学出版社，2018.

［13］吴晓萍，刘辉武. 西南民族地区易地扶贫搬迁移民的社会适应研究［M］. 北京：人民出版社，2021.

［14］张体伟. 西部民族地区自发移民迁入地聚居区建设社会主义新农村研究［M］. 北京：中国社会科学出版社，2011.

（二）论文类

［1］白金燕、张体伟. 西部民族地区自发移民搬迁利弊与发展探索：以云南为例［J］. 云南财经大学学报（社会科学版），2010（10）：88-91.

［2］包智明. 关于生态移民的定义、分类及若干问题［J］. 中央民族大学学报（哲学社会科学版），2006（1）：27-31.

［3］曹菁轶. 中国少数民族人口迁移选择性及主要影响［J］. 发展，2007（12）：157-159.

［4］朝阳. 金沙江上游川藏段梯级水电开发征地移民工作研究［J］. 四川水力发电，2019（1）：7-9.

［5］陈锋，但咏梅. 人口梯度流动背景下的彝族农业移民研究［J］. 农村经济，2016（12）：106-110.

［6］陈静梅. 国内生态移民研究述评（1990—2014）［J］. 贵州师范大学学报（社会科学版），2015（3）：94-101.

［7］陈绍军，史明宇. 气候变化影响下的人口迁移研究：以宁夏中部干旱地区为例［J］. 学术界，2012（10）：60-70.

［8］范建荣. 政策移民与自发移民之比较研究［J］. 宁夏社会科学，2011（5）：60-62.

［9］冯英杰，钟水映. 生态移民农地流转及其收入效应研究：兼论生态移民土地政策和要素市场扭曲的联合调节效应［J］. 经济问题探索，2019（4）：170-181.

［10］何得桂，党国英. 西部山区易地扶贫搬迁政策执行偏差研究：基于陕南的实地调查［J］. 国家行政学院学报，2015（6）：119-123.

［11］何瑾，向德平．易地扶贫搬迁的空间生产与减贫逻辑［J］．江汉论坛，2021（5）：139-144．

［12］季涛．积极构建自我矛盾体：川西农村凉山彝族移民的生计变迁与社会流［J］．云南民族大学学报（哲学社会科学版），2016（3）：87-95．

［13］贾耀锋．中国生态移民效益评估研究综述［J］．资源科学，2016（8）：1550-1560．

［14］李聪，郭嫚嫚，雷昊博．从脱贫攻坚到乡村振兴：易地扶贫搬迁农户稳定脱贫模式：基于本土化集中安置的探索实践［J］．西安交通大学学报（社会科学版），2021（4）：58-67．

［15］李生．我国生态移民战略理论框架论析［J］．民族论坛，2012（16）：35-38．

［16］刘富华，梁牧，王毅铭．水利水电工程移民农户的收入分化效应：基于云龙水库移民建设的实证研［J］．科学决策，2021（9）：73-83．

［17］陆杰华，肖周燕．新时期民族地区人口迁移的现状、问题与对策［J］．人口与计划生育，2007（9）：28-29．

［18］马秀霞．我国近几年生态移民理论与实践研究概述［J］．宁夏社会科学，2012（4）：56-59．

［19］孟向京．三江源生态移民选择性及对三江源生态移民效果影响评析［J］．人口与发展，2011（4）：2-8．

［20］孙俊娜．易地扶贫搬迁安置方式对搬迁农户社会融入的影响研究［J］．中国农业资源与区划，2022（8）：164-171．

［21］孙良顺．水库移民社区发展的结构性风险及其治理［J］．郑州大学学报（哲学社会科学版），2021（3）：61-66．

［22］檀学文．中国移民扶贫 70 年变迁研究［J］．中国农村经济，2019（8）：2-19．

［23］王宏新，付甜，张文杰．中国易地扶贫搬迁政策的演进特征：基于政策文本量化分析［J］．国家行政学院学报，2017（3）：48-53，129．

［24］王晓毅．易地搬迁与精准扶贫：宁夏生态移民再考察［J］．新视野，2017（2）：27-34．

［25］王志章，孙晗霖，张国栋．生态移民的理论与实践创新：宁夏的经验［J］．山东大学学报（哲学社会科学版），2020（4）：50-63．

[26] 谢治菊. 易地扶贫搬迁社区治理困境与对策建议 [J]. 人民论坛·学术前沿, 2021 (15): 112-127.

[27] 叶青, 苏海. 政策实践与资本重置: 贵州易地扶贫搬迁的经验表达 [J]. 中国农业大学学报 (社会科学版), 2016 (5): 64-70.

[28] 曾小溪, 汪三贵. 易地扶贫搬迁情况分析与思考 [J]. 河海大学学报 (哲学社会科学版), 2017 (2): 60-66.

[29] 张伟, 张爱国. 我国中西部生态移民的效益分析 [J]. 山西师范大学学报 (自然科学版), 2016 (4): 119-123.

[30] 赵旭, 陈寅岚. 水库移民多维介入型贫困的动态测度与致贫因素研究 [J]. 华中农业大学学报 (社会科学版), 2021 (3): 128-137.

(三) 外文类

[1] D J BOGUE. Internal migration, the study of population [M]. Chicago: University of Chicago Press, 1959.

[2] D MASSEY. Social structure, household strategies, and the cumulative causation of migration [J]. Population Index, 1990, 56 (1): 3-26.

[3] EVERET S LEE. A theory of migration [M]. Demography, 1966 (1): 47-57.

[4] G F D JONG, J T FAWCETT. Motivations for migration: an assessment and a value-expectancy research model [M]. New York: Pergamon Press, 1981.

[5] HERBERLE R. The causes of rural-urban migration: a survey of German theories [J]. American Journal of Sociology, 1938, 43 (6): 932-950.

[6] P ROSSI. Why families moves [M]. New York: Free Press, 1955.

[7] W PETERSEN. A general typology of migration [J]. American Sociological Review, 1958, 23 (3): 256-266.

附录

附录一：参考的主要政策文件

（一）易地扶贫搬迁相关政策文件

1.《国家发展和改革委员会关于印发〈全国“十三五”易地扶贫搬迁规划〉的通知》（发改地区〔2016〕2022号）

2.《国家发展和改革委员会关于印发〈加大深度贫困地区支持力度推动解决区域性整体贫困行动方案（2018—2020年）〉的通知》（发改地区〔2017〕2180号）

3.《中共中央 国务院关于打赢脱贫攻坚战三年行动的指导意见》（中发〔2018〕16号）

4.《关于印发〈关于进一步加大易地扶贫搬迁后续扶持工作力度的指导意见〉的通知》（发改振兴〔2019〕1156号）

5.《关于印发2020年易地扶贫搬迁后续扶持若干政策措施的通知》（发改振兴〔2020〕244号）

6.《关于深入贯彻落实习近平总书记重要讲话精神决战决胜易地扶贫搬迁工作的通知》（发改振兴〔2020〕374号）

7.《关于切实做好易地扶贫搬迁后续扶持工作巩固拓展脱贫攻坚成果的指导意见》（发改振兴〔2021〕524号）

8.《关于印发〈四川省“十三五”易地扶贫搬迁规划〉的通知》（川发改

赈〔2016〕570号）

9.《四川省“十三五”易地扶贫搬迁实施方案》

10.《关于严格控制易地扶贫搬迁住房建设面积的通知》（川发改赈〔2016〕87号）

11.《关于进一步细化明确易地扶贫搬迁有关政策的通知》（川发改赈〔2018〕409号）

12.《关于加大深度贫困地区易地扶贫搬迁支持力度有关工作的通知》（川脱贫办发〔2018〕15号）

13.《关于加强易地扶贫搬迁后续脱贫发展的指导意见的通知》（川脱贫办发〔2018〕26号）

14.《关于进一步加大易地扶贫搬迁后续扶持力度的指导意见》（川脱贫办发〔2018〕32号）

15.《关于印发〈关于进一步加大易地扶贫搬迁后续扶持力度的指导意见〉的通知》（川脱贫办发〔2019〕32号）

16.《关于印发〈关于坚决如期全面完成易地扶贫搬迁任务的工作方案〉的通知》（川发改赈函〔2020〕185号）

17.《关于印发〈关于推动凉山州易地扶贫搬迁集中安置点治理和后续发展的指导意见〉的通知》（川委基治委发〔2020〕4号）

18.《云南省扶贫开发领导小组关于下达云南省易地扶贫搬迁三年行动计划任务的通知》（云贫开发〔2015〕21号）

19.《云南省脱贫攻坚规划（2016—2020年）》（云政发〔2017〕44号）

20.《云南省易地扶贫搬迁三年行动计划》（云办发〔2018〕27号）

21.《关于进一步做好易地扶贫搬迁工作的指导意见》（云厅字〔2018〕38号）

22.《西藏自治区“十三五”时期易地扶贫搬迁规划》

23.《西藏自治区关于加快推进易地扶贫搬迁工作的指导意见》（藏脱贫指〔2017〕10号）

24.《西藏自治区“十三五”时期脱贫攻坚规划》（藏政发〔2017〕13号）

25.《关于凉山州“十三五”移民扶贫搬迁工作的指导意见》（凉府发〔2016〕16号）

26.《关于转发〈四川省“十三五”易地扶贫搬迁实施方案〉的通知》（凉发改赈办〔2016〕770 号）

27.《关于转发〈四川省支持易地扶贫搬迁的有关政策〉的通知》（凉发改赈办〔2016〕384 号）

28.《关于印发〈加强易地扶贫搬迁集中安置点治理与后续发展的指导意见〉的通知》（凉委办发〔2020〕1 号）

29.《芒康县“十三五”时期易地扶贫搬迁规划》

（二）水电移民相关政策文件

1.《大中型水利水电工程建设征地补偿和移民安置条例》（国务院令第 471 号）

2.《国务院关于完善大中型水库移民后期扶持政策的意见》（国发〔2006〕17 号）

3.《大中型水利水电工程移民安置前期工作管理暂行办法》（水规计〔2010〕33 号）

4.《国家发改委关于做好水电工程先移民后建设有关工作的通知》（发改能源〔2012〕293 号）

5.《国务院关于修改〈大中型水利水电工程建设征地补偿和移民安置条例〉的决定》（国务院令第 679 号）

6.《关于做好水电开发利益共享工作的指导意见》（发改能源规〔2019〕439 号）

7.《四川省〈大中型水利水电工程建设征地补偿和移民安置条例〉实施办法》（四川省人民政府令第 268 号 ）

8.《停建通告管理办法》（川办发〔2014〕13 号）

9.《四川省大中型水利水电工程移民工作管理办法》（川办函〔2014〕27 号）

10.《四川省大中型水利水电工程建设征地实物调查工作实施细则（试行）》（川扶贫移民办发〔2015〕227 号）

11.《四川省大中型水利水电工程移民工作条例》（NO：SC122711）

12.《关于加快甘孜州猴子岩、长河坝、黄金坪水电站农村移民居民点建设工作的通知》（川扶贫发〔2019〕84 号）

13.《四川省扶贫开发局关于下达2020年移民安置工作任务及资金计划的通知》（川扶贫发〔2020〕2号）

14.《云南省人民政府关于贯彻落实国务院大中型水利水电工程建设征地补偿和移民安置条例的实施意见》（云政发〔2008〕24号）

15.《云南省大中型水利水电工程移民工作管理办法》（云府登1475号）

16.《云南省人民政府办公厅关于调整2018—2022年大中型水电工程移民逐年补偿增长标准的通知》（云改办发〔2019〕47号）

17.《云南省搬迁安置办公室关于开展2020年全省大中型水利水电工程建设征地移民信访矛盾化解攻坚战的通知》（云搬发〔2020〕20号）

18.《甘孜州雅砻江两河口水电站蓄水阶段移民安置工作攻坚方案（2019—2020年）》

19.《甘孜州扶贫开发局关于印发2020年〈全州水电移民重点工作推进方案〉的通知》（甘扶贫发〔2020〕12号）

20.《甘孜州扶贫开发局关于下达全州大型水电站2020年移民安置工作任务及资金计划分解任务的通知》（甘扶贫发〔2020〕28号）

21.《溪电库区移民安置实施意见的通知》（凉府办发〔2011〕25号）

22.《关于印发〈德昌县白鹤滩水电站移民安置工作实施方案〉的通知》（德府办发〔2019〕53号）

23.《迪庆藏族自治州人大常委会对州人民政府〈全州移民工作情况报告〉的审议意见》（迪人发〔2010〕30号）

24.《政协迪庆州委员会关于印送〈关于迪庆州水利水电工程建设移民安置工作情况的调研报告〉的函》（迪协办函〔2013〕4号）

25.《迪庆州人民政府关于下发被征收土地青苗和零星树木补偿标准的通知》

26.《迪庆州人民政府办公室关于印发〈迪庆州处置大中型水利水电工程移民重大群体性事件应急预案〉的通知》

27.《2019年丽江市移民工作要点》（丽移发〔2019〕1号）

（三）凉山州自发移民政策文件

1.《关于印发〈关于规范已自主搬迁农民管理工作的实施意见〉的通知》（凉委办发〔2017〕39号）

2.《关于印发〈关于进一步加强党建引领自发搬迁农户基层治理工作的实施意见（试行）〉的通知》(凉委基治办通〔2020〕3 号)

3.《关于印发〈关于进一步加强党建引领自发搬迁农户基层治理工作方案（试行）〉的通知》(凉自搬农办发〔2020〕9 号)

附录二：调查问卷

凉山彝族地区生态移民问题调查问卷

调查地点：__________市(县)__________乡(镇、街道)__________村(社区)

一、移民人口学基本信息

1. 您的性别：A. 男　B. 女

2. 您的年龄：______________岁

3. 您家共有____人；男性____人，女性____人；60 岁以上____人，16 岁以下____人

4. 您的民族是：A. 彝族　B. 汉族　C. 其他民族

5. 您目前家庭的月收入大约是______________元

6. 您的政治面貌：A. 中共党员　B. 共青团员　C. 民主党派　D. 群众

7. 您的原居住地是______________，现居住地是______________，曾经搬迁过的其他居住地有____

二、移民基本情况

8. 移民类型

A. 政策性移民（由政府统一安排，得到政府政策支持或资金补助）

B. 自发移民（非政府安排，自己根据自身需要主动移民，不确定能否得到政府相关帮扶）

9. 移民年限

A. 5 年以内　B. 5 年到 10 年　C. 10 年到 15 年　D. 15 年以上

10. 移民规模（可多选）

A. 全家整体迁移(父母随迁)　B. 父母不随迁　C. 周边邻居一同迁移

D. 周边邻居部分同迁　E. 周边邻居没有同迁

11. 迁入地类型（一）

A. 城里（县城或西昌市）　B. 县城周边（城郊或附近）

C. 乡（镇）　D. 其他

12. 迁入地类型（二）

A. 河谷地带　B. 交通沿线　C. 旅游景区附近　D. 高半山区

13. 迁移空间类型

A. 跨县域迁移　B. 跨乡（镇）迁移　C. 乡（镇）内迁移

D. 凉山州外迁入

14. 移民居住模式（可多选）

A. 集中定居　B. 分散定居　C. 彝族聚居　D. 多民族混居

15. 家庭主要收入来源（可多选）

A. 务农　B. 打工　C. 做生意　D. 其他

16. 迁出地耕地处理方式

A. 自营　B. 流转（承包给别人）　C. 退耕　D. 抛荒

17. 迁出地林地处理方式

A. 自营　B. 流转（承包给别人）　C. 退回集体　D. 放任不管

18. 迁出地财产（房产等）处理方式

A. 送人　B. 抛弃　C. 变卖　D. 留给没有随迁的父母

19. 政策性移民类型（自发移民的不选）

A. 水电移民　B. 扶贫移民　C. 避害移民　D. 其他

20. 自发移民原因（可多选）

A. 逃避地灾　B. 工作需要　C. 追求更好生活环境　D. 投亲靠友

E. 子女教育

21. 获得政府的住房帮扶情况（可多选，有则选，没有的不选）

A. 按人头补贴建房　B. 按家庭补贴建房

C. 住房由政府统一规划，自己建设　D. 住房由自己规划，自己建设

22. 获得政府的土地安置情况（可多选，如果属于无土安置则不选）

A. 土地比原来多　B. 土地比原来少

C. 土地比原来肥沃　D. 土地比原来贫瘠

23. 下列哪些问题得到了解决（可多选）

A. 获得迁入地户口　B. 子女就读当地学校不交高价

C. 政府在就业方面提供帮助　D. 其他权利方面与当地居民一样

三、移民对生态移民的感知

题项	移民的态度强弱（打√）				
	非常同意	比较同意	一般	不太同意	很不同意
24. 就业机会增多	5	4	3	2	1
25. 创业机会增多	5	4	3	2	1
26. 家庭收入增加	5	4	3	2	1
27. 商品经济意识增强	5	4	3	2	1
28. 消费升级	5	4	3	2	1
29. 生活水平提高	5	4	3	2	1
30. 住房条件改善	5	4	3	2	1
31. 交通等基础设施条件改善	5	4	3	2	1
32. 消费购物便利	5	4	3	2	1
33. 接收新信息便利	5	4	3	2	1
34. 个人的视野更加开阔	5	4	3	2	1
35. 子女上学条件改善	5	4	3	2	1
36. 医疗、金融等服务更加丰富	5	4	3	2	1
37. 文化娱乐更加丰富	5	4	3	2	1
38. 社交圈层得以扩大	5	4	3	2	1
39. 邻里关系更加和睦	5	4	3	2	1
40. 社区不安定因素增多	5	4	3	2	1
41. 对新的生产生活方式不适应	5	4	3	2	1
42. 对新社区的心理归属感较弱	5	4	3	2	1
43. 对原居住地比较留恋	5	4	3	2	1
44. 移民政策考虑居民利益少	5	4	3	2	1
45. 移民政策有失公平	5	4	3	2	1
46. 后期生产扶持措施不够深入	5	4	3	2	1
47. 移民保障体系不够完善	5	4	3	2	1
48. 总体上对本次移民满意	5	4	3	2	1

四、补充填写（根据自己的实际情况填写）

49. 政府补助的建房款为______元，占整个建房款的比例为______%；政府对所建的住房有监管吗______（填有或无），有质量要求吗______（填有或无），具体要求是____

50. 无土安置中，不分配任何土地的话，政府提供了金钱补助吗______（填有或无），金钱补助情况是____________________

51. 你了解政府对移民的相关政策吗________（填是或否），移居当地后，你获得了政府哪些方面的帮助______________________________
____

52. 你希望移民政策有哪些改进______________________________

你还希望政府提供哪些帮助______________________________

53. 目前，你有哪些具体困难______________________________
____

谢谢参与，祝您全家生活愉快！

昌都生态移民调查问卷

调查地点：____县______乡（镇、街道）______村（社区）

调查对象姓名：　　　　　　调查员姓名：

调查时间：

一、移民人口学基本信息

1. 您的性别：A. 男　　B. 女

2. 您的年龄：________岁

3. 您家共有____人；男性____人，女性____人；60岁以上____人，16岁以下____人

4. 您的民族：A. 藏族　B. 汉族　C. 回族　D 纳西族　E. 白族　F. 蒙古族　G. 其他民族

5. 您的教育程度：A. 小学　B. 初中　C. 高中　D. 大学及以上

6. 您目前家庭月收入大约是______________元

7. 您的政治面貌：A. 中共党员　B. 共青团员　C. 民主党派　D. 群众

8. 您的原居住地是__________________，现居住地是________________，曾经搬迁过的其他居住地有____

二、移民基本情况

9. 移民类型

A. 政策性移民（由政府统一安排，得到政府政策支持或资金补助）

B. 自发移民（非政府安排，自己根据需要主动移民，不确定能否得到政府帮扶）

10. 移民年限

A. 3年以内　　B. 3到7年　　C. 7到10年　　D. 10年以上

11. 移民规模（可多选）

A. 全家整体迁移（父母随迁）　B. 父母不随迁　C. 周边邻居一同迁移　D. 周边邻居部分同迁　E. 周边邻居没有同迁

12. 迁入地类型（一）

A. 城里（县城或市里）　B. 县城周边（城郊或附近）　C. 乡（镇）　D. 其他

13. 迁入地类型（二）

A. 河谷地带　B. 交通沿线　C. 旅游景区附近　D. 高半山区

14. 迁移空间类型

A. 乡（镇）内迁移　B. 跨乡（镇）迁移　C. 跨县域迁移

D. 跨州（市）迁移

15. 移民居住模式（可多选）

A. 集中定居　B. 分散定居　C. 本民族聚居　D. 多民族混居

16. 家庭主要收入来源（可多选）

A. 务农　B. 打工　C. 做生意　D. 土地、林地、草地流转收入

E. 其他

17. 迁出地留下的耕地处理方式

A. 自营　B. 流转（承包给别人）　C. 退耕　D. 抛荒

18. 迁出地留下的林地或草地处理方式

A. 自营　B. 流转（承包给别人）　C. 退回集体　D. 放任不管

19. 迁出地留下的财产（房产等）处理方式

A. 送人　B. 抛弃　C. 变卖　D. 留给没有随迁的父母

20. 政策性移民类型（自发移民的不选）

A. 水电移民　B. 扶贫移民　C. 避害移民　D. 其他

21. 自发移民原因（可多选，政策性移民的不选）

A. 逃避地灾　B. 工作需要　C. 追求更好生活环境　D. 投亲靠友

E. 子女教育

22. 获得政府的住房帮扶情况（可多选，有则选，没有的不选）

A. 按人头补贴建房　B. 按家庭补贴建房　C. 住房由政府统一规划和建设

D. 住房由政府统一规划，自己建设　E. 住房由自己规划，自己建设

23. 获得政府的土地安置情况（可多选，如果属于无土安置则不选）

A. 土地比原来多　B. 土地比原来少　C. 土地比原来肥沃

D. 土地比原来贫瘠

24. 下列哪些问题得到了解决（可多选）

A. 获得了迁入地户口　B. 子女就读当地学校不交高价

C. 政府在就业方面提供了帮助　D. 其他权利方面与当地居民一样

三、移民对生态移民的感知

题项	移民的态度强弱（打√）				
	非常同意	比较同意	一般	不太同意	很不同意
25. 就业机会增多	5	4	3	2	1
26. 创业机会增多	5	4	3	2	1
27. 家庭收入增加	5	4	3	2	1
28. 商品经济意识增强	5	4	3	2	1
29. 消费升级	5	4	3	2	1
30. 生活水平提高	5	4	3	2	1
31. 住房条件改善	5	4	3	2	1
32. 交通等基础设施条件改善	5	4	3	2	1
33. 消费购物便利	5	4	3	2	1
34. 接收新信息便利	5	4	3	2	1
35. 个人的视野更加开阔	5	4	3	2	1
36. 子女上学条件改善	5	4	3	2	1
37. 医疗、金融等服务更加丰富	5	4	3	2	1
38. 文化娱乐更加丰富	5	4	3	2	1
39. 社交圈层得以扩大	5	4	3	2	1
40. 邻里关系更加和睦	5	4	3	2	1
41. 社区不安定因素增多	5	4	3	2	1
42. 对新生产生活方式不适应	5	4	3	2	1
43. 对新社区心理归属感较弱	5	4	3	2	1
44. 对原居住地比较留恋	5	4	3	2	1
45. 移民政策考虑居民利益少	5	4	3	2	1
46. 移民政策有失公平	5	4	3	2	1
47. 后期生产扶持措施不够	5	4	3	2	1
48. 移民保障体系不够完善	5	4	3	2	1
49. 总体上对本次移民满意	5	4	3	2	1

四、补充填写（根据自己的实际情况填写）

50. 政府补助的建房款为________元，占整个建房款的比例为________%；政府对所建的住房有监管吗__________（填有或无），有质量要求吗________（填有或无），具体要求是____

51. 政策性移民填写：无土安置中，不分配土地的话，政府提供了金钱补助吗（填有或无）______，金钱补助情况是____________________；您是怎么解决土地问题的___________（租赁、私下购买或没有任何土地）；私下购买土地政府干预吗（填有或无）_______；怎么干预的_______________

52. 自发移民填写：您是怎样解决住房的_____________（买房或买宅基地自建）；买宅基地的话，政府干预了吗（填有或无）______，怎么干预的____________________；您是怎么解决土地问题的_______________（租赁、私下购买或没有任何土地）；私下购买土地政府干预吗（填有或无）_______；怎么干预的__________________________________

53. 您了解政府对移民的相关政策吗________（填是或否），移居当地后，您获得了政府哪些方面的帮助_________________________________

54. 您希望移民政策有哪些改进______________________________

____

您还希望政府提供哪些帮助__________________________________

____

55. 目前，您家有哪些具体困难________________________________

____

谢谢参与，祝您全家生活愉快！

附录三：云南省对 800 人以上安置点的主要做法

云南省对 200 户、800 人以上的安置点的主要做法如下：

1. 严把标准质量，建设美丽新居

人户精准管理：必须是公布的六类地区。搬迁对象确定程序：户申请→组评议→村初定公示→乡复核→县审定公告。确保人户一致，搬迁户信息与户籍信息一致；人与房相符，房屋产权人就是房屋居住人。

科学合理选址。三符合：主体功能区规划、土地（林地）利用总体规划、城乡总体规划相符。四避开：避开地震断裂带、地灾隐患区、永久基本农田、洪涝灾害威胁区。五靠近：靠近县城、重点乡（镇）、旅游景区、中心村、产业园区。

严格地灾评估，做好规划设计，编制实施方案，落实“点长”责任，确保施工安全，加强工程管理，组织检测验收，完善工程档案。

2. 完善配套设施，打造宜居家园

做到十有：有幼儿园，有卫生院，有水、电、路、信，有文体设施，有污水处理，有垃圾处理，有公共卫生厕所，有便民服务站，有购物场所，有物业管理。

3. 做强产业就业，实现稳定脱贫

做到十有：有主导产业，每个安置点至少有一项主导产业；有扶贫车间，每个安置点至少建成一个扶贫车间；有技能培训，确保每人至少经过培训掌握一项职业技能；有就业服务；有公益性岗位，不具备外出的家庭至少有一个公益性岗位；有权益收益，继续享受农村权益、集体资产权益、国家惠农政策补贴；有流转收益，通过“三权流转”获得一份稳定的流转收益；有资产收益，鼓励组建合作社和平台公司，统一经营安置点商业设施，让搬迁群众有一份稳定的资产收益；有合作组织，力争每个搬迁户至少加入一个经济合作组织；有帮扶计划，各安置点按照“一户一策”原则，编制产业发展计划，帮扶措施精准落实到户到人，确保每个困难家庭至少享受一项帮扶措施。

4. 强化社会治理，树立时代新风

做到基层有党群、社会和互助组织，有片长、楼长和栋长，有工作活动场地和经费等。移民实现思想转变、生活习惯转变。易地扶贫搬迁集中安置点“点长”由一名县级领导干部和一名施工企业项目经理同时担任，实行“双点长”制。分散安置的易地扶贫搬迁，县（市、区）参照集中安置点“双点长”做法，明确两个“责任人”。

附录四：《德昌县白鹤滩水电站移民安置工作实施方案》主要内容

德昌县确定了5个安置点，规划安置人口2 017人。

阿月镇团山移民安置点，规划安置人口规模895人；阿月镇黄家坝移民安置点，规划安置人口规模291人；麻粟镇民主移民安置点，规划安置人口规模223人；德州镇沙坝移民安置点，规划安置人口规模300人；六所镇陈所移民安置点，规划安置人口规模308人。搬迁安置方式为集中安置，生产安置方式为农业安置和养老保障安置。

土地流转补偿标准：水田和鱼塘，按每亩年产值2 240元补偿16年，总计35 840元/亩；旱地和园地按水田的60%执行，即21 504元/亩；荒地按旱地和园地的50%执行，即10 752元/亩；坟墓根据修建材质，分别按1 600元/座、3 200元/座和4 000元/座标准补助。

成片青苗经果类补助标准：大春1 200元/亩，小春800元/亩；果树类根据果树类别和果树成熟情况进行区分，最低的1 200元/亩（黑枣、冬果等幼苗），最高的15 400元/亩（盛果葡萄）；桑树按苗、幼树和成树分别按2 000/亩、8 000/亩和13 700元/亩标准补助；药材类幼苗2 400元/亩，成材8 000元/亩；竹林2 500元/亩。零星青苗经果类补助成熟情况按株（或笼）计算，幼苗最低的2元/株，盛果最高的280元/株，竹林每笼80元。

白鹤滩水电站四川部分农村集中安置点宅基地面积标准为30平方米/人，3人及以下户为90平方米/户，5人及以上户为150平方米/户。建房按新农村建设要求统规联建。集镇安置点宅基地面积标准为20平方米/人，3人及以下户为60平方米/户，5人及以上户为100平方米/户。

附录五：部分调研图片

1. 德昌县 MS 镇 MZ 村移民小组

2. 德昌县 YL 镇 CY 村移民安置点

3. 昭觉县 SLDP 乡避害移民原居住地

4. 昭觉县 SLDP 乡避害移民现居住地

5. 洛隆县易地扶贫搬迁安置点（1）

6. 洛隆县易地扶贫搬迁安置点（2）

7. 若尔盖县牧民定居点

8. 边坝到洛隆沿途易地扶贫搬迁移民安置点

9. 边坝县显俄村村干部家庭访谈

10. 类乌齐县拉龙虫草采集点座谈

11. 石渠县调研图片（1）

12. 石渠县调研图片（2）

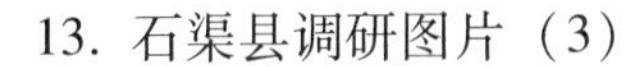

13. 石渠县调研图片（3）

14. 石渠县调研图片（4）

15. 道孚县到炉霍县沿途采访当地老百姓

16. 小金县木坡乡藏族新居

17. 理县一移民点（房屋为统规自建）

18. 理县丘地村（水电移民点）

19. 理县丘地村（水电移民点）(2)

20. 理县丘地村（水电移民点）(3)

21. 类乌齐县伊日乡

22. 理县夹壁乡

23. 金川县毛日乡撒尔足村

24. 小金宅垄乡（现宅垄镇）

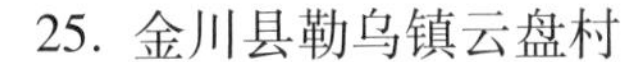

25. 金川县勒乌镇云盘村

26. 小金县新桥乡共和村

27. 小金县四姑娘山管理局

28. 昌都市洛隆县扶贫公示牌

29. 西藏自治区农牧民享受政策明白卡

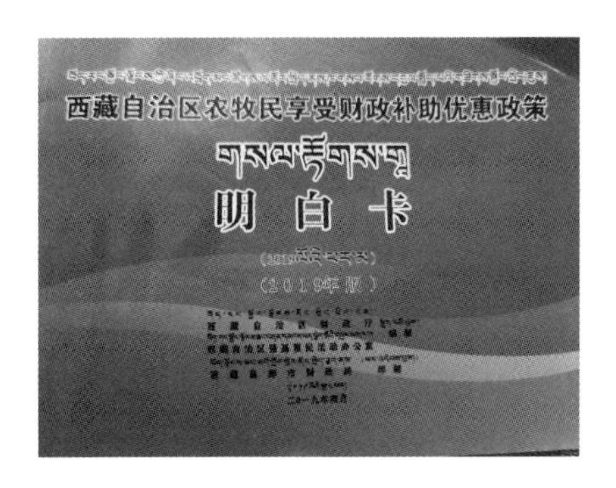

30. 调研沿途感恩宣传标语

31. 宁南县幸福镇顺河村沙坝安置点文化坝子

32. 石渠县政策宣传卡